简明大家畜中兽医治疗学

徐　彬　主编

中国农业大学出版社
·北京·

内 容 简 介

本书着重于大家畜（马、牛）临床常见疾病的中兽医治疗技术。全书内容分为两篇五章，第一章马病，介绍口疮等98个马常见疾病；第二章牛病，介绍舌疮等78个牛常见疾病；第三章中毒病，介绍常见的中毒疾病；第四章为疮黄疔毒，内容包括疮、黄、疔、痈、毒、瘘、瘤七部分内容；第五章外科病，包括外伤、四肢病两部分内容。在每个疾病中重点介绍疾病的病因、症状、脉色、治则、处方和调理等，内容简洁，突出针对性、实用性。

本书主要作为基层一线临床兽医的参考书，也可作为中等专业学校相关专业师生和中西兽医结合临床工作者的参考书。

图书在版编目(CIP)数据

简明大家畜中兽医治疗学／徐彬主编. --北京：中国农业大学出版社，2023.12
ISBN 978-7-5655-3133-0

Ⅰ.①简… Ⅱ.①徐… Ⅲ.①马病-中兽医学-治疗学②牛病-中兽医学-治疗学 Ⅳ.①S858.21

中国国家版本馆CIP数据核字(2023)第255494号

书　名　简明大家畜中兽医治疗学
作　者　徐　彬　主编

策划编辑　康昊婷　　责任编辑　许晓婧
封面设计　中通世奥图文设计
出版发行　中国农业大学出版社
社　址　北京市海淀区圆明园西路2号　　邮政编码　100193
电　话　发行部　010-62733489，1190　　读者服务部　010-62732336
　　　　编辑部　010-62732617，2618　　出版部　010-62733440
网　址　http://www.caupress.cn　　E-mail　cbsszs@cau.edu.cn
经　销　新华书店
印　刷　北京锦鸿盛世印刷科技有限公司
版　次　2024年1月第1版　2024年1月第1次印刷
规　格　185 mm×260 mm　16开本　13印张　324千字
定　价　150.00元

编审人员

主　编　徐　彬（深圳市动物疫病预防控制中心）

副主编　刘海蛟（深圳市祥兽科技有限公司）

谭友华（深圳市医宠国际动物医院）

王丹竹（深圳市动物疫病预防控制中心）

参　编　李海前（甘肃畜牧工程职业技术学院）

高蓉彬（甘肃畜牧工程干部培训学院）

车清明（甘肃畜牧工程职业技术学院）

审　稿　康程周（甘肃畜牧工程干部培训学院）

前言 Preface

为积极推进“减抗”行动，深入推进养殖业供给侧结构性改革，维护养殖业生产安全、动物源性食品安全、公共卫生安全和生态环境安全，2018 年初农业农村部启动了兽用抗菌药使用减量化行动试点，2021 年 10 月 21 日农业农村部印发《全国兽用抗菌药使用减量化行动方案（2021—2025 年）》，2022 年 11 月 21 日中国畜牧业协会、中国奶业协会、中国饲料工业协会、中国兽医协会、中国兽药协会、中国肉类协会等 6 个协会联合发出《全产业链共同实施兽用抗菌药使用减量化行动倡议书》。

《全国遏制动物源细菌耐药行动计划（2017—2020 年）》指出，要“选择生猪、家禽和奶牛等优势品种，开展兽用抗菌药物使用减量化示范创建活动，推广使用安全、高效、低残留的中兽药等兽用抗菌药物替代产品，从源头减少兽用抗菌药物使用量。”因此，减少或替代抗生素是中兽药产品应用的一个方向。中兽医注重“治未病”、防大于治，中兽药擅长调理、适用于保健，这些为中兽药的应用提供了很大空间。

中国工程院院士、中国农业大学动物医学院院长沈建忠表示：“通过技术创新，积极开发天然植物提取物、有益微生物等替抗产品，研发出一批疗效很高、毒性很低、不容易产生耐药性的动物专用抗菌药物或新制剂，对遏制细菌耐药性的蔓延，保护人类健康有重要意义。”

我国中兽医学有数千年的历史，并积累了丰富的宝贵经验，中兽药因其天然优势和独特的防治作用备受关注。饲料禁抗、养殖减抗限抗以及产品的无抗为中兽药产业的发展提供了非常好的机遇，中兽药的预防保健作用便得以凸显。在新冠肺炎和非洲猪瘟疫情双重影响下，中兽医（药）凭实力大放异彩。

为传承中医文化，弘扬中华国粹，快速补齐基层兽医技术人员中兽医知识和技能的短板，促进中兽医的发展，积极推进“减抗”行动顺利实施，为养殖业筑起绿色发展新防线，为畜牧业及食品行业高质量发展保驾护航，我们通过校企、校地合作，在参考众多中兽医典籍和基层兽医临床实践经验后，编撰了本书。

中兽医学理精湛，临诊经验极为丰富，在我们仅为尝试。由于我们实际经验不足，情况了解不多，又未能充分征求各方面的意见，本书存在的缺点、错误在所难免，希望广大同行和读者批评指正。

编　者

2023 年 11 月

目录 Contents

第一篇　马、牛常见疾病

第二篇 其他疾病分类介绍

第一篇

马、牛常见疾病

Chapter 1

Chapter 1

Chapter 1

Chapter 1

第一章 马病

一、口疮

口疮是心脾积热上攻口舌，造成口舌肿胀或破溃的一种疾病。

【病因】 多因饲喂不洁草料，或饮污浊之水，邪毒病菌侵入口腔黏膜，或劳役过重，奔走太急，耗损气血，以致热毒积于心脾，上攻口舌而成其患。另外异物、口衔、刺牙、麦芒等的刺伤口舌；齿病或误食刺激性药品等，均能直接发生本病。

【症状】 根据病程长短和轻重，其症状可分为初、中、后三期。

(1)初期 精神短少，咀嚼缓慢，口缘附有泡沫状黏涎或呈丝状流出，有时吐出混有黏液的草团。口温高而气味臭，舌体赤红微肿，并显有红色小疹凸起。

(2)中期 舌体或唇颊肿胀或显有烂斑，采食困难，口流黏涎，有时出现大便干燥，小便短赤等现象。

(3)后期 舌体唇颊溃烂成疮，口内时流混有血液的黏涎，恶臭难闻。由于采食困难，渐致毛焦无光，身形消瘦。

【脉色】 脉洪大，口色赤红。

【治疗】 用3%食盐水，或2%白矾水，或0.1%高锰酸钾溶液冲洗口腔。口腔溃烂者，冲洗后溃烂面涂以1:9碘甘油合剂；重剧者可口含青黛散（青黛三钱 黄柏三钱 黄连二钱 桔梗二钱 儿茶二钱 薄荷一钱）或撒布冰硼散（冰片五钱 硼砂五钱 元明粉五钱 朱砂六分）、磺胺粉或青霉素粉。

> **内服方药：**
> 初期体热舌肿者，宜服黄连解毒加味汤。
> 中期口腔溃烂者，宜服洗心散。
> 后期溃破成疮者，宜服加味知柏散。

【处方】

(1)黄连解毒加味汤

黄连四钱 生地一两 丹皮八钱 黄柏四钱 栀子六钱 黄芩七钱

连翘四钱　二花六钱

共为细末，开水冲，候温灌之。

(2)洗心散

花粉七钱　黄芩八钱　黄连八钱　连翘六钱　茯神五钱　黄柏五钱

桔梗五钱　山栀七钱　牛子六钱　木通四钱　白芷四钱

加减：粪便干燥者加枳实、大黄、芒硝。

共为细末，开水冲，候温加鸡蛋清四个，同调灌之。

(3)加味知柏散

酒知母一两　酒黄柏一两　广木香三钱　乳香八钱　没药八钱　黄芪八钱

全当归八钱　酒白芍五钱　丹皮五钱　黄药子五钱　白药子五钱　甘草三钱

共为细末，开水冲，候温灌之。

【调理】 停止使役，加强护理，拴于清凉厩舍，最好是专槽饲养，多饮微温水，喂以柔软而富有营养的饲料，以免刺激患部。

二、草噎

草噎为吃草太急，吞咽过猛，致使口中涎沫和未经咀嚼的草料相缠成块，堵塞食管之病。其堵塞部位或在颈部食管，或在胸部食管，前者较易治，后者较难医。

【病因】 多因使役后气息未定，口唾未清，即行饲喂，吃急咽猛，致使涎沫和草料相缠成块，而噎于食管。或猛食萝卜、洋芋等块根、块茎饲料，未经咀嚼而囫囵吞咽，使食管阻塞，不能入胃，或食管中素有其他疾病等均能引起此病。

【症状】 突然停止采食，口流涎沫，不断伸头缩颈，常在左侧鹘脉沟出现鸡蛋大的突起，重者左侧颈部食管呈现条状肿胀，触之较硬，有时从鼻口回涎，连连咥嗽，气促喘粗，并不断做呕吐和吞咽的姿势。在胸部食管噎时，仅出现伸头缩颈，咥嗽后鼻口回涎，并在左侧的鹘脉沟出现蛇形状态的突起，远听可闻咕咕响声。

【脉色】 初期无明显变化，后期则脉见洪数，口色青红。

【治则】 以除去噎物为主。

【处方及疗法】

(1)芸苔散

芸苔子、瓜蒂、胡椒、皂角各等份，麝香少许。

共研细末，装竹筒内，向两鼻孔吹入少许，令其喷嚏。

(2)急骤通噎法　此法用于颈部食管噎和胸部食管噎。用时将缰绳拴于病畜一后蹄上(左右均可)赶上高坡，往返鞭策急行数十次，有时噎塞即通。若结合灌以油水和芸苔散吹鼻，其效果更为显著。

(3)按摩通噎法　用于颈部食管噎。先以清油半斤，水半升混合灌下，然后医者站在病畜右侧，用右手沿左侧鹘脉沟由上向下按摩，或用木棒刮之，反复数十次，将噎物推入胃内。

(4)跳跃通噎法　用于颈部食管噎。先灌油水滑润食管，然后用60厘米宽的长条木板横架于病畜前面，人牵病畜，用鞭猛策，令其跳跃此板，如此往返几次，噎物即可咽下。

(5)胃管通噎法　用橡皮胃管，外面涂油，从鼻插入食管，徐徐推进，遇到有物抵阻时，即疑

为噎塞物，此时必须细心将噎塞物推进胃内，切勿过猛，以免造成食管穿孔。如不能推下，可用清油三两自胃管外端上口投入，少时再慎重下推。

(6)阻塞物进入胃内后，为了防止食管发生肿胀，可内服下方。

玄参八钱 花粉八钱 二花一两 桔梗六钱 山豆根一两 杏仁四钱
贝母六钱 麦冬八钱 黄芩六钱 防风六钱 薄荷四钱 生石膏一两

共研细末，开水冲，候温灌之。

【调理】 在通利后，当日不能喂草，仅饮温水，待第二日可喂软草或青草，再过两日，方可喂料。

【预防】 牲畜应按时饲喂，避免饥饿，对贪食者更应注意。使役归来，应休息片刻后再喂。

三、翻胃吐草

翻胃吐草是脾胃虚弱、中气不足所致的一种慢性疾病。《元亨疗马集》指出“夫翻胃者，反胃也，料草食之吐出也”。故名“翻胃吐草”。

【病因】 皆因使役无节，饲养失调，久渴失饮而又饮水过多，或过喂冷冻饲料，或衰羸老马久卧湿地，或被阴雨苦淋，以致外感风寒，内伤阴冷，伤至于脾，脾传于胃，致使脾胃虚弱，影响受纳化导的机能，而成其患。

【症状】 精神短少，毛焦草细，粪球粗松；日久则逐渐消瘦，上颌骨或下颌骨骨支肿胀，口中吐出混有涎沫的草饼。重者口吐臭涎，四肢疼痛，把前把后，胯靸腰拖，粪便带水，头低胑吊，行走如痴，唇垂不收。

【脉色】 凫脉沉迟，口色赤紫。

【鉴别】 本病以鼻浮面肿，上颌骨或下颌骨骨支肿胀，口吐出混有黏沫的草饼为特征。若是幼马口内生贼牙，或牙齿不正吐草，换牙吐草，生料粗糙刺激口腔吐草，心热舌疮及咽喉疾病而吐草者等，均无鼻浮面肿、上颌骨肿大的症状。一般是上颌骨肿者好治疗，下颌骨骨支肿者难治愈，传经四肢痛者更难医治。

【治法】 初期 以暖胃温脾为治则。方用益智散。

后期 以调经活血、壮骨强筋为主，方用通关散或用西药治疗。

【处方】

(1)益智散

益智仁一两 丁香八钱 肉豆蔻八钱 五味子八钱 广木香五钱 槟榔八钱
草果仁一两 当归一两 川芎五钱 炒白芍五钱 厚朴八钱 枳壳一两
肉桂六钱 砂仁五钱 白术八钱 青皮八钱 陈皮四钱 细辛三钱
白芷八钱 甘草五钱 烧枣五枚(去核) 引用鲜姜一两(切碎)

共研细末，开水冲，候温灌之。

(2)通关散

当归一两 川楝子六钱 没药八钱 茴香五钱 巴戟五钱 血竭五钱
藁本六钱 胡芦巴五钱 木通五钱 白术五钱 补骨脂五钱 黑丑六钱
红花二钱

共研细末，开水冲，候温引用黄酒半斤，同调灌之。

(3)如上颌骨、下颌骨骨支肿大者,可用10%氯化钙100～300毫升或5%葡萄糖酸钙液200～300毫升,25%葡萄糖100～200毫升,一次静脉注射,每日一次。

如四肢疼痛,可静脉注射撒乌安液100毫升,每日一次,连用三至四日。或10%水杨酸钠液150～200毫升,与自家血液150～200毫升,混合静脉注射,每日一次,连用三至四日。

【调理】 加强饲养管理,喂养于暖厩,给以青草或易消化而富有营养的饲料,并加以适量矿物质。厩舍地面用软草铺之。白天拴于阳光下,寒夜背上以毡屉搭之。

四、胃寒

胃寒有胃冷吐涎和胃寒不食两种。《元亨疗马集》将二者分别论述,但总的来看,二者在病因上不外内伤阴冷、外感风寒所引起。为了便于参考应用故合并在一起论述,但这并不否认二者所存在的某些差异。此外,脾与胃是表里关系,故《元亨疗马集》说"胃寒者,脾胃寒也",又说"口吐清涎不断涎,脾寒胃冷致如然",故在治疗上多从脾胃着手,较为全面。

【病因】 胃寒不食　多因空肠过饮冷水,或麸料拌水太多,或因瘦弱而吃冻草,冷气积于脏腑内,寒湿流入脾经,脾传于胃,脾胃合之阴冷,上衰火弱,不能运化,致其成患。

胃冷吐涎　多因外感风寒,或被阴雨苦淋,或夜露于风霜之下,阴气侵入肌肉,传于脾经,脾传于胃,脾胃俱寒,致成其患。但也可由内伤阴冷所引起。

【症状】 胃寒不食　精神不振,食欲显著减少,鼻寒耳冷,肷吊毛焦,口内垂涎,但吐出不多,粪便带水。

胃冷吐涎　精神短少,草料稍减,鼻寒耳冷,间或浑身发颤,肷吊毛焦,口内连吐清涎。

【脉色】 胃寒不食　双凫沉细,口色如绵,舌有白苔。

胃冷吐涎　双凫沉细,口色青黄。

【鉴别】 胃寒不食和胃冷吐涎的主要区别,在于口色、吐涎与病情的轻重。前者轻,后者重。

此外,胃冷吐涎应与心热垂涎鉴别。心热多舌肿口红,或舌上生疮,口垂黏涎,口色赤红,脉象洪大;而本病则无此症状。还应于肺寒吐沫的鉴别。肺寒是口吐白沫,沫多涎少,如肥皂泡沫状;本病多唇沥清涎。以上疑似症候,临诊时必须辨清,不然误寒为热或误热为寒,则贻害甚大。

【治则】 一般以暖胃健脾、温中驱寒、和血顺气为治则。但二病又有不同之处;胃寒不食主要为内伤阴冷,故治宜暖胃温脾,方用桂心散;胃冷吐涎主要为外感风寒,方用天麻散或用西药治疗。

【处方】

(1)桂心散

桂心五钱　青皮五钱　白术六钱　厚朴六钱　益智仁四钱　干姜四钱
当归四钱　陈皮六钱　砂仁四钱　炙甘草三钱　五味子三钱　肉豆蔻五钱

共为末,飞盐半两、青葱三根、白酒二两为引,开水冲,候温灌之。

如食欲大减,可加茴香四钱、神曲四钱、炒麦芽四钱、焦山楂四钱。

(2)天麻散

明天麻四钱　白芷五钱　荆芥四钱　防风四钱　薄荷三钱　陈皮五钱

泽兰叶四钱 青皮五钱 苍术五钱 柴胡五钱 当归八钱 川芎四钱
厚朴五钱 槟榔五钱 鲜姜一两为引

共研末，开水冲，候温灌之。

(3)人工盐或碳酸氢钠 50～80 克，姜酊 40～80 毫升，茴香末 20～30 克

加常水适量混合，一次胃管灌之。

【调理】 喂养于暖厩，增加草料，当日忌饮冷水，夜间背上以毡屉搭之。病中宜饮阴阳水。

【预防】 牲畜使役后不可过饮冷水，拌草不可过湿，不可夜露风霜或卧湿地，不可吃冻草，雨淋后应立即擦干。

五、胃热

胃热是热邪化火、损伤胃阴之症。

【病因】 多因草料腐败，外感热毒所致。如牲畜负重乘骑，奔走太急，失于饮喂，或乘饥多喂谷料或腐败饲草、饲料以及外受热毒之邪，化火成灾，耗损胃阴，致成病变。

【症状】 精神倦怠，耳耷头低，草料迟细，鼻头发热或唇肿，口舌干燥或生疮或有黏涎，口内气臭，一般大便干燥，小便短少。

【脉色】 双凫洪数，口色鲜红，舌有黄苔。

【鉴别】 本病应与心热区别，心热舌尖赤肿，重者舌上生疮，本病多唇肿，口颊生疮。

【治则】 以清热生津、调胃轻泻为治则。方用清胃散或西药治疗。

【处方】

(1)清胃散

知母八钱 石膏一两 龙胆草一两 黄连五钱 生地一两 甘草五钱
白芍八钱 黄药子八钱 白药子八钱 大黄二两 芒硝二两

共为末，开水冲，候温灌之。

(2)稀盐酸 10～20 毫升
胃蛋白酶 10～20 克
大黄酊 60～80 毫升
食醋 300～500 毫升

加常水适量，混合，一次胃管灌之。

【调理】 减轻使役，改善饲养，喂易消化而富有营养的饲料，并饮清凉水。

【预防】 不宜过喂容易发酵的饲料，忌喂霉败草料，役后适当休息后再予饮喂。

六、伤料

伤料就是过食生料，谷气凝于脾胃，料毒积于肠中，不能运化，邪热妄行五脏的一种疾病。《元亨疗马集》歌云“马因谷料过多餐，胃火流行五脏间，精神困倦浑如醉，行步拘然亦似攒”。

【病因】 畜养太甚，多喂少役，是致病的主要原因。

【症状】 精神困倦，眼闭头低，拘行束步，四肢如攒，水草减少，长打呵欠，味带酸臭。

【脉色】 双凫洪大，口色鲜红，舌苔黄厚。

【鉴别】 本病与料伤五攒痛，虽皆有拘行束步、四肢如攒的症状，但走伤五攒时脉象沉细，并呈现腰曲及气粗喘促等症状，宜加辨识。

【治则】 以消积、化谷宽肠为主。

【处方】

(1)消积平胃散

神曲一两　麦芽一两　山楂一两　甘草五钱　厚朴八钱　枳壳八钱

陈皮三钱　青皮五钱　苍术五钱

共为末，开水冲，候温加生清油二两、生萝卜一个(切碎)，同调灌之。

(2)三仙汤

神曲一两　麦芽一两　焦山楂一两　槟榔五钱　厚朴五钱　枳壳五钱

陈皮三钱　青皮二钱　生二丑八钱　苍术三钱　大黄五钱　芒硝二两

共为末，开水冲，生萝卜汁半碗、清油四两。同调灌之。

(3)硫酸钠或人工盐或食盐　250～300克

鱼石脂　10～20毫升

温水　5 000毫升

混合，一次内服。

【调理】 减轻使役，限制草料，喂以青草或容易消化的饲料。

七、大肚结

大肚结就是胃结。《元亨疗马集》有"大肚结者，因久寒伤脾，传在胃中，冷热不和，故结也，阳明主其病。"本病主要是因吃腐败草料或过食水草而造成的，或继发于前结过程中。

【病因】 多因饲养管理不善，饲喂霉烂草料或容易发酵产气的饲草，或吃生料太饱，饮水太多，以至于水谷停积于胃，气血凝滞不畅，而成胃脘胀大，中焦不通之症。

【症状】 发病较快，一般于食后二三小时内突然发病。病畜表现前肢刨地，气促喘粗，连连起卧，顾腹打尾；有时快步疾走或直往前冲，有的后躯坐地呈犬坐姿势，兼有作呕吐症状，如伸头直颈，食管蠕动，腹部紧缩，鼻流稀粥状食物或清水，常发嗳气，气味酸臭。谷道入手可发现脾脏位置后移，有时能摸到扩大的胃后壁。

【脉色】 脉沉涩，口色赤红。

【治则】 首先要用胃管进行导胃，排除胃内积聚的气体、胃液和部分饲料。导胃后，可内服止痛、破积导滞、宽中下气的处方。

(1)水合氯醛　25～35毫升

酒精　30～40毫升

福尔马林或鱼石脂　15～20毫升

温水　500毫升

一次胃管灌之。

(2)醋半斤　姜末二两　盐一两

混合加水灌之。

(3)顺气散

木香三钱 台乌五钱 枳实五钱 神曲七钱 陈皮七钱 玉片四钱

大黄七钱 二丑五钱 厚朴七钱 香附六钱 草寇四钱 甘草三钱

生姜三钱

共捣细末,水煎去渣,加清油半斤、白酒半斤,混合灌之。

【调理】 慢慢牵行,扫帚或杆棒腹下刮之,注意防止猛跌急卧,勿给大量饮水。病愈后隔八至十二小时再喂少量软草,两日后方可喂料,逐渐增加到常量。

【预防】 重役之后不可急喂,忌喂不宜消化和腐败的饲料,饲喂要定时定量,管理要严密,防止脱缰偷食。

八、冷痛

冷痛乃因冷而引起腹中疼痛、连连起卧的一种疾病。按《元亨疗马集》所载,冷痛与伤水起卧一症,均属冷伤于胃肠,阴盛阳衰之症,故归为一类叙述,总名为冷痛。

【病因】 冷痛的发生,不论内伤阴冷,外感风寒所致。如饮冷水太过,停积肠中,伤于脾经,脾传于胃,胃火微弱,不能传送膀胱,积于肠中,清浊不分,气不升降,因而腹中作痛。此外,如天气骤寒,或野外放牧遭逢淋雨,或夜露风霜等均可引起本病。

【症状】 发病急骤,回头顾腹,连连起卧,耳鼻发冷,有时浑身发颤,蹲腰摆尾,肠鸣如雷,有时泄泻。

【脉色】 脉象沉细,口色青黄。

【鉴别】 《元亨疗马集》中有"直尾行大肠疼,卷尾行小肠疼,蹲腰踏地胞经痛,肠鸣泄泻冷气痛,急起急卧脾经痛"作为辨别,临诊时还需问明是否有内伤阴冷、外感风寒的致病因素。

【治则】 以温中散寒和血顺气为主。

【处方】

(1)橘皮散

青皮五钱 陈皮五钱 厚朴六钱 桂心五钱 细辛二钱 茴香五钱

当归五钱 白芷三钱 槟榔六钱

共为细末,开水冲,引用大葱三根,飞盐五钱,烧酒四两。候温灌之。

加减:大肠痛减白芷,加苍术、木通;小肠痛加吴茱萸、苍术;胞经痛减茴香,加木通、枳壳、茵陈、滑石;冷气痛加皂角、艾叶。

(2)水合氯醛15~20毫升,加温水胃管灌之。

或30%安乃近10~20毫升,皮下注射。

(3)通关散

麝香一分 胡椒三钱 瓜蒂二钱 半夏二钱 藜芦钱半 皂角末三钱

共为极细末,每用少许,吹入鼻孔。孕畜禁用。

【调理】 不住牵行,莫令乱跌,用棉絮或毡屉搭背上,拴于暖厩,三朝忌饮冷水,料草勿使过湿。

九、肠胀

肠胀是大肠充满气体，引起腹胀的一种疾病。本病发作急骤，腹痛剧烈，连续起卧，不急救，即刻有死亡的危险。

【病因】 多因饲喂易于发酵及潮湿、发霉的饲料（如堆积的青草、青苜蓿，未晒过的嫩饲料，如大豆、豌豆、玉米等，以及被雨露霜雪浸淋的青草、干草等）。食后立即过饮冷水或过重劳役，冷热相冲，而发本病。又如饲料忽然改变，家畜乘饥而吃太饱，亦可导致本病。

【症状】 呼吸促迫，起卧不安，腹部尤其是右肷部膨胀明显，肠音如雷，腹壁紧张。重者发哽噎之声，腹胀如鼓，有时体躯出汗。本病如肚胀不大，色脉尚好者，预后良好；若肚胀显著，唇舌色紫无光，脉沉细数者，多难治愈。

【脉色】 口色赤红或青黄，脉象沉涩。

【治则】 因饲料发酵所致者，则以消胀破气，宽肠利便为治则。若系结症继续发者，则需主治结症。肚胀严重者，则首先穿肠放气或胃管放气。

腹疼剧烈者，可用水合氯醛25毫升，樟脑粉7.5克，酒精60毫升，乳酸20毫升，松节油20毫升，加温水适量，混合灌之。或用白酒半斤，加水一次内服。

【处方】 经过放气、止疼，病势缓解后，可煎服下方。

(1)天仙散

天仙子一两(研) 生二丑一两(研) 广木香五钱 广藿香五钱 乌药一两 香附八钱
丁香五钱至一两 莱菔子一两(研) 当归一两 陈皮一两 青皮一两 大腹皮一两
槟榔一两 厚朴八钱 枳壳一两 大黄一两 芒硝四两 滑石一两
郁李仁一两 通草五钱

共合熬水去渣灌之，芒硝、滑石另入，清油半斤为引。

(2)方二

黑牵牛两半 干姜五钱 食盐(炒黄)二两 葱白(去须切碎)三根

共为末，加陈醋半斤、白酒四两，开水冲调，一次灌之。

【调理】 徐徐牵行，当日戒忌饮喂。

【预防】 使役有节，注意饲养，不宜喂发酵、膨胀以及潮湿霉败的饲料，喂后应适当休息，不可饮水或使役。

十、肠黄

肠黄是肠道被热毒侵害而发生发热、泄泻、腹痛为主之症。肠黄分为急肠黄、慢肠黄两种。急肠黄则来势猛、病情重、死亡快；慢肠黄则发病缓、症状轻、死亡亦少。

【病因】 《司牧安骥集》曰“夫急肠黄者，阳明主其病，因暑月乘骑太过，气透随呼吸而感寒热，在于肺脏之间；大肠之传变，邪入于大肠间，积聚而为病。”

《元亨疗马集》记载“急慢肠黄者，料伤过度也。皆因蓄养太甚，肉重膘肥，暑月炎天，乘骑奔走太急，乘饥谷料喂多，脏腑蕴热，遂成肠黄之症”。

此外，由于误食霉败草料以及有毒物质等，也能引起此病。

【症状】

(1)急性黄 发热神倦，扑尾刨蹄，腹痛起卧，食欲废绝，口温高，眼膜红，不时排粪或蹲腰卧地，顾腹回头，荡泻如水，淌泻腥臭或有脓血，喜饮冷水，口色红紫带黄，口臭，脉洪数，末期则纯泄恶臭的粪水。

(2)慢性黄 多因病害轻微或由急性日久不愈转变而成。神差乏力，毛焦肷吊，轻者水草减少，腹内微疼，回头看腹，大便稀薄，或泻粪如浆，颜色较黄，带有酸臭；重者则不时起卧，纯泻粪水，仅带粪渣，颜色棕黑，气味腥臭而带脓血。尾部、后肢皆被粪渣污染。

【脉色】 急性脉象洪大，口色赤红。慢性脉象沉涩，口色青白。

【治则】 以清热解毒、消黄止痛为治则。

【处方】

(1)郁金散

郁金八钱 大黄四钱 栀子六钱 黄柏六钱 姜黄连四钱 黄芩六钱

白芍一两 炙诃子七钱

共为末，开水冲，候温灌之。

加减：急性肠黄加没药四钱、乳香五钱、连翘八钱、二花五钱，减去白芍、炙诃子。慢性肠黄加焦三仙各七钱、乳香三钱、陈皮五钱、青皮五钱、连翘五钱、甘草三钱。

(2)当归导滞汤

当归二两(清油炒) 白芍一两 莱菔子一两 木通八钱 甘草五钱 车前子五钱

共为末，开水冲，候温灌之。

加减：急性黄加郁金一两、诃子一两、黄连八钱；带血加桃红五钱、红花三钱；带脓加木香五钱；水泻加猪苓一两、泽泻五钱；努伤肠肿加乳香五钱、没药五钱。

(3)可用0.1%高锰酸钾液2 000～3 000毫升，一次内服，每日一次；或磺胺脒20～25克，加等量碳酸氢钠内服，首量加倍，每日二至三次；也可内服土霉素3～5克，每日三次。必要时可用青霉素每千克体重5万单位做肌内注射，每日二至三次。如果有脱水现象者，静脉注射5%葡萄糖生理盐水2 000～4 000毫升，一日二至三次。为了增强解毒机能可加入5%碳酸氢钠液300～500毫升，40%乌洛托品液50毫升，同时注入。

【调理】 拴于清凉之处，喂以青草或宜消化而富有营养的饲料，饮少量多次的凉开水或每日喂稀米粥一至二斤。

十一、结症

结症是粪便阻塞肠管，不能移动，致使气脉不宣，遂发生腹痛之症。故《元亨疗马集》说"结症者，实证也，停而不动，止而不行……料塞不通，遂成脏结之病"。根据结的部位，一般可分为三种：结在小肠者为前结，结在大肠(包括盲肠、大结肠)者为中结，结在小结肠、直肠者为后结。

三种结的部位虽各有特点，但又有其相互的关系，故在病原病状以及治疗上，既有其差别点，又有其共同之处。

【病因】 总的来说，结症的主要原因是由于饲养不善所引起。长期单喂粗硬饲料；或使役前后喂过量的草料，又饮水不足；突然改换饲草，特别是由青嫩饲草突改喂粗硬难消化的草料，致使胃肠蠕动无力，不能运化传送粪便而发病。

【症状】 前、中、后三结都有腹痛起卧，唇舌干燥，舌苔黄燥或干黑，黏膜赤红或赤紫，肠音弱若无，大便减少或停止排便，小便量少色黄褐黏稠如油状，体温一般正常，脉象初无变化，后期加快。由于粪结的部位不同，前、中、后三结又有不同的临床表现。

(1)前结 常发生于食后数小时内，病畜精神不振，头向下垂，摆尾不安，前肢刨地，回头顾腹，常想卧地，有时兼作排粪姿势，有时卧地滚转。较重者，特别是并发大肚结者，则腹痛剧烈时向前冲，不受人制，不时卧地，足仰朝天，咬臆抱胸，气促喘粗，故俗语说"前结狂狂暴暴"。有时发抖出汗，直肠入手，结粪不易摸到，需手臂全入，用心细寻，方可在右肾前方摸到一段形似香肠的结粪。

(2)中结 病发缓慢，于一至数日内表现病状，病初食欲减退，排粪困难，停止排粪前数小时或一二日开始有腹痛，病畜表现伸腰摆尾，站立不安，曲腿欲卧，卧地滚转，有时回头看腹，肚腹胀满。继则连连起卧，趴地抱胸(即卧伏于地，两腿前伸，头屈于胸部)。有的躺地四肢伸张，不时回顾腹部，呻吟有声，出气发喘，起立时则大步大摇，故俗语说"中结大步大摇"。直肠入手检查，易在腹左或腹右摸到大块积聚的结粪，一般较坚硬。

(3)后结。腹痛较缓和，多为间歇性，回头看肷，蹲腰，努气，摇头摆尾，起而复卧，卧而又起，起后急走，肚腹胀大，正如俗语所说"后结小颠小跑"。常常后肢开张成排粪姿势，但不见粪出，肛门略向外张。直肠入手检查，结粪常在直肠内，容易摸到。

【脉色】 脉象沉涩，口色赤而带紫、干燥，舌上有苔。

【鉴别】 三结的特点是：前结抱腹朝天卧，后结小跑向肷照，中结打滚爬地卧。亦有民谚云"前结前蹄刨，中结回头瞧，后结后腰摇，不时尾抬高。"总的特征是：呼吸啃喘粪结焦，口色赤紫脉涩沉。也有个别在初期，不断排出少量粪，只要舌燥便是结，鼻孔张大须结合。

另外，本病与冷痛，临床往往难以区别，现将二者鉴别于下：

(1)水伤腹痛是阵痛，痛时很厉害，过后又恢复正常。

(2)水伤腹痛，腹响如雷，两肷塌不胀大；结症肠音低小，重时没有肠音，多数显胀，用手敲打发鼓音。

(3)水伤腹痛，耳鼻俱凉，鼻流清水，口色白滑湿利；结症耳鼻俱热，口色红而干燥。

(4)水伤腹痛的脉象多为沉迟而紧；结症的脉象多是沉涩。

本病如起卧渐缓，出现排粪排尿，精神好转，口色呈现光泽等为预后良好。如肚腹继续胀大，疼痛不减，粪尿不排，呼吸困难，口色赤紫，脉象沉微等为预后不良之症，应特别注意。

【治则】 以消极破气、化谷宽肠、通肠利便为治则。

镇痛 可用30%安乃近溶液20毫升皮下注射，或水合氯醛15～25毫升，加水适量内服。或5%水合氯醛酒精注射液200～400毫升，静脉注射。

补液强心 可用复方氯化钠液或5%葡萄糖盐水1 000～2 000毫升，加20%安钠咖20毫升，静脉注射。一日二至三次。也可用1%食盐水大量、反复做深部灌肠。

• 前结以理气润肠为主。

(1)当归苁蓉汤

全当归四两至八两(清油炒，即当归四量，用清油五钱，以干当归为标准量，先研面后炒，若先炒后研，则不宜研碎。炒法系投清油与小锅内，大热后放入当归炒至微焦)

肉苁蓉二至四两(黄酒浸蒸。制法：以苁蓉片五斤，洒黄酒半斤，蒸一小时，取出晒干；第二次洒黄酒六两，蒸三十分钟，取出晒干；第三次洒黄酒四两，蒸十分钟，取出晒干。冬天冻固即时研碎，装罐使用)

番泻叶一至二两　广木香三钱至五钱　川厚朴七钱至一两　炒枳壳一至二两

醋香附一至二两(另研)　瞿麦四至六钱　通草丝三至五钱　炒神曲二两

以上除另研者外，共合研为细末，开水调成稠糊状，慢火煎十分钟为度，注意搅动，勿令煎焦。候温入生清油半斤至一斤为引同调，少许添冷水为半稀半稠状灌之。

加减:体瘦体虚者加黄芪一两；孕畜减瞿麦、通草，加炒白芍七钱；鼻头凉者加升麻五钱；病到后期心气衰弱者，可先灌黄芪、党参各二两，制附子一两。若体温下降，再加肉桂六钱，共研末，水煎五分钟，男尿一杯为引，同调灌之。待心脏好转，继服当归苁蓉汤。

(2)方二

醋半斤至一斤　清油一斤至二斤　鱼石脂半两

把醋、鱼石脂分别加适量水和酒精稀释，清油适当加温，或熬开候凉。先灌醋，再灌清油，最后灌入鱼石脂。

• 中结以破积通肠为主。

(1)加味承气汤

芒硝六两至半斤　大黄二两　枳实一两　厚朴八钱　玉片四钱

共研末，开水冲，候温加清油一斤，同调灌之。

加减:如在炎热夏季，病畜口红舌燥，加生地一两、黄芩八钱、麦冬五钱；如发现肚胀，加莱菔子一两、木香五钱、香附一两、青皮八钱；耳鼻发凉，可加升麻五钱；小便不利，可加二丑八钱、滑石一两。

除灌药外，尚可结合温水灌肠，一日三次。

(2)马价丸

巴豆霜二两　五灵脂二两　牵牛子二两　甘遂二两　大戟二两　滑石二两

瞿麦二两　木通二两　续随子二两　川大黄二两　醋香附二两

以上十一味药共重二十二两，研细面，用醋打面糊为丸，分为四十四丸，装瓶储存备用。

将丸雷碎，加生清油四两、白酒一两，共调灌之。

每服一丸，服后二至四小时，察情继服一丸，如腹鸣即停继服。

(3)食盐半斤，加温水十五斤，胃管送服。

灌后牵遛，防止打滚，并勤饮水，若病畜开始饮水，表示病情好转。一般灌盐后一至二小时腹痛停止，三至六小时开始排粪。

• 后结主要是直肠入手去粪，待肠通后，可服通肠健胃散。

通肠健胃散

川大黄七钱　芒硝五钱　川厚朴七钱　油当归一两　青皮四钱　陈皮四钱

枳壳四钱　郁李仁一两　木通七钱　山楂四钱　甘草五钱

共研末，开水冲，候温灌之。

• 以上各结通利后，如病畜有虚脱现象，可内服补中益气散。

补中益气散

党参四钱　白术三钱　茯苓四钱　陈皮五钱　炙升麻三钱　炙柴胡四钱

黄芪五钱　生地四钱　当归五钱　酒知母五钱　酒黄柏五钱

共研末，开水冲，候温灌之。

【调理】

(1)由于此病引起腹内剧烈疼痛,急起急卧,猛烈滚转,常易发生肠绞缠或肠破裂。故对腹痛剧烈滚转不安时应加注意,特别是在猛卧猛转时,应在地下铺软草或沙土,勿令碰伤头部、腰胯,起立时徐徐牵行。

(2)结症泻下后,当时不宜急于喂草料,须饮以温水或温米汤,一般须在病好后八至十二小时,方许喂草料.同时还须喂以宜消化的草料,如青草、米汤等。并注意休息,待体力恢复后方可使役。

【预防】 结症主要是由于饮喂失宜,管理不当所致,如能加强饲养管理,固定专人饲养,专人使役,饮喂定时定量,草料洁净,少给勤添,即可减少本病的发生。

附1:入手取结法

入手取结法,古代称为"起卧入手",它既能确定结症部位,又能取出或破碎结粪,是我们兽医祖先长期实践的宝贵经验,也是近代中兽医结症诊断和治疗的有效方法之一。

方法:先将病畜绳缚倒卧地(卧取法)或保定于六柱栏内(立取法)。使用立取法时,最好在腹下与胸下用绳捆吊结实,头部用笼头固定好,尾系于畜体的侧方或上方。然后用温暖的油水五至六斤,用胶皮管注入肛门内,术者将右手指甲剪短磨光,涂油于臂膊,以免入手涩滞,伤损肠壁。

进手时将拇指尖置于无名指根部,其余四指撮呈锥形,伸入肛门,并缓缓向里推进,随病畜呼吸前进。若病畜向后努责时,手即停止前进。手过玉女关后,不断地左右前后从容寻找病粪,如摸到球形或长方形硬而打手者,即为病粪。

当手入肛门即摸到有结粪者,为靠门结;手再在向前有结粪者,为顺手结。手更向前进时有一个狭窄和关口,故称为玉女关,通过此处时要特别小心,如发现该部收缩,手须稍停,待其舒张手再前进,总以徐徐通过此关为是。否则就会损伤肠管,引起死亡。手过玉女关后,则向伸较易,此时隔肠向左侧、右侧及向下方所摸到的结粪,均属于中结范围。在腹腔后部的中央,向下摸到有串珠状且坚硬的粪球,并可向任何方向移动者,是大肠后段(即今称的小结肠)的积结。

如在腹腔后部,稍靠右侧上方,摸到由右向左斜行,状如香肠的是小肠后段(即回肠)的积结;在左肷下方常可摸到粗如大腿或手臂一样的粪块,是左侧大肠的积结;在右肷部摸到有时大如排球的粪块,是右肠(即盲肠)的积结;在此前方摸到有大块积粪者是右侧大肠的积结;当手臂全入在右肾前方摸到呈弧形的香肠状物是小肠首段(即十二指肠)的积结;如伸手左右前后皆无结粪,在伸至左前方摸到脾脏位置后移,或摸见扩大的胃后壁者,是大肚结。

取结的手法有以下几种:

(1)捏法 即用手推按捏动粪块的一种手法,适用于右侧及右肷大肠的积结。隔肠把积粪推拿捏动,推按时用力要柔和,捏动要均匀缓慢,不可用力过猛,应用此法时推纳次数要多,一般约三十至五十次,以粪块松动,气脉通宣为度。

(2)握法 是把粪块握碎或握成长形,使粪结松动顺肠而下的一种手法,用于大肠后段(小结肠)的积结。

(3)按法和切法 使用四指头或虎口把粪块按出纵沟或横切为数段,使肠中气水流通的一种手法,适用于右侧及左侧大肠的积结。

(4)拍法 使用进入的右手,将粪块固定在左边的肷部,然后用左手掌在外面相应拍打的一种手法,适用于左侧大肠的积结,一般拍打数十下,以粪碎或变形为度,此时即觉有气体从右手中通过。

(5)燕子衔泥法 适用于靠门结,因该处肠管狭窄,不便用上法取结,故需用燕子衔泥法。其法是在粪块的中心点,用中指、食指、无名指慢慢地掏取,将粪块的中心掏空,待四周松弛,结自然通畅,粪块取之后,再用温暖的油水两脸盆灌入肠内。

(6)直取法 适用于顺手结,因所结的肠管较为膨大,故用直取法为当,即用手指掏碎粪块,取之即效。

注意事项:上述几种方法,在入手时必须耐心,切勿慌忙,无论是哪一种方法,用力既要平和,又要使结粪捶破变形,切勿损伤肠管,避免造成死亡。

附2:捶结术

捶结术主要用来治疗小结肠结、骨盆曲结和部分左上大结肠结。捶结术的优点是疗效高、见效快,只要捶开结粪,肚胀很快消失,肚痛立即停止,因此有利于抢救垂危的病畜,但使用捶结术须有一定的技术训练,还要胆大细心,认真负责,稍不小心能造成肠管损伤。

方法:病畜在六柱栏内站立保定。胸下、腹下用绳兜住,医者直肠入手,摸到结粪后,先把结粪牵引到腹壁上,用里手拇食指外侧或手掌固定稳,外手握拳隔腹壁对准结粪进行捶打。

注意事项:

(1)手进出肠管要慢;牵引结粪也要慢。

(2)若结粪很靠前,手握不住,可把结粪后面的肠管慢慢向后拉,或把木杠插在六柱栏的横梁上,撬在牲畜腹下的结粪前方,木杠另一头由助手往下压,使结粪后移。

(3)要把结粪紧贴在腹壁上固定稳。

(4)捶打结粪时用力要先轻后重。

(5)捶结时,若发现肠黏膜损伤少量出血,分析造成损伤的原因马上纠正。若结粪尚未捶开,可避开损伤处继续捶结,若肠肌已破,创口较大,出血较多,再继续捶结,有造成肠断危险,此时改用其他方法治疗,并在创口涂紫药水,注意病情变化,进行综合治疗;若已造成肠断,应立即进行手术缝合。

十二、肠沙积

本病是沙石沉积于大肠之内,不能排出,久则积多致病,故名肠沙积。多见于牧区及沙漠地区。

【病因】 因经常饮不洁的水和食带有泥沙的草料,或因牲畜喜舔泥土,致使沙泥带入胃肠，日久积多而成其患。

【症状】 久喂无膘，毛焦肷吊，不时腹泻，或粪便粗糙，且混有泥沙；甚者呈起卧腹痛，有时排出的粪便混有泥沙。若肠中积沙过多已成为结症者，一般难医。

【脉色】 脉沉涩，口色青黄。

【治则】 以消积导滞为治则。

【处方】

二丑膏

大黄五钱　二丑一两　山楂一两　陈皮五钱　木通三钱　苍术一两

麦芽一两　神曲一两　枳实五钱　青皮三钱

共为细末，开水冲，加猪油一斤，同调灌之。

【调理】 喂以清洁易消化而富有营养的草料，忌饮浑浊、带有泥沙之水。

【预防】 水草内的泥沙要注意除掉。如在牧区放牧，应按时服轻泻药，以驱其泥沙，如牲畜爱吃泥土时，在喂时加少量食盐、骨粉等。

十三、冷肠泄泻

冷肠泄泻多系久喂冷冻草料，或过饮冷水伤于脾胃，致使肠中积冷，不能运化，因而发生泄泻，故名冷肠泄泻。《元亨疗马集》说："泄泻皆因脏气虚，水停肠内不津液，肛门泄粪浑如水，肠中虚气响如雷。"这说明本病属虚寒之症。

【病因】 多因夜露风霜，或久卧湿地，以致外感寒湿，传入脾经，脾传于胃，下注于肠，因而发生泄泻；或久喂冷冻草料，久渴失饮，空肠饮冷水太多，失于牵散，停住于肠，致使脏冷气虚，不能运化而成其患。

【症状】 精神倦怠，耳耷头低，食欲减少，肷吊毛焦，口渴贪饮，肛门泄水，粪稀如浆，腹痛肠鸣。

【脉色】 脉沉滑，口色青白。

【鉴别】 本病多发病较急，经过时间较短，水泻严重，口鼻发凉。肾虚作泻发展缓慢，经过较长，并多在黎明泄泻；脾虚作泻则四肢浮肿，病势发展亦较缓，临诊时注意鉴别。

【治则】 以温补脾胃、固肠止泻为治则。

【处方】

除湿胃苓散

砂仁四钱　苍术五钱　防风四钱　厚朴六钱　猪苓三钱　泽泻五钱

白术七钱　陈皮六钱　木通五钱　灯芯草二钱　肉桂四钱　滑石五钱

赤苓四钱　甘草三钱

共为细末，用米汤同调灌之。

【调理】 拴于暖厩，温开水饮之，少量多次，寒夜须用毡屉背上搭之。

十四、肠入阴

肠入阴是小肠窜入阴囊内而阻碍小肠运转机能的腹痛之症。《司牧安骥集》记载"马患肠入阴:痛因滚碾,腹中有一窍,穴如钱来大,透小肠入于阴囊中,负痛时时起卧,回头看腹”。较多见于幼驹。

【症状】 依肠入阴囊的情况不同,症状亦有差异。肠入阴囊少而肠管尚能稍通者,呈现慢起慢卧,回头看肷,此时脉色无大变化。若肠入阴囊多而肠管闭塞者,则呈现急起急卧,倒地滚转,起而跪地,回头看肷,耳鼻四肢俱冷,身出微汗。阴囊胀大硬肿。末期则出现肌肉震颤,四肢厥冷,汗出如油,行如酒醉等症。

【脉色】 脉沉紧,口色青黄。末期则脉如乱发,舌如炲煤。

【治则】 以整复肠管为治则。

整复法:将病畜仰卧保定,用温水袋敷阴囊部片刻,以手揉之,在揉的同时,也可以直肠入手,小心隔肠拨正,慢慢抽出进入阴囊内的小肠。整复后,用布带扎住阴囊根部,防止小肠再进入阴囊,但对严重者不易收效,应切开阴囊,摘除睾丸整复小肠后,封闭腹股沟环。

【调理】 加强护理,勿令乱摔乱跌,卧地以软草铺之。

十五、肠绞痛

肠绞痛是肠管位置变乱或某一部分与另外一部分肠管互相缠绕,绞如绳结,这是肠道闭塞引起剧烈腹痛的一种危急之症。

【病因】 多因乘骑紧骤,收绳过急或遛缰蹶跌,或挽车负重,突然转弯,或跳沟跃涧,或空肠过饮冷水,均能引起本病。此外,患起卧症的马骡,因腹痛滚转,亦可继发本病。

【症状】 突然发病,疼痛难当,急起急卧,不受人制,倒地滚转,四肢踡曲,起后猛向前冲,浑身肉颤,汗出如浆,气促喘粗,难以站立。末期呈现精神痴呆,步态蹒跚或卧地不起,口鼻俱凉,四肢冰冷,常从肛门排出少量黏液。直肠检查,能发现横径紧张,肠位不正,触之剧痛。

【脉色】 初期 脉沉紧,口色青紫。

后期 脉散乱,口色青晦。

【治则】 以整复肠管为治则。但极难治愈。

(1)因结粪重垂牵引肠变位者,如变位不太严重,压碎结粪,配合整肠,肠管常可恢复原位。

(2)左大肠扭转时,用手伸入直肠,按扶着臌气的大肠,轻轻拨转,大肠向左扭则向右拨转,大肠向右扭则向左拨转,直到肠管的臌气部消失,肠纵带不再扭转为止。

(3)全身麻醉后,可使部分轻度的肠变位恢复正常。

(4)将病畜四蹄捆绑,依次取躺卧、仰卧姿势,用掌在腹侧、腹下推搡压按,有时也可使轻度肠变位恢复原位。

(5)对小肠缠结、小肠扭转、肠套叠及严重的大肠和小肠的变位等,目前尚缺乏有效的治疗方法。

十六、胃肠破裂

《元亨疗马集》中把胃破叫“大肚伤”,肠破叫“肠断”。

【病因】 此病常因食之太饱,负重乘骑,奔走太急,逢沟遇涧,跳跃太猛,前失后跌,饱后负重,急上高坡,以致猛力蹩损于肠胃,遂致其患。此外,由于患结症,肚胀时因急起急卧,猛摔猛跌，而使胃肠破裂。

【症状】 《元亨疗马集》说“马患须看大肚伤，卧时不起汗淋浪，喘促鼻咋兼肉颤，鼻内时流粪气浆，哽气之时胃必损，便有灵方病也亡”。又“马患肠断不堪医，浑身肉颤攒四蹄，抛粪之时须起卧，良医见后必也疑”。这就是胃肠破裂的具体表现。若系结症、肚胀而引起者，往往在剧烈起卧中，突然停止起卧，病畜则安静站立，头低下垂，或卧地不起，昂头摇晃，同时出现上述症状者，移时抽搐而死亡。

【脉色】 脉如游虾，色似枯骨。

本病无法治疗。正如《元亨疗马集》中说“鼻回粪水当时死，汗出如浆刻地危。”“唇如枯骨诸经绝，脉似虾游脏腑亏”。

十七、胃蝇病

胃蝇病俗叫瘦虫病。胃蝇形似蚕蛹，红色或褐色，全身有十一个环节，每节有棘，头部有口沟，借此以附着于胃膜上或肠膜上。

病因 胃蝇虫的产生，先是由虫卵变为第一期幼虫，这就是马蝇在马匹的臀部周围、肩胛前部或前腿被毛上所产的虫卵，经过一两个星期发育而成的。这种幼虫体分十三节，表皮多刺，因其爬行于马体皮肤上，而使之瘙痒，马匹用牙齿啃咬，虫即乘机入口，有的暂时寄生于咽头，但一般多很快进入胃内，紧紧附着在胃膜上，经过9～10个月后发育成熟而成第二期幼虫，随粪排出体外，在地内化而为蛹。又经一个月到一个半月，即化为马蝇。

随马粪排出的胃蝇虫时期，因各地气温不同而异，一般在寒冷地区较晚，温暖地区较早。马蝇多在较热的晴天飞翔，少见于雨天或阴天。消瘦和饲养管理不良的马匹，易被侵袭。

【症状】 主要是精神委顿，消化不良，出汗增多，使役能力降低，粪便粗糙或散不成球。病初饮食正常，但日渐消瘦，食欲亦减少，毛焦肷吊，精神不振，有时可见慢性起卧，后蹄蹴腹，粪中带有虫体，有的虫体附在肛门上。若虫附着在咽头时，病马有啌嗽、喷嚏，饮水时水自鼻孔流出。严重者终因瘦弱衰竭而死亡。

【脉色】 脉象沉迟，口唇苍白，舌色微黄。

【治则】 以驱虫健胃为治则。

【处方】

(1)化虫散

炒干姜五钱　附子片五钱　乌梅一两　大黄一两　诃子肉一两　槟榔二两
芜荑一两　百部二两　鹤虱一两　雷丸一两　榧子一两　使君子一两
广木香五钱　贯仲二两

共为细末，开水冲，加蜂蜜半斤，混合空腹灌之。隔六小时许，再灌清油一斤。

(2)贯众散

贯仲二两　使君子仁一两　槟榔一两　鹤虱一两　芜荑一两　苦楝子一两
大黄一两

共为末，开水冲，候温灌之。

【调理】 服驱虫药后停止使役，并给予富有营养的饲料。夏季发现毛上附有虫卵，应用温水刷洗干净或用刀剪刮除，预防幼虫进入胃内。随粪便排出的胃蝇幼虫，必须消灭。鸡喜吃此虫，对灭虫可有帮助。

十八、肠虫病

肠虫是泛指寄生在肠内的各类虫类而言。在肠虫疾病中常见的有绦虫、蛔虫、寸白虫（蛲虫）等。

【病因】 虫的由来多系湿热郁蒸所致，另外饮水不洁、食有带虫卵的草料等亦能发生肠虫病。

（1）绦虫 此乃扁形虫，其长短大小因种的不同而有很大差别，长的可达数尺，短的只有二三分，全身由无数节片连接而成，每片之间有体膜接连，每一节中，有单独的雌雄生殖器官，头上有吸盘和钩，因此能固定于寄生部位。

（2）蛔虫 是一种圆形的虫，两端尖细，身长约三寸到一尺多，雄短雌长，雄虫尾端有两条针状的交合刺，位于尾的内侧，雌虫尾端圆直。口有三个唇瓣，常寄生于小肠。

（3）寸白虫（蛲虫） 是白色的圆虫，形似白线，长约寸余，故名寸白虫。幼虫发育于小肠，长成后入大肠，将产卵时则出肛门，产卵后又进入肛门。

此外，在大肠里还有很多种白色或淡红色的线虫寄生。

【症状】 患有肠虫的牲畜，常见到身形消瘦，毛躁无光，皮紧脱毛，食欲减退或异常增加，大便干燥或泄泻，精神不安，有时磨齿，腹痛时作时止，痛苦严重者，即朝天仰卧，前肢抱胸，痛止即饮食如常。其中肛门瘙痒，附黄色黏液，擦墙揩桩者，为寸白虫病的常见证候；喜吃泥土或粪便者，多为肠虫病的常见症状。

【脉色】 脉象沉弱，口色苍白。

【治则】 以驱虫健脾为主。

【处方】

（1）治绦虫方

槟榔一两 使君子七钱 贯仲七钱 郁李仁七钱 苦参五钱 鹤虱七钱
苦楝树根皮一两

共为细末，水煎数十沸，候温灌之。

（2）治蛔虫方

乌梅二两 君子肉二两 寸冬一两 花椒一两 黄柏八钱 黄连四钱
甘草一两 陈皮八钱

共为细末，水煎数十沸，候温灌之。

（3）治寸白虫方

雷丸二两 使君子二两 槟榔三两

共为末，开水冲，候温灌之

（4）精制敌百虫（治疗马胃肠道寄生虫最有效的药物）

成年马每匹 9～15 克，育成驹 7～8 克，当年驹 4～6 克。

临用时，将敌百虫用温水配成约 2%溶液，在空腹时用胃管投服。也可将 10%～20%敌百虫溶液洒在半斤至一斤的麸皮与干草内，拌匀后喂给。对口腔内的胃蝇虫可利用一弯曲的木棒，一端缠上棉花，蘸上含有 5%敌百虫的清油，涂于咽喉或齿龈部，虫体寄生少的用一两次即可除净。

【调理】 服药后停止使役，如发现食欲不振或连泻不止时，须服调理脾胃之剂，并注意粪便内排出虫子多少，以便决定是否再继续服驱虫剂。

十九、脱肛

脱肛是脏冷气虚或负重努伤，肠头脱出肛门之症。

【病因】 老弱马匹，劳役过度；负重上坡，使力过猛；或中气虚弱，不能统摄，致使肠头努出，更受外界风吹，形成浮肿，不能收回，遂成其病。

【症状】 肠头脱出，风吹浮肿，冷硬难收，发痒擅磨，弓腰翘尾，不时努责，头低耳耷，草细毛焦。

【脉色】 脉迟细，口色淡黄。

【治则】 先以手术整复为主，药以润燥祛风、补中益气为治则。

整复法：先将病畜妥善保定。新发病畜，肠头尚未浮肿，可先用10%温白矾水洗净患部，然后用两手从肠头底部慢慢送入至肛门。若脱出时久而肿大者，先用防风汤将患处脓血洗净，然后用三棱针在脱出的肠头上点刺数针，再用手指将肿胀部分的瘀水捏净，待肿消后将肠头送入肛门内。若用针刺排液不能整复时，可再用剪割手术。方法是：先用温水灌肠，排除直肠粪便，再用防风汤边洗边用手指将患部肿胀坏死的瘀膜烂肉完全捏碎，用消毒的剪刀剪去瘀膜烂肉，随捏随剪，务必细心剪净，以少许出血为佳，剪净以后，用手将脱出部分轻送回肛门，再用温热鞋底熨之。术毕令病畜静立半小时许，内服通关散使粪便通利，次服补中益气散以提升中气。

【处方】

(1)防风汤

防风三钱　荆芥三钱　川椒五钱　艾叶三钱　白矾一两　苍术三钱

以上药加水煎成汤去渣后，候温洗之。

(2)通关散

郁李仁三钱　麻仁一两　桃仁三钱　当归三钱　防风四钱　羌活三钱

皂角子(炒)三钱　大黄四钱

共为末，开水冲，加清油六两，同调灌之。

(3)补中益气散

党参三钱　白术三钱　茯苓三钱　陈皮三钱　升麻三钱　柴胡三钱

猪苓三钱　泽泻三钱　黄芪四钱　生地三钱　酒知母三钱　酒黄柏三钱

生甘草二钱　桔梗二钱　白芍三钱　归身四钱　生姜二钱　大枣四枚

共为末，开水冲，候温灌之。

【调理】 暂停喂料，停止劳役，拴于暖处，喂饮青草、米汤。手术整复后要牵行慢走，不许卧地，防止努责，夜间要专人照管，勿使睡卧、起立时再脱出。

二十、脾气痛

脾气痛乃脾胃冷伤之症。由于脾主肌肉，外应于唇，故脾痛则肉颤，倒地又唇蹇；胃主容纳，故胃痛而垂腰无力。如《元亨疗马集·三十六起卧》说“第十脾家起卧难，摆头打尾上唇蹇，站卧有时立即倒，垂腰无力似风瘫”。即是指本病而言。

【病因】 由于外感内伤而引起，如放牧遭逢淋雨，外拴夜露风霜，久渴失于饮水，空肠饮水太过，伤于脾经，脾传于胃，胃火微弱，气不升降，两相促迫，故发本病。

【症状】 急起急卧，草料不进，泄泻肠鸣，蹇唇似笑，摆头打尾，卧地蹲腰，垂腰无力，起卧困难；有时浑身肉颤，卧地舒腰。

【脉色】 双凫迟细，口色青黄。

【治则】 以温中散寒、健脾祛湿为主。

【处方】

健胃散

当归五钱　白术五钱　甘草五钱　菖蒲五钱　砂仁五钱　泽泻五钱
厚朴五钱　肉桂五钱　青皮五钱　陈皮五钱　干姜五钱　白茯苓五钱
五味子五钱

共为末，开水冲，候温引用烧酒四两、飞盐五钱，同调灌之。

【调理】 不住牵行，背上搭以毡屉，寒夜不可外拴，当日不饮冷水，专人看护，防止跌伤。

二十一、脾虚泄泻

脾虚泄泻系脾阳不足所引起的一种疾病。牲畜脾胃虚弱，正气方耗，日渐羸瘦，因脾不健运，清浊不分，故成泄泻。

【病因】 多因长期饲喂失节，饥饱不均，或草料粗糙，营养不足，以致损伤脾气，胃火亦随衰弱，水谷不能腐熟、运化。于是阴阳错乱，清浊不分，而成泻症。本病系慢性疾病，多见于老弱或久病不愈的牲畜。

【症状】 病畜身体羸瘦，毛焦肷吊，喜卧懒动，被毛猬立，不时泄泻，粪不成球，或完谷不化，草料减少，但喜饮冷水，肠鸣如雷，小便短少，严重时水湿下注，四肢浮肿，甚至脾肾皆虚。

【脉色】 凫脉迟细，口色青黄。

【鉴别】 本病与冷肠泄泻症状相似，故宜细心鉴别。冷肠泄泻多因误饮冷水太多，或食冻草料所致，故《元亨疗马集》指为肠冷气虚之症，其症来势较急，肛门水泻更甚。而脾虚则系慢性疾病。此外，还应与慢肠黄鉴别，慢肠黄病畜，多踡腰卧地，回头顾腹，虽亦粪稀，但色赤黄，且气秽腥。脉象洪大，口色红燥。

【治则】 以补中益气、渗湿燥脾为治则。

【处方】

(1)参苓白术散

党参八钱　白术八钱　茯苓八钱　炙草八钱　山药八钱　白扁豆八钱
莲肉五钱　炒桔梗五钱　薏苡仁五钱　砂仁五钱

共为末，开水冲，候温灌之。

(2)益气黄芪散

青皮五钱　升麻三钱　甘草五钱　党参一两　黄芪一两　生地黄八钱

苍术一两　茯苓五钱　黄柏(酒炒)三钱　泽泻五钱　大枣十个　生姜五片

共为末，开水冲，候温灌之。

二十二、脾虚湿邪

脾虚湿邪是由于湿邪侵入脾经而成之脾虚风症。常发于幼驹、小马及血气衰弱牲畜。《元亨疗马集》说“湿邪者，脾虚风症也”。

【病因】 多因蓄养失调，劳役过度，如牲畜负重乘骑，奔走过急，带汗而渡河，或放牧被阴雨苦淋，或者马真元衰败，幼驹血气未全，夜露风霜，久卧湿地，湿气凝于毛窍，疫邪流注肌肤，侵入腠理，遍传经络，遂成其患。

【症状】 偏头直颈，眼目和口唇歪斜，神昏似醉，行立如痴，水草迟细，有时不能采食。

【脉色】 脉迟细，口色青紫。

【治则】 以祛湿邪、和血顺气、安神为治则。

【处方】

(1)天麻散

天麻五钱　党参五钱　川芎三钱　防风三钱　何首乌一两　荆芥三钱

甘草三钱　薄荷三钱　蝉蜕一两　白茯苓五钱

共为末，加蜂蜜四两，米汤调灌。

(2)芸苔散

芸苔子一钱　皂角一钱　朱砂一钱　雄黄五钱　瓜蒂一钱　麝香二分

共研细末，装于瓷瓶中，每日用少许吹鼻内三四次。

【调理】 喂以易消化、富有营养的草料，如吃草困难者，可将草填入嘴内喂之，拴于安静温暖厩内，勿令日晒，忌受风寒。

二十三、宿水停脐

本病是肠中水液渗出肠外，潴留腹腔之内，积于脐下，故称宿水停脐。劳伤力败瘦马、羸驹多患之。

【病因】 由于脾土虚弱，脏冷气虚所致。《元亨疗马集》说“停留宿水者，脏冷气虚也。皆因劳伤瘦马，力败羸驹空肠误饮浊水太过，失于牵散，停住于肠，不能运化，沁渗出关，积于脐下，此谓宿水停脐之症也”。若命门火衰不能行水，亦能引起本病。

【症状】 病初症状不明显，以后则逐渐出现，两肷凹陷，腹部下垂而膨大，且皮肤紧张，精神倦怠，耳耷头低，草料迟细，行立无神，毛焦肷吊，日渐消瘦。

【脉色】 皀脉迟涩，口色青黄。

【治则】 以健脾暖胃为治则。

【处方】

(1)健脾散

当归一两　砂仁五钱　厚朴五钱　桂枝八钱　甘草五钱　菖蒲五钱
泽泻五钱　茯苓五钱　五味子五钱　生姜一两　飞盐五钱　白术一两
陈皮五钱　青皮五钱

共研末，开水冲，黄酒一碗，调和灌之。

(2)胃苓散

茯苓六钱　白术一两　苍术一两　猪苓七钱　陈皮六钱　肉桂五钱
甘草四钱　泽泻五钱　厚朴五钱　生姜皮一两

共为末，开水冲，候温灌之。

(3)40%乌洛托品　40毫升
25%葡萄糖液　500毫升
10%氯化钙液　100毫升
20%安钠咖　10毫升

混合一次静脉注射，每日一次。

(4)云门穴放宿水

①取穴　在脐前9厘米(一掌)，距腹白线1.5厘米，腹部下沉最突出部取穴。左右均可。

②针法　站立保定，固定两后肢，用大宽针刺破穴位皮肤，将宿水管插入穴内，放出腹水。

说明：操作时，一手捏压腰脊，迫使病畜凹腰，一手持管急刺，两手同时用力，宿水管即可顺利刺入。腹水过多不可一次放完，移时再放。退取宿水管时，忌用抽拔法，一定要用押手的食、中指紧按穴位皮肤，慢慢抽管。如若快速抽拔，又不压穴位皮肤，势必将穴位皮肤牵拉而与腹肌分离，这样，沿针孔继续流出的腹水，即可窜入穴位皮下，形成黄肿。

【调理】　喂养暖厩，增加草料，熟米汤一日饮二次。寒夜不可外拴，饮水莫令饮足，空肠忌饮冷水。

二十四、气毒症

气毒症是鼻腔受邪而引起的肿痛蓄脓之病，是马属动物常见的一种病。

【病因】　皆因外感六淫之邪，或鼻部损伤；或劳役过度，损伤肺经；以致肺气壅塞上冲于鼻，而成呼吸不利，血行不畅，热毒结聚鼻腔，久则化毒成脓之病。

【症状】　一般多发于鼻腔深部，多为一侧，病畜眼窝下方至颜面骨多呈高肿，气息不利，久则化脓而呼吸困难，食欲减退，鼻孔流出脓液，初期是白色，后期则变黄色，气味腥臭，时多时少，低头时流脓更多，若经久不愈，患部之骨则腐蚀，变质而成骨疽，精神不振。一旦气虚内亏，抵抗力弱，毒向内攻，上传于脑，往往有生命之危。

【脉色】　一般正常。

【鉴别】　此病与其他吊鼻不同，此病的特征是颜面骨高肿或软化，用指敲打呈空洞声或实音。

【治则】　以排脓解毒，滋阴降火为治则。

【处方】

(1)加味知柏汤

酒炒知母二两至四两　酒炒黄柏二两至四两　广木香五钱至一两
制乳香一两至二两　制没药一两至二两　连翘八钱至两半五钱
桔梗五钱至一两　金银花五钱至一两　荆芥三钱至五钱
防风三钱至五钱　甘草三钱至五钱

共煎汤灌之,或研末灌之亦可,隔二日一次,连灌三至五剂。

(2)辛夷散

辛夷二两　酒知母一两　酒黄柏一两　沙参七钱　木香三钱　郁金五钱
明矾三钱

共为末,开水冲灌。同时用2%白矾水经常冲洗鼻腔。

【调理】　隔离饲养,忌喂生料和硬性饲料,停止使役。

二十五、鼻衄

鼻衄乃因内伤劳役,外感热邪或鼻部损伤,以致鼻内出血的一种疾病。

【病因】　多因气候炎热,劳役太过,外感热邪,侵于心肺,心肺热极,迫使鼻腔血离经脉,造成出血。或因跌打损伤以及误用剧性大辛大热药等,均能引起本病。

【症状】　鼻子一侧或两侧突然流血,血呈深红色。一般病情轻者多,能自行止血,精神食欲均无明显变化。但病重者往往流血不止,进而引起贫血,精神不振,食欲减少,四肢无力,呼吸发喘等症状。

【鉴别】　外伤性鼻衄多脉平色正,精神食欲如常;内热引起的鼻衄,皂脉洪数,口色鲜红,同时精神不振,食欲减少。

本病与肺出血症状相似,都有鼻出血的现象。但鼻衄出血多为一侧鼻孔,血色深红,且无泡沫;肺出血多系两侧鼻孔出血,血色鲜红,且有泡沫,并有发喘、咳嗽等症状。

【治则】　热邪引起者,以清肺、泻火、止血为治则;外伤引起者,以收敛止血为治则。

【处方】

(1)犀角地黄散

当归一两　白芍一两　川芎五钱　生地一两　甘草二钱　川连三钱
桔梗三钱　犀角二钱　黄芩四钱　栀子三钱　连翘四钱　玄参一两
大蓟汁四两　炒蒲黄三钱

共为末,开水冲,引蜂蜜四两、童便一盅、藕斗四两,候温灌之。

(2)吹鼻散

冰片一钱　血余炭一钱

共为细末,吹鼻内,或将患处头部吊平,用毛巾敷于头面部,不断用冷水浇淋。

(3)仙鹤草素30～60毫克

肌内注射,一日二次。

或内服仙鹤草散。

仙鹤草一两　阿胶五钱　白及七钱　侧柏叶一两　当归八钱　生地一两

栀仁八钱　　麦冬八钱

共为细末，鲜茅根一斤，煎水冲药灌之。

【调理】　拴于清凉安静之处，喂以青草，停止劳役。

二十六、束颡黄

束颡黄是热毒积于上焦，咽喉肿胀卒急之症。

【病因】　多因内伤过度或外感热邪所致。如长途运输，奔走过急，饮喂失时，以致心肺壅极，热毒上攻，咽喉肿胀，或因气候骤变，外感六淫之邪，传入心肺，致使热毒郁结于咽喉，遂成其患。

【症状】　气喉软肿，食颡虚浮，伸头直颈，气促喘粗，咳嗽不爽，尤其是在吃草时咳嗽更重。口内流涎，饮水时从鼻孔流出。病势重者，水草难咽，喉肿气响痰鸣，呼吸困难。

【脉色】　脉洪数，口色鲜红。

【治则】　以泻火解毒、清咽利膈为治则。

【处方】

(1)方一

牛子五钱　连翘五钱　荆芥三钱　薄荷三钱　山栀五钱　射干四钱

桔梗八钱　元参一两　黄连五钱　黄芩五钱　二花五钱　山豆根五钱

大黄五钱　朴硝一两　甘草五钱

共研末，开水冲，候温灌之。或煎汤灌之。

(2)青霉素　每千克体重 5 万单位

注射用水　10 毫升

一次肌内注射。一日二至三次，连用数日。

(3)30%磺胺噻唑钠液　100～150 毫升

静脉注射，一日二次。

(4)雄黄散

雄黄、白及、白蔹、龙骨、大黄各等份。

共为细末，用井水花调匀，外敷咽喉部。

【调理】　多喂软草或青草，饮温水，戒忌风寒外袭，停止劳役。

二十七、喉骨胀

喉骨胀是喉头肿胀之症，多发于幼驹、小马或壮年牲畜。

【病因】　常因饲养失调，外感疫疠之气所致。如气候炎热，使役过度，疫气乘机而入，继则化热，热毒积于心胸，传至咽喉，或体壮膘肥，缺乏运动，以致气血壅盛，久则化火成毒，凝结咽喉而肿胀。

【症状】　食槽肿胀，硬核填喉，伸头直颈，咳嗽连声，水草难咽，继则呼吸微喘，硬核化脓，鼻孔流黄白色脓液。

【脉色】　脉象洪大，唇舌鲜红。

【治则】 以泻心肺、清咽喉为治则。

【处方】

(1)雪花散

朴硝三两 黄丹五钱 寒水石二两

共为细末,开水冲,加猪油二两,同调灌之。

(2)加减郁金散

郁金八钱 桔梗八钱 牛子八钱 酒大黄一两 酒黄连四钱 酒黄芩五钱

酒知母八钱 酒黄柏五钱 酒栀子五钱 射干六钱 山豆根六钱 玄参六钱

贝母一两 荆芥五钱 防风五钱 薄荷五钱 甘草五钱 朴硝四钱

以上煎药去渣,候温加鸡蛋清五个,同调灌之。

(3)青霉素 每千克体重5万单位

蒸馏水 10~20毫升

溶解后,一次肌内注射,一日三次,连用三日。

(4)白及拔毒散

白及一两 白矾八钱 白蔹五钱 明雄五钱 木鳖子三钱 大黄一两

黄柏五钱

共研极细末,用鸡蛋清五个,麸粉适量,加冷水调敷肿处。如硬核化脓成熟,可针刺放脓,同时用0.1%高锰酸钾溶液冲洗。

【调理】 拴于清凉之处,水浸青草喂之,暂忌一切生料。要单槽饲养,以防传染。

二十八、咳嗽

咳嗽为肺系疾病的主要证候之一。本病分外感和内伤两类。外感者,肺卫受邪侵袭,肺气不得宣畅而发生咳嗽;内伤者五脏六腑失调,气血阴阳紊乱,影响肺脏而为咳嗽。所以,《元亨疗马集》有"五脏六腑皆令兽咳,非独肺也"的记载。现将临床常见的外感咳嗽与内伤咳嗽分述如下。

【病因】

(1)外感 皆因风、寒、暑、湿、燥、火侵于皮毛、肌腠,而传于肺,致使肺气不宣,痰涎壅塞肺窍而引起咳嗽。

(2)内伤 王良《咳嗽论》说"肺为五脏华盖,专主于气,气之清浊得分,则无咳嗽。然清浊不分,浊气上升于肺,则肺气而不能清爽者,亦令咳嗽矣"。因为饮喂失时,劳役过度,伤之于肺,往往使肺气壅滞,升清降浊的功能失常而发生咳嗽。

总之,外感内伤均易引起咳嗽,但多以肺脏受病为主。至于其他脏腑的咳嗽,是其脏腑受病后传之于肺而发生的症状。

【症状】

1.外感咳嗽

(1)风寒咳嗽 主要由于风寒侵入肺经而发生的咳嗽,主症为咳嗽声高有力,鼻流清涕,遇暖则安,遇冷则发,有怕冷被毛猬立的症状。脉浮紧,口色青白,若兼湿则口色黄腻有风涎,喉中有痰,甚则鼻流稠涕。四肢倦怠无力,食欲减少。治以疏风、散寒、宣肺为主。

(2)风热咳嗽 主要由于风热之邪乘虚而入,侵害肺系。主证为咳嗽不爽,鼻流黄而稠的鼻涕,口渴干燥,咽喉肿痛,咽水草困难,全身发热,大便干燥,小便短赤,怕热有时出汗,口色红黄,脉象浮数。治以疏风、清热、宣肺为主。

(3)燥热咳嗽 主要由外感邪热,耗伤津液,使肺阴亏耗,不能润养而咳嗽。主证为干咳无痰,喉头痛,胸痛,膊痛,咳则连声不断,喘息粗大,舌色赤红干燥,脉数小,治以清热润燥为主。

(4)痰湿咳嗽 因水饮痰浊内聚,阻塞肺气而成。主证为咳声不畅,喉有痰声,气喘,胸痛膊痛,口色青黄,舌苔滑腻,脉滑。治以泻肺降气,化痰利水为主。

2.内伤咳嗽

(1)心咳则前肢刨地。

(2)肝咳者头左顾。

(3)脾咳者头右顾。

(4)肾咳者悬其后蹄。

(5)大肠咳者则气喘,鼻流脓涕,甚则屁出而遗粪。

(6)小肠咳者前肢刨地,甚则咬齿,头垂于地。

(7)胆咳则头左顾,甚者吐黄涎。

(8)胃咳则头右顾,甚者做呕吐状。

(9)膀胱咳则悬起后蹄,甚者小便遗溺。

(10)三焦咳则毛焦草细,鼻出臭脓,身形羸瘦,四肢浮肿,肚腹胀满。

《元亨疗马集》曰"外感内伤者,则肺完受之矣,肺传肝,肝传脾,脾传肾,肾传心,心传六腑,六腑传三焦,三焦而气逆,气逆而腹满,腹满而危也"。这就是上述咳嗽的传变规律。又曰"凡治者,当养其心,敛其肺,清其肝,健其脾,滋其肾,补其阴,和其血,顺其气,调其六腑,各从其类,考证用药,而无差失,可为贤矣"。

从上述症候来看,咳嗽之症是复杂的,但辨证要领是:首先鉴别外感、内伤及其他见证的属实属虚。大抵初病咳嗽或见寒热、脉浮等表证的多属外感;平素体弱,时时咳嗽,或久咳不已而无表证的,多属内伤。外感咳嗽,脉、证无虚象的,属于实证。内伤咳嗽,一般脉、证俱虚,则属虚证。但肝火、湿痰犯肺之内伤咳嗽,则多为虚中挟实之症,尤须详辨。

【治则】 外感实证,当以宣肺散邪为主,邪去则正安;内伤虚证,当以补肺滋阴为主,肺得养而嗽止;因肝火、湿痰等实中挟虚的,当以清肺化痰为主,肺清痰去则咳止;然后予以适当的调理,以做善后之计。

【处方】

(1)杏苏饮(风寒咳嗽)

紫苏八钱 杏仁五钱 前胡五钱 姜半夏五钱 陈皮五钱 茯苓五钱
连翘五钱 甘草三钱 桔梗五钱

共为细末,引用生姜五钱、大枣七个(去核切碎),开水冲调,候温灌之。

(2)加味麻杏石甘汤(风热咳嗽)

麻黄一两 杏仁六钱 贝母八钱 生石膏一两 射干五钱 姜片三钱
二花八钱 连翘八钱 薄荷五钱 玄参七钱 竹叶三钱 甘草八钱

共研末,开水冲,加生萝卜汁同调,候温灌之。

(3)润肺散(肺燥咳嗽)

知母五钱　款冬花五钱　天冬四钱　百合八钱　阿胶五钱　五味子四钱
紫菀四钱　秦艽五钱　百部四钱　爪元八钱　甘草五钱　桔梗五钱
远志五钱

共研末,开水冲,鸡蛋清三个为引,候温灌之。

(4)加味二陈汤(痰湿咳嗽)

陈皮八钱　法半夏五钱　茯苓五钱　甘草五钱　葶苈子一两　桔梗八钱
贝母五钱　苏根五钱　白芥子一两　白丑五钱　生姜皮八钱

共为末,开水冲,候温灌之。

(5)连翘散(心经咳嗽)

连翘五钱　桔梗五钱　贝母三钱　杏仁四钱　白芷三钱　知母五钱
当归五钱　山药五钱　苏子三钱　瓜蒌仁五钱　马兜铃三钱　甜瓜子三钱

共为末,开水冲,引蜂蜜二两、生姜三片,候温灌之。

(6)枇杷散(肝经咳嗽)

枇杷叶三钱　冬花五钱　花粉三钱　苏子三钱　干地黄三钱　自然铜三钱
红花桂三钱　寸冬三钱　马兜铃三钱　天冬三钱　白芍三钱　知母三钱
贝母三钱　秦艽三钱　当归三钱　木通三钱　紫菀三钱　甘草三钱
瞿麦三钱　没药三钱　阿胶三钱　地龙二钱　黄连三钱

共为末,开水冲,引童便一盅,候温灌之。

(7)百部散(脾胃经咳嗽)

百部五钱　枇杷叶六钱　青皮五钱　厚朴八钱

共为末,开水冲,引用葱一根、糯米粥半碗、黄酒一盅,候温灌之。

(8)没药散(肾经咳嗽)

没药六钱　当归八钱　玄参五钱　贝母五钱　红花三钱　白芷五钱
秦艽八钱　白药子五钱　甜瓜子四钱　自然铜五钱

共为末,开水冲,引用韭汁半盅、童便半盅。候温灌之。

(9)防已散(大肠经咳嗽)

防已三钱　白丑三钱　冬花五钱　桑皮三钱　陈皮三钱　甘草二钱
知母三钱　黄柏三钱　木通三钱　杏仁五钱

共为末,开水冲,引蜂蜜二两、生姜三片。候温灌之。

(10)螺青散(小肠经咳嗽)

螺青三钱　知母五钱　贝母五钱　薄荷三钱　郁金三钱　川芎三钱
牛蒡子三钱

共为末,开水冲,引用蜂蜜四两、浆水一盅。候温灌之。

(11)石燕散(胆经咳嗽)

一对石燕　紫菀五钱　乳香五钱

共为末,加荞面四两,水合成饼,烤热复研成末,柳枝煎汤,冲药候温灌之,不愈再灌。

(12)荷叶散(膀胱经咳嗽)

荷叶五钱　乌药三钱　羌活三钱　当归五钱　没药三钱　血竭三钱

共为末,开水冲,引用韭汁半碗、童便半盅。候温灌之。

(13)治咳嗽方

知母八钱 浙贝八钱 款冬花一两 桔梗五钱 陈皮五钱 旋复花五钱

共研末灌之。

加减:

①鼻流涕 加苏叶三钱、瓜蒌八钱、桑皮四钱、杏仁八钱、白芷五钱;

②放屁努粪 加苏子五钱、白芥子五钱、莱菔子五钱、青皮四钱、枳壳六钱、广木香四钱;

③前蹄刨地头垂地 加茯神五钱、菖蒲四钱、爪元八钱、厚朴四钱、当归五钱;

④回头看左肋 加柴胡五钱、青皮五钱、藿香四钱、苏叶四钱、乌药五钱;

⑤回头看右肋 加苍术五钱、柴胡五钱、青皮五钱、厚朴四钱;

⑥口吐黄涎 加半夏五钱、茯苓五钱、干姜三钱、枇杷叶四钱;

⑦后蹄悬空 加补骨脂五钱、五味子五钱、茴香四钱、苍术五钱、柴胡五钱;

⑦小便遗尿 加益智仁五钱、黄芪八钱、巴戟五钱、续断六钱、补骨脂三钱;

以上各症,统用蜂蜜四两、童便一盅为引。

(14)青霉素或链霉素 每千克体重4万单位

注射用水 15～20毫升

溶解后,一次气管注入。每日一次,连用五至六次。

或用于肌内注射。一日二至三次,连用数日。

(15)氯化氨 15克

人工盐 30克

混于饲料中喂给。

(16)氯化氨 15克

杏仁水 35毫升

远志酊 30毫升

温水 500毫升

一次灌之。

【调理】 停止使役,若鼻流涕者,须隔槽饲养。厩舍宜清洁而凉爽。增加营养,忌饮浊水。

二十九、吊鼻

吊鼻是肺经病的一个症状,有传染性和非传染性两种。如槽结、喉骨胀、肺痨等的吊鼻是传染性的;气管、鼻腔因外伤刺激或吸入飞虫、毒气等物质而腐烂者,是非传染性的。这是马驴骡常见的一种病,一般在秋冬及初春发生较多。

【病因】 皆因使役过重,损伤肺经,使肺气不得宣畅,升降出入之机失常,而津液运化受阻,停留肺窍;或外感风寒,闭塞皮毛,而使气血不通,瘀滞胸肺之间,积久而化热,热邪熏蒸津液而变化成痰,随呼吸而出鼻腔,而成鼻流脓气之症。另外,因吸入有毒的物质,或异物刺激,或跌打损伤等,致使鼻道、喉腔发生溃烂,也能出现长期的流鼻。

【症状】 若鼻液从肺或喉部流出者,多兼有咳嗽、气喘、被毛焦枯、精神不振等症状。若鼻液从鼻腔流出者,一般无咳嗽、气喘之症,但有鼻道不畅、出气困难、不时喷鼻、鼻腔亦红、溃烂等症状。

根据鼻液的色泽，可分为白色、黄色、青色三种。一般来说，白色属寒，黄色属热，青色为病危之色。白色、黄色皆易治，青色者难医。另外，有单鼻、双鼻、气味、稀稠之区别。单鼻的病期长，双鼻病程较短；无臭气者病轻，有臭气者病重；清稀而明亮者病轻，黏稠而污秽者病重。

【脉色】 前期　脉浮数，口色赤红。

后期　脉沉数，口色青白。

【治则】 清热化痰、滋阴降火为治则。

【处方】

(1)知母散(吊鼻症)

知母八钱　浙贝八钱　苏叶五钱　桔梗五钱　桑白皮五钱　炙杏仁五钱
白芷五钱　广木香五钱　爪元八钱　陈皮五钱　酒大黄六钱　朴硝一两
酒黄芩三钱　荆芥三钱　甘草三钱　天冬六钱　麦冬六钱

共研末，蜂蜜四两为引，开水冲调灌。

有臭味者加郁金八钱、黄柏一两。

说明：第一剂苏叶最少用五钱，杏仁最多用五钱，这样服药后第二日和第三日就有鼻液多流的表现，这是苏叶的功效，清毒外出，毒尽自愈的办法。初期时，忌用补药。第二剂苏叶四钱、杏仁六钱。第三剂苏叶三钱、杏仁六钱。第四剂苏叶三钱、杏仁八钱。轻症两剂，重者三至五剂必效。

(2)方二(伤力流鼻症)

二母各三钱　广二药各三钱　白芍三钱　赤芍三钱　当归三钱　白芥子三钱
花粉四钱　山栀三钱　甘草三钱　川芎三钱

共研末，开水冲，引白蜂蜜二两、鸡蛋清四个、板油四两、白萝卜二个，共调灌之。

(3)方三(一般鼻症)

白萝卜二个　猪板油四两　清油四两　糯米二合　嫩槐枝一把　荞麦面四两
血余炭一两　朱砂三钱　木耳一两　白蜂蜜四两

调和一处灌之。

(4)大黄散(鼻脓不止)

大黄四两　汉防己三钱　黄药子三钱　秦艽五钱　甘草三钱　茴香三钱
朴硝五钱　瓜蒌根五钱　白药子三钱　荆芥三钱　莪术三钱　白芷三钱
炮杏仁五钱　黄芩三钱　兜铃三钱　知母五钱　贝母五钱　茵陈三钱

共为末，开水冲，候温加蜂蜜二两、猪油二两、韭汁半碗，同调灌之。

(5)紫菀散(鼻湿)

紫菀八钱　秦艽八钱　当归五钱　百合一两　天冬五钱　贝母四钱
芍药四钱　兜铃五钱　麦冬四钱　防己五钱　冬花五钱

共为末，开水冲，候温加蜂蜜二两、韭汁半碗，同调灌之。

【调理】 停止劳役，喂以青草、洁水和有丰富营养的草料，厩舍要凉爽，不能同无病牲畜拴在一起。

三十、气喘

气喘有虚喘和实喘两类。实喘可治，虚喘难医。

【病因】

(1)实喘多因气候炎热，远骤奔驰，呼吸迫促或乘饥渴而吃热草热料，以致肺经感受热邪之气使气血瘀滞，肺气不畅，气道壅塞，故而发喘。

(2)虚喘是由于劳役过度，奔走太急，或上高坡用力过猛，蹩损肾脏，肾元亏损，肾气不纳，上出于肺，而成气逆发喘之症。

【症状】

(1)实喘表现呼吸气急，气粗胸满，苦闷不安，发出喘鸣，呼音较长，体表发热，精神倦怠，食欲减少。

(2)虚喘则呼吸困难，气粗胸塞，声音低短，静则喘轻，动则喘重，日渐身瘦毛焦。

【脉色】 实喘喘粗鼻咋，体热食少，皃脉洪数，口色鲜红。虚喘喘息频数无力，体表不热，静则喘轻，动则喘重，皃脉沉迟，口色如绵。

【治则】 实喘以清热润肺祛痰为治则；虚喘以理肺健脾为治则。

【处方】

(1)清肺散

桔梗八钱　贝母一两　板蓝根五钱　葶苈子八钱　苏叶五钱　广木香三钱
陈皮五钱　乌药五钱　甘草三钱

共研末，开水冲，候温加蜂蜜四两、鸡蛋清五个为引，同调灌之。

(2)定喘汤

白果仁一两　炙麻黄三钱　半夏五钱　桑皮一两　款冬花五钱　苏子八钱
杏仁八钱　酒黄芩五钱　陈皮五钱　甘草三钱

共研末，开水冲，候温灌之。

(3)方三

蛤蚧一对　百合七钱　天冬六钱　麦冬六钱　秦艽八钱　贝母八钱
兜铃七钱　粟壳八钱　炙麻黄五钱　白芷六钱　杏仁八钱　元参七钱
阿胶两半　硼砂一两　白芍七钱　枳壳八钱

共研末，开水冲，候温灌之。一日一剂，连服六剂，以后隔日一剂。蛤蚧一般用至三至五对即可。

(4)滋阴定喘散

熟地一两　山药一两　沙参二两　党参五钱　五味子五钱　紫菀八钱
何首乌一两　麦冬一两　杏仁八钱　前胡五钱　白芍八钱　丹参八钱
甜葶苈一两　苏子五钱

煎水，草前灌之。每日一剂，连灌三剂，停二日。

加减：如病势减轻，去丹参、党参，加天冬一两灌之，隔三日一剂，灌五剂。

【调理】 停止使役，拴于清凉之处，喂以青草或富有营养的饲料，实喘宜少用精料。

三十一、肺热

肺热是由于劳役过重或外感风邪，致使肺经壅积实热而引起的咳嗽不爽、鼻喷清涕的一种疾病。

【病因】 多因负重运输，奔走过急，失于休息，热积心胸，以致肺经壅积，肺气不利，清气不升，浊气不降，气血瘀滞而成其患。

【症状】 病初表现精神短慢，耳鼻发热，鼻孔微张，咳嗽连声，气促喘粗，鼻喷清涕，口内流涎，目赤舌胀，间或大便干燥，小便色黄，一般发病急速。

【脉色】 口色鲜红，脉象浮数有力。

【鉴别】 本病以口色鲜红，咳嗽连声、鼻喷清涕为主症。但肺壅病势剧烈，气促喘粗，咽喉哽噎，鼻流带黄色的臭脓涕，脊背板硬。需注意鉴别。

【治则】 以清热凉膈为治则。

【处方】

(1)清肺凉膈散

知母五钱　贝母五钱　黄柏五钱　天冬五钱　麦冬五钱　连翘八钱

北沙参五钱　瓜蒌一个　冬花七钱　桔梗五钱　花粉七钱　大黄五钱

黄芩五钱　栀子五钱　甘草三钱

共为末，开水冲，候温一次灌之。

本方经连灌三至五剂后，肺火渐退，若鼻涕消失者，停止服药；如果还有鼻涕，再加白及五钱、枯矾五钱、蛤粉三钱；若有喘气者，再加葶苈子四钱。

(2)三黄散

黄连一两　黄柏一两　黄芩一两　知母一两　贝母一两　郁金一两

黄药一两　白药一两　栀子一两　麦冬二两　大黄三两　甘草八钱

共为细末，分两次温水调灌。

【调理】 拴于清凉之处，多喂青草，停止使役，暂忌一切生料。

三十二、肺寒吐沫

本病系寒邪凝于肺窍，津液化为痰沫之症，故名肺寒吐沫。《元亨疗马集》指出“口中白沫吐连连，唇舌无伤号肺寒。奔行饮急因伤肺，气结津液变作痰。棚下绕桩浑似雪，槽边满地恰如绵”。

【病因】 本病多因外感风寒或内伤阴冷所致。如风寒侵袭，可令肺受寒邪，滞气凝于肺经；或久渴失饮而饮水太多过急，冷热相击，致使肺气凝结，津液化而成痰，致成此病。

【症状】 频频嚼齿，口吐如肥皂水的泡沫，但口腔、唇舌无疮，咽喉清利。精神短少，头低耳耷，毛焦肷吊，耳鼻俱寒。

【鉴别】 本病与心热舌疮、胃冷吐涎症状有相似之处。心热舌疮的特征是唇舌有疮，口流黏涎，水草难咽，双凫洪数，口色鲜红；胃冷吐涎的特征是涎多沫少，口色青黄。肺寒吐沫的特征是双凫沉细，唇舌如绵，沫多涎少。

【治则】 以理肺顺气祛痰为治则。

【处方】

(1)加味半夏散

制半夏六钱 防风五钱 升麻五钱 枯矾四钱 橘红五钱 茯苓八钱

苍术八钱 柴胡三钱 生二丑八钱 焦山楂五钱 砂仁五钱 甘草三钱

共为末,开水冲,引用生姜一两,同调温灌。

(2)加减二陈汤

茯苓七钱 枳壳五钱 橘红五钱 瓜仁五钱 制半夏五钱 苍术五钱

防风三钱 升麻三钱 莱菔子六钱 贝母四钱 前胡三钱 白蔻三钱

香附子四钱 甘草三钱 生姜三钱 枯矾四钱

共研细末,开水冲,候温灌之。

【调理】 喂养暖厩,给以富有营养的饲料,寒夜不可外拴,勿饮冷水,熟米汤一日两次饮之。

三十三、肺痛

肺痛是饱伤走急,致肺气不顺、肺经疼痛的一种疾病。

【病因】 多因饱后奔走太急,气出不及,蹩损于肺,令肺胀满;或乘骑紧张,卒至卒拴,失于牵散,痞气填胸,致成此患。

【症状】 低头喘微,哑声唿嗽,有时哽气,脑膈疼痛,腹部煽动,欲卧不卧,前肢难移,形如五攒。用手按压,胸部则表现疼痛。重者胸前出汗,呼气迫粗,鼻流黄涕,频频哽气。

【脉色】 脉象沉涩,口色青红。

【治则】 以润肺定喘、活血降气止痛为治则。

【处方】

(1)知母散

知母八钱 没药八钱 当归一两 百合一两 葶苈子两半 甘草五钱

栀子八钱 兜铃八钱 玄参一两 白芍八钱 桑白皮两半

共为末,蜂蜜四两、姜五片、大枣十至二十个为引。水煎温灌。

(2)宽胸止疼散

兜铃五钱 麦冬一两 贝母五钱 郁金七钱 当归六钱 青皮四钱

乳香四钱 没药四钱 川芎五钱 芍药五钱 甘草三钱

共研细末,加童便一碗,温水调灌。

(3)方三

郁金八钱 当归八钱 制乳香六钱 制没药六钱 延胡六钱 连翘六钱

黄芩六钱 丹皮六钱 花粉六钱 贝母六钱 青皮六钱 白芍六钱

柴胡六钱 甘草三钱

共研细末,加童便一碗,温水调灌。

【调理】 拴于安静、清凉、空气流通处,喂以青草,每日用适量童便兑入清水内,使其自饮。

三十四、肺壅

按《元亨疗马集》的记载，肺壅是饱伤肺也。就是说气壮神强的马、骡食之大饱，立即使其过度地劳役，或乘骑奔走太急，气出不及，蹩损肺经，致成此病。

【病因】 由于饱后负重，奔走争先，蹩损肺经，瘀痰痞气凝于胸膈，传之于肺、肺受其邪、壅塞不畅，呼吸不爽，而发肺壅之症。

【症状】 初发鼻流白色浓涕，咳嗽不爽，咽喉哽噎，水草迟细，后则鼻流黄脓或带血，气味腥臭，嗽声低弱，喘粗鼻咋，咳嗽连声，毛焦肷吊。

【脉色】 肺脉洪大，色似鸡冠。

【治则】 以清肺败毒，散瘀祛痰为治则。

【处方】

(1)百合散

百合一两　贝母八钱　大黄一两　甘草五钱　瓜蒌根一两

共为细末，开水冲，候温加蜂蜜四两、荞面二两、萝卜汤一碗，同调草后灌之。

(2)理肺蛤蚧散

蛤蚧一对　天冬五钱　马兜铃三钱　防己三钱　寸冬三钱　苏子三钱
白药子四钱　花粉五钱　枇杷叶五钱　栀子五钱　知母五钱　秦艽三钱
升麻二钱　贝母五钱　没药五钱　百合五钱

共为细末，开水冲，候温加蜂蜜四两、糯米粥半碗，同调灌之。

【调理】 拴于清净厩舍，隔离喂养，给以青饲料，暂忌一切生料。

三十五、肺黄

肺黄是热邪伤及肺脏的一种危症。临床上可分为急性和慢性两种。因肺部感受毒热而发病较急者，称为急性肺黄；因热邪久积于肺而发病较慢者称为慢性肺黄。

【病因】 皆因热邪侵入积聚于肺间。急性者则多因春不抽大血，夏未灌凉药，于是败血热毒积于肺经，又复伤于暑热，肺受其侮，发作为黄；慢性者，多为急性未有及时治愈，延误而成，或发病微而病期较长。

【症状】

(1)急性肺黄　多突然发病，食欲废绝，精神倦怠，目瞪头低，起卧打尾，气促喘粗，鼻孔张大，口鼻眼俱现黄色；严重时汗出如油，浑身战栗，鼻流白色脓液。

(2)慢性肺黄　初期食欲减退，精神短少，站立时前肢向前，呼吸困难，咳嗽不爽，有时将草咳出，鼻流黄涕，重者阴肾或四肢黄肿，鬃毛脱落。

【鉴别】 急性者发病突然，起卧打尾，鼻喷白色脓汁。慢性者前探哽气，重者阴囊肿硬，鼻流黄脓。病初脉数口红，鼻流白色的液体者可治，重者呈现脉乱口紫，鼻流黄色脓液者难医。急肺黄初来类似肠黄，间有起卧而不紧急，但不同者即出气喘促，鼻孔张大，耳垂目瞪，精神短少，粪便不稀。

【治则】 以清热、泻肺、解毒、消黄为治则。

【处方】

(1)加味消黄散

犀角三钱 羚羊角钱半 二花二两 大黄五钱 二母各三钱 黄药三钱

白药三钱 甘草三钱 桔梗三钱 栀子三钱 连翘四钱 黄芩四钱

川连三钱 黄柏三钱 郁金二钱 生地三钱 薄荷三钱 花粉四钱

玄参一两 地丁一两 豆根一两 蒲公英一两 射干五钱 蝉蜕三钱

僵蚕五钱 山甲三钱

共为细末,开水冲,候温加蜂蜜四两、鸡蛋清四个、童便一碗,同调灌之。

注:犀角可用10倍量水牛角代替。

(2)长效磺胺 80克

碳酸氢钠 40克

分成四包,首日服两包,以后每日一包。

(3)链霉素或青霉素 每千克体重5万单位

注射用水 10毫升

溶解后,一次肌内注射,一日二次。

【调理】 隔离喂养于清凉安静之处,以青草喂之。

三十六、肺痈

肺痈是肺脏发生脓肿的一种疾病。

【病因】 长期过度劳役,损伤肺经,痰血瘀结肺内,日久腐败化脓;或因感冒后致使机体抵抗力降低,感染疫毒而发病。

【症状】 病初精神倦怠,食欲减退,毛焦粗乱,大便干燥,咳嗽连声,鼻流黄水或白色脓涕;随着病情加重,鼻流带血恶臭黄脓,呼吸喘粗,咳嗽低弱,身形消瘦。本病初期体质较好,鼻流黄水者可治;若身体消瘦,鼻流臭脓者难医。

【脉色】 脉弦数,口色赤红,口温高。

【治则】 初期以清热解毒为主,后期以排脓托疮为主。

【处方】

(1)润肺花粉散

天花粉二两 板蓝根八钱 知母八钱 栀子二两 连翘二两 金银花八钱

郁金八钱 黄芩二两 黄柏八钱 贝母一两 蒌仁一两

煎水去渣,加蜂蜜四两、香油四两,同调灌之。

(2)方二

黄芪一两 二花二两 薏米一两 冬瓜仁一两 沙参一两 百步八钱

白及八钱 桔梗八钱 白芷五钱 柴胡五钱 合欢皮二两 甘草五钱

共研末,开水冲,候温加蜂蜜四两、鸡蛋清四个,同调灌之。

(3)青霉素 每千克体重5万单位

注射用水 10毫升

溶解后，一次肌内注射。一日三次，连用数日。

(4)10%磺胺噻唑钠液　100～150毫升

静脉注射。每日二次，连用数日。

【调理】 拴于空气流通清净处，停止使役，喂青嫩饲草，增加精料。每日早晨用鸡蛋清三个，清油二两，加凉水搅匀灌之。

三十七、罗膈损

罗膈损是饱后乘骑，猛跌前扑，损伤膈膜之症。因其症状是呼吸喘促，两肷跳动，故又叫跳肷、撞膈症、振心黄等。

【病因】 多因饱后奔走太急，出气不及，致使肺气壅塞，逆气凝于膈间，或劳役过度，突饮冷水太过，冷热相击，逆气上冲胸膈，致使膈膜发生痉挛而成其患。此外，马骡因患结症，误投热性药剂，后期亦可继发本病。

【症状】 精神不安，食欲减少，两肷频频跳动，出气多，入气少，头低鼻咋，立多卧少，行步拘束。重者心撞膈膜，震响有声。病轻两肷跳动软微，重则波及全身。

【脉色】 脉象沉迟，口色青黄。

【治则】 以理气散滞为治则。如系其他疾病而继发者，宜治其原发病。

说明：如果喘粗气促，咳嗽连声，浑身肉颤，胸前出汗如油，精神狂妄，口中有血沫，鼻孔流红脓，脉乱，色如枯骨，此为膈破肺伤之症也，无方可治。

【处方】

(1)血竭散

血竭一两　当归一两　陈皮五钱　川芎五钱　香附子一两　百合一两

乌药一两　桔梗五钱　木香五钱　没药五钱　骨碎补一两　刘寄奴一两

共为细末，开水冲，候温加童便一盅，同调灌之。

(2)方二

血竭八钱　制没药八钱　制乳香八钱　全当归一两　川芎五钱　骨碎补一两

刘寄奴六钱　乌药五钱　白芷五钱　广木香五钱　杏仁八钱　甘草三钱

桔梗五钱　川贝母五钱　青皮五钱　陈皮五钱

共为末，开水冲，候温加童便一盅，同调灌之。

【调理】 养于洁净之厩舍，安静休息，给以富有营养的饲料。

三十八、异物呛肺

异物呛肺是由于异物(食物、药物)等误入气管而侵入肺脏的一种疾病。

【病因】 多因患喉头胀、嗓黄、破伤风等疾病，由于咽喉肿胀或痉挛而引起吞咽动作紊乱时，常可引起误咽；或由于灌药不慎，将病畜的头吊得过高，缚绳系得太紧，呼吸不得舒畅，且又灌之过猛，或灌药时病畜躁动不安，致使药物误入呼吸道，亦是常见之事。

【症状】 咳嗽不安，站立不稳、心肌震颤，浑身出汗，呼吸极度困难，重者立即倒地死亡。

轻者初现气促喘粗，不断咳嗽，鼻内流出黄白色鼻液；末期则流灰褐带红或污绿色的恶臭鼻液，尤其在咳嗽或低头时，则大量从鼻孔流出，呼吸味臭难闻。

【脉色】 脉象浮大，口色发红。

【治则】 病轻者以通利肺气，解除异物为治则。若鼻液灰褐带红而尸臭者多为肺坏，难治。

【处方】

(1)涤肺甘露油

井花水四钱　鸡蛋清四个　清油四两

混合搅匀，慢慢灌之。应注意呛后不能立即服用。

(2)异物进入气管的初期，可皮下注射7%盐酸毛果芸香碱注射液3毫升，注射后使马低头，由于气管内分泌物增多，可促使异物排出。

(3)青霉素400万单位或链霉素400万单位溶于15～20毫升的注射用水内，一次气管注入，每日一次，连注五至六次为一疗程。或5%薄荷脑液状石蜡(配制法：先将液状石蜡煮沸，放凉至40℃左右，放入薄荷脑融化后密封，备用)每次10～15毫升，第一、二日每日一次，以后隔日一次，注射四次为一疗程。

(4)对重症病马用链霉素400万单位，做肌内注射，一日二次，或生理盐水或5%葡萄糖生理盐水500毫升，缓慢静脉注射。

(5)内服磺胺噻唑，首次30～40克，以后15～20克，每8～12小时一次；或静脉注射10%磺胺噻唑钠液100～150毫升，每8～12小时一次。

内服长效磺胺，首次60克，以后每次25克，每日一次。

【调理】 拴于清凉厩舍，加强护理，经常注意检查。

【预防】 食草料时，切勿暗加鞭打。投药时应按常规操作，特别是对患有咽喉疾患和破伤风的病畜，更应注意。需将牲畜平头立定，眼角与口角的连线与地面平行，不可过高，灌药时不急躁。系头缰绳拴活结，若有呛药现象，应立即停止投药，解开绳索。如此可以避免本病的发生。

三十九、胸水

胸水是水液积聚胸腔内的一种疾病。本病原因复杂，病程缓慢，故在病初较难诊断，待发现喘息症状时则病势较重，往往预后不良。

【病因】 本病多因饲养不良，劳役过度，滞气结于胸膈，水湿不能气化。久则脾肾虚弱，心肺损伤，以致气衰血亏，津液不能运行，于是渗入胸内，遂成此病。

【症状】 精神倦怠，食欲减少，日渐瘦弱，气息较粗，有时咳嗽，肘部肌肤战栗，叩打有痛感。站立时两前肢交换向前伸出，并使两前肢站立高处，不敢卧地或行走，当快走时，则呼吸更为困难。病重者，气促喘粗。

【脉色】 脉沉滑，口色青黄，舌苔腻。

【治则】 以补气和血、行水散瘀为治则，并结合放胸水。

【处方】

(1)方一

桂枝八钱　白术一两　茯苓一两　甘草五钱　桑白皮一两　生姜皮八钱

大腹皮五钱　陈皮一两　当归一两　赤芍八钱　枳壳五钱　桔梗五钱

共为末,开水冲,候温灌之。

(2)十枣汤

芫花五钱(醋炒)　甘遂五钱　大戟五钱　大枣十枚

共研末,大枣煎汤冲药,候温灌之。

(3)10%氯化钙液　100毫升

25%葡萄糖液　500毫升

20%安钠咖　10毫升

40%乌洛托品　40毫升

混合一次静脉注射,每日一次。

【调理】 停止使役,加强饲养管理,喂以易消化而富有营养的饲料,每日用桑白皮半斤至一斤,煎水自饮。

附:胸腔穿刺术

胸腔穿刺用于胸腔积液的诊断和治疗。

1.穿刺部位

在胸外静脉上缘约二指处(胸外静脉在肋骨和肋软骨接连处的稍上方,可用沾水的刷子将术部被毛浸湿,顺毛刷平,则胸外静脉明显露出),马属动物右侧胸壁在第六肋间隙,左侧在第七肋间隙。胸腔穿刺一般在右侧进行,以免损伤心脏。

2.穿刺方法

(1)站立保定。术部剪毛后严格消毒。对性情暴烈的病畜可给镇静药或做局部麻醉。

(2)如有必要,可用外科刀纵切开皮肤1～1.5厘米。

(3)左手将皮肤推向上方,右手拿套管针,针与胸壁成直角,靠近肋骨前缘刺入,至针尖无阻力时,为进入胸腔的标志。此时换左手持套管,右手慢慢地拔出针芯,使液体缓缓放出。如无专用的套管针,可使用连有橡皮管的12号或14号注射针头。

(4)在排液中牲畜咳嗽,要迅速以指头闭塞套管口,以防空气窜入;若中途套管堵塞时,可用消毒的钝头探针疏通。

(5)排完积液后,将针芯插入套管内,左手压住伤口周围,右手慢慢拔出套管针。术部用碘伏消毒。

四十、肺把胸膊痛

肺把胸膊痛是瘀血凝于膈内,瘔气结在胸中,引起胸部疼痛的一种疾病。

【病因】 负重劳役,奔走过快,卒至卒拴,失于牵散,瘀血积于膊间,瘔气停于膈内,气血凝滞胸膊;或因地滑泥泞,用力过猛,拉断套绳,前扑猛起,以及翻车倒地等闪伤胸膊而发病。

【症状】 胸膊疼痛，但触压无痛感，束步难行，频频换脚，站立艰辛，前肢向前，后肢弯曲，下坡斜走，有时咳嗽，喘粗气促。

【脉色】 脉沉细，口色鲜红。

【鉴别】 胸膊疼 胸部疼痛，束步难行；

五攒痛 四肢疼痛，腰曲头低。

【治则】 以顺气和血、宽胸止痛为治则。

【处方】

当归散

当归一两 没药八钱 天花粉七钱 丹皮八钱 红花五钱 黄药子五钱

白药子五钱 枇杷叶四钱 白芍八钱 桔梗一两 大黄一两 甘草五钱

共为末，开水冲，候温加童便一碗，同调灌之。

【调理】 停止使役，早晚牵遛，厩舍清洁宽敞，多铺垫草，任其自由起卧。

四十一、肺败

肺败又名肺痨，是一种传染病。马发病者较多，骡、驴较少。一般说来，马的病势较缓，发病后时轻时重，甚至有经过数月或数年而不死者，且能轻度使役；骡、驴发病后，病势急剧，一般经过一二月即可死亡，特别是驴更为严重，有时在发病后半月即倒毙。

本病一旦发生，如不采取严格的隔离措施，即可造成传染，往往因一马患病而引起全厩马、骡、驴均成肺败之症，甚至扩大到全村或其他地方，严重威胁马、骡、驴的安全。必须做好预防工作，杜绝传染之源。

【病因】 多因负重而奔走太急，使役不当，蹙损于肺，以致滞气凝于肺经，瘀血结于胸中，肺气耗损，营卫不调，易受疫邪侵袭，或因一马患病而仍同槽喂养，同群放牧，共同使役，乱使用具，致使疫邪相侵，而成此病。

【症状】 病的初期，鼻流脓涕，气促喘粗，咳嗽不爽，颌下瘰疬，精神短少，耳耷头低，食欲减少，毛焦肷吊；日久则鼻内发生溃烂，并流脓血，气味腥臭，背板似椽，气如抽锯，后肢浮肿，有的皮破成疮。

【脉色】 病初脉象浮大，唇舌淡红，后期脉象浮数，唇舌青黄无泽。

【治则】 本病很难根治，以理肺清痰，滋阴补肾为治则。

【处方】

(1)秦艽散

秦艽八钱 知母五钱 贝母五钱 百合五钱 大黄一两 紫菀八钱

山栀一两 山药八钱 黄芩一两 远志五钱 麦冬八钱 丹皮五钱

共为细末，开水冲，候温加蜂蜜四两、韭汁一盅、童便一碗，同调灌之。

(2)方二

知母三钱 山栀三钱 桔梗三钱 秦艽三钱 防己三钱 白及一两

天冬四钱 麦冬四钱 百合四钱 兜铃四钱 花粉四钱 枇杷叶四钱

苏子四钱 白药四钱 山药四钱 大黄四钱 没药四钱 瓜蒌四钱

蛤蚧一对

共为细末，开水冲，候温加蜂蜜四两，同调灌之。

【调理】 停止使役，隔离饲养，多给营养丰富的饲料。

【预防】 本病有传染性，病畜必须与健畜严格隔离，单槽饲养，同时厩舍粪便要经常清扫，最好用10%土碱水喷洒于厩舍内消毒，避免扩大传染。禁止病畜与健畜混群放牧，以防造成草原污染或互相传染。

四十二、肺破

肺破乃肺脏破损之症，较不常见，见则无治。

【病因】 多见于肉重膘肥之马，若饱后奔走过急，气塞咽喉，出气不及，致使肺脏极度膨胀，以至破裂。

【症状】 发病急剧。初期的鼻咋喘粗，啌嗽连声，行走不安，频频空嚼，鼻流鲜血，口吐血沫。故《元亨疗马集》说“鼻中出血者，肺破也”。继则浑身肉颤，胸前出汗，精神恍惚，站立不稳，行走踉跄，片刻倒地死亡。

【脉色】 脉现虾游，口色初期苍白，继则转成枯骨。

【预防】 饲喂有时，使役有节，饱后须适当休息，不可驱使过猛，奔走太急。

四十三、心热风邪

心热风邪是由于痰迷心窍引起猝然倒地和汗出肉颤的一种疾病，故又名“中风”。“中”是如箭之中，言其速快也。正如《元亨疗马集》所记载“水草如常不住餐，暮然卧地仰观天，起来似醉浑身颤，白汗流时两眼翻”。

【病因】 多由于炎天盛暑，使役过重，或行走太急，外受暑热过甚，致使三焦壅集，热积于心，如心火过旺，相对的肾水就要虚亏，水不能制火，热极则风易动，故古人谓“热生风，风生痰”，痰积于胸膈，痰火迷乱心窍，致成其患。

【症状】 突然倒地，神志昏迷，肉颤头摇，行如酒醉，左右乱跌，浑身出汗，两目上翻，气促喘粗。

【脉色】 双凫迟数，口色赤红。

【鉴别】 突然倒地昏迷，肉颤，头摇，浑身出汗，为本病特征。若早期治疗，还可望治愈，若至舌似朱砂，则难治愈。

痫病亦是与本病相似，但痫病有四肢抽搐，失去知觉，醒后立起，则水草如常。本病发作后有肉颤出汗的证候，痫病则无，故易区别。

【治则】 以清心去热、熄风化痰为治则。

【处方】

(1)镇心散

人参一两　桔梗一两　白芷一两　白茯苓二两

共为细末，开水冲，候温加童便半碗，同调灌之。

(2)安神镇惊散

天竺黄八钱　茯神八钱　胆南星五钱　枣仁五钱　麦冬五钱　赤芍一两

当归八钱 薄荷五钱 黄连五钱 朱砂三钱(另研) 山栀一两 木通五钱
煅龙骨一两 青黛三钱 金箔三张(另研)。

共研细末,加牛黄解毒丸二盒,水冲灌之。

(3)10%磺胺嘧啶钠 100毫升

0.9%生理盐水 500毫升

【调理】 倒地立起后,须用专人照管,防止跌伤。拴在清凉的处所,多喂青草,饮以阴阳水。

四十四、心黄

心黄又名心风黄,乃五脏热邪,攻注于心,痰迷心窍,侵扰神明,因而发生惊狂的一种疾病。所以古人有"热极生惊,惊极生风"的说法。《司牧安骥集》说"急心黄病多绕惊,摆尾摇头不见停""慢性黄病无精神,坠缰不立睡昏昏"。在《元亨疗马集》中仅有心黄的记载,而无急、慢之分。按今日临床经验,本病来势急,病期短,故仍以心黄名之,不分急性、慢性较当。

【病因】 是由于五脏积热,注于心肺,久而不治,乃变成黄。如数月炎天,负重乘骑,奔走太急,鞍屉未卸,猝然而喂草料太多,料毒积于肠内,疫气布满胃中,痰血郁结,迷乱其心,即可致病。此病主因,热极生风,风盛生痰,痰迷心窍。

【症状】 烦躁不安,白睛赤红,吃草时急吃骤停,频频空嚼,并不断喷鼻,有的出现食欲废绝,眼急惊狂、啃脑啮膝、咬物伤人、刨地不安等症状。如见肉颤汗出如油,即为死亡之期。

【脉色】 双凫洪数,口色赤红。

【治则】 以镇心安神、解热清痰、调和气血为治则。

【处方】

(1)镇心散

朱砂三钱 茯神五钱 人参五钱 防风五钱 甘草五钱 远志五钱
栀子五钱 郁金五钱 黄芩五钱 黄连五钱 麻黄三钱

共为末,开水冲,候温加蜂蜜四两、胆汁半盏、鸡蛋清四个,同调灌之。

(2)方二

朱砂二钱 茯神八钱 防风六钱 麻黄五钱 远志八钱 甘草三钱
郁金一两 酒黄芩五钱 酒黄连六钱 酒黄柏八钱 炒栀子八钱 石菖蒲五钱
连翘八钱 酒大黄一两 黄药子五钱 白药子五钱 芒硝二两

开水冲,候温加猪胆汁一个、鸡蛋清五个,同调灌之。

(3)青霉素 每千克体重5万单位

肌内注射,每六小时一次,连续应用。

(4)盐酸氯丙嗪 每次400毫克

做深层肌内注射,一日二次。

(5)溴化钾 6克

溴化钠 6克

溴化铵 6克

加水 300毫升

一次内服。

(6)10%磺胺噻唑钠　150毫升

生理盐水　500毫升

40%乌洛托品　100毫升

一次静脉注射。

【调理】 停止使役，拴在不接近人畜的厩舍，宜清凉安静。

四十五、脑黄

脑黄是心肺热极，热邪上注于脑，使脑生黄之症。《司牧安骥集》说“脑黄者，积热伤于心肺，久注脑中生黄也”。又说“马患脑黄两耳垂，四脚频移头又低，脚狂乱走不见物，风门火烙不宜迟”。还指出“久伏积热，脑黄迸起”。这就总结了脑黄的病因、症状和治法。

【病因】 多因数月炎天，劳役过度，或长期暴晒，或厩舍闷热，以致热毒积于心肺，上注于脑，而发本病。

此外，由于牲畜过度劳役，正气亏损，偶遇四时不正的疫疠之气，也可乘虚而入，发生本病。

【症状】 病初头低耳奄，两眼半闭，头部靠于墙角或食槽。吃草时，草衔口中不咀嚼，饮水时嘴入水中而不吞咽，待呼吸窒息才猛然抬头。严重时，突然出现气粗吐沫，碰墙撞壁，或斜走或转圈，双目失明，汗出摆尾，水草不吃。最后唇舌麻痹，肢体痴笨，步态不稳，终于倒地伸头直腿而死。

【脉色】 双凫洪数，舌色赤燥。

【鉴别】 脑黄的特点是碰壁，撞墙，转圈，吐沫；心黄的特点是眼睁惊狂，白眼赤红，咬己咬人；肝黄的特点是眼肿流泪，四肢如柱。这三种病均有神昏错乱的症状，应详细辨别。脑黄在舌燥色赤时，尚可抢救，若到唇痹舌紫时，多属不治。病期一般为五至七日。

【治则】 以清心、解毒、安神、镇静为治则，并彻太阳血、鹘脉血。

【处方】

(1)加味降气散

生石膏一两　川黄连(酒炒)五钱　黄芩(酒炒)五钱　黄柏(酒炒)一至二两

知母(酒炒)一至二两　栀子(酒炒)六钱　苍术五钱　生香附一两

广木香五钱　茵陈一两　桔梗一两　木通五钱　甘草三钱

共研末，开水冲，清油四两为引，同调灌之。

注：如病畜年老体瘦，或于冬季及气候寒冷地区，生石膏可改用煅石膏，寒性较缓。

加减：轻微者，照原方灌之。严重者，在原方中加朱砂五钱，琥珀五钱，天竺黄五钱，煅石决明一两，菊花五钱。粪便干硬者，加大黄一两；老瘦者加黄芪一两；病情好转者，但水草迟细，加焦山楂六钱、厚朴五钱，减石膏。双凫洪数，舌色赤燥者，可将石膏加至二至三两，研末熬水，同调灌之。但用此种剂量，必须分次灌之，即隔四小时灌一次，每剂分灌两次或三次，每日一剂，以舌润为度。待病情和缓时，可隔日灌一剂。当舌润有津时，可把石膏减为一两，或改用煅石膏。使用此方法应注意掌握石膏的加减量及用法。

(2)天竺黄散

天竺黄八钱　黄连四钱　郁金五钱　栀子五钱　生地一两　朱砂二钱
茯神七钱　远志五钱　防风五钱　桔梗三钱　木通五钱　甘草五钱

共研末,开水冲加蜂蜜四两、鸡蛋清六个为引,同调灌之。

(3)西药　可参考心黄病。

【调理】　宜拴于清凉安静之处,喂青草。在撞墙碰壁时,可固定于六柱栏内,用胸腹扁带轻轻吊起,防止摔头碰跌,并多次给饮少量的水,每日灌小米粥二次,每次半斤。

四十六、痫病

痫病亦名羊羔风。其主要症状是:猝然晕倒,四肢抽搐,一般约数分钟即停止。病时口流涎沫,醒后吃草如常。由于此病忽发忽止,中有间断,故名为"痫"。

【病因】　本病主要原因约有三点:火盛痰多,心肾虚弱和得之于先天因素。病因虽多,但总不出于心、肾、肝、胆四经。兹将各种病因分述如下:

(1)火盛痰多　外受过多暑热,内因肝阳过旺,胆火生风,风热生痰,痰涎壅盛,攻注上焦,致使心包经气闭塞,痫病乃发作。因痰有聚散,故病发止无常。

(2)心肾虚弱　在母畜怀孕期间,负重过劳,"劳甚伤心",久劳体虚,虚伤肾,致使肾阴不足,命火偏旺,水不济火,火灼津液,酿成痰涎,加之阴虚火升,痰气上攻于心,发而为痫。母畜妊娠期间发生本病,古人称为"子痫"。

(3)先天因素　幼驹得之于先天的因素,在出生后百天之内,发生本病,古人称"胎痫"。

【症状】　由于痰涎有聚散,所以本病发无定时,或一日数发,或隔一日甚至数月一发,发则突然晕倒,口流涎沫,四肢抽搐,头向后仰,四肢伸直,咬牙锉齿,失去知觉,有时舌被咬伤。抽搐时间由数分钟延续至十数分钟,未及醒觉,立起后,水草如常。

【脉色】　平时则脉色无变化,病时则口色青,脉数。

【治则】　以清痰镇静为治则。

【处方】

(1)胆南星散(宜于火盛痰多者)

胆南星四钱　天麻五钱　川贝八钱　姜半夏五钱　陈皮六钱　茯神一两
丹参五钱　寸冬七钱　远志六钱　全蝎二钱　僵蚕五钱(炒黄)
朱砂三钱(另研放药内先灌)　白附子五钱

共为末,开水冲,候温灌之。

(2)安神散(宜于心肾虚弱者)

生地一两　芍药六钱　当归五钱　川芎四钱　党参五钱　白术五钱
茯神八钱　远志五钱　胆南星四钱　炒枣仁六钱　黄连三钱　甘草三钱
沟藤五钱　石菖蒲六钱

共为细末,开水冲,候温灌之。

(3)镇痫散(宜于胎痫)

当归一钱　川芎一钱　白芍一钱　全蝎五分　蜈蚣三分　僵蚕一钱
钩藤一钱　朱砂五分(另研)　麝香二分(另研)

上药除朱砂、麝香另研外，其余共研为末，开水冲，候温灌之。在灌药时将朱砂、麝香放于灌角内先灌，方内份量系百天内的幼驹用量。

【调理】 发痫频繁时应停止使役，拴于清净厩舍，设专人照管，防止发作时跌伤、碰伤。平时勿令过劳，行走速度要慢，忌鞭打，喂以富有营养、易消化的饲料。

四十七、黑汗风

黑汗风是血脉壅滞之病，多因久热伤血，致使壅血滞气积于心胸。故《元亨疗马集》说"黑汗风者，血瘀不通也"。

黑汗风又称日射病、热射病，在民间又称发痧，是家畜头部受到长期的烈日暴晒；或在湿热、闷热的环境中，体热不能散发而蓄积体内，造成体内产热和散热平衡失调，导致严重的中枢神经和心血管、呼吸系统机能紊乱。本病为夏季各种家畜多发，特别是马属动物多见。

【病因】 由于膘肥气壮，喂多役少，料毒积于腹内，瘀血积聚心胸。胸中壅极而致病。或由于炎天负重，奔走太急，胸中热极而成其患。另外在舟车运输时，过于拥挤、闷热，亦可引起此病。

【症状】 神昏头低，眼急呆痴，浑身肉颤，汗出如浆，气促喘粗，站立如痴，步行如醉。

【脉色】 凫脉洪数，唇舌赤黄，卧蚕红燥。

【诊断】 轻者双凫洪大，卧蚕鲜红，舌色黄而赤，头低神昏，躯体部分出汗，时出时干。重者脉沉而数，唇舌紫赤，气促喘粗，牵行不动，汗出如浆，浑身肉颤。病势危者，则舌如煮豆，气促喘粗，目瞪肉颤，行走如醉，汗出如油，此为死期之候。

【治则】 以宁心安神、镇惊止汗为治则。

【处方】

(1)急救法　用衣服或毛巾蒙于病畜头上，不断用井水从头顶上浇淋，并彻鹘脉血、尾尖血，一次放血 1 000～2 000 毫升。

(2)茯神散

茯神一两　朱砂三钱　雄黄三钱

共为细末，开水冲，候温加猪胆一个取汁，同调灌之。

(3)方二

朱砂五份　黄连三钱　远志八钱　连翘八钱　茯神八钱　花粉八钱
香薷八钱　郁金八钱　大黄八钱　山栀八钱　黄芩八钱　陈皮八钱
当归五钱　生地两半　甘草四钱　枳实五钱

共为末，开水冲，候温加清油二两、鸡蛋清二个，同调灌之。

(4)止汗法　将干马粪一撮放在瓦片上，内拌薄荷脑二钱，以火烧之，烟即入病畜鼻内。

(5)20%安钠咖　20 毫升

一次皮下注射。

生理盐水　2 000～3 000 毫升

一次静脉注射(在放血后进行)。

【调理】 拴养阴凉通风之处，给予清凉饮水，水浸青草喂之。勿拴暖处，诸料忌之。

四十八、心虚

心虚病证名出自《素问·脏气法时论》。泛指劳役过甚，营养失调，久病神衰，血不养心，气血耗损的一种疾病。

【病因】 饲养失宜，少食少饮，使役过重，劳伤心经，致使心血亏虚，心神疲惫而患此病。此外，在患其他病后，或外伤性出血过多，亦可诱发此证。

【症状】 精神倦怠，头低耳垂，食欲减退，多惊多怕，行走无力，微发虚喘，眼眶凹陷，毛焦身瘦，心悸怔忡。重则卧地不起，或四肢发生浮肿。

【脉色】 脉象迟细，口色苍白。舌淡胖嫩，或嫩红，脉虚或促或结或代。

【治则】 以补血益气为治则。

【处方】

(1)大补散

党参一两　肉桂八钱　甘草八钱　茯苓八钱　白术一两　黄芪一两
白芍一两　当归一两　川芎一两　熟地一两　陈皮一两　附片五钱
干姜八钱

共研细末，开水冲，候温灌之。

(2)补血散

熟地炭一两　当归五钱　川芎五钱　杭芍五钱　党参三钱　麦冬五钱
山药五钱　五味五钱　砂仁五钱　菖蒲五钱　茯神五钱　焦山楂一两
枳壳五钱　甘草三钱　生姜三钱

共研末，开水冲，候温灌之。

【调理】 停止使役，放牧于野外，喂以富有营养而易消化的草料。每日早晨可喂生鸡蛋二个、清油二两，连喂半个月。

四十九、心痛

心痛是一种心气怔忡之证，多由饱后蹙损而得。长途运输及奔走太急的牲畜多患之。由于瘀痰凝于罗膈，痞气充塞心胸，致使气滞血凝，血流不畅，猝然作痛。

【病因】 多因暑月炎天，长途运输，奔走太急，外感暑气，内伤劳役，以致内外合邪，热毒积聚胸膈，瘀痰痞气郁结于心胸，外冲包络，引起心经不宁而作痛；或因食之太饱，负重乘骑，奔走太急，蹙损心胸，致使瘀痰痞气凝于心隔间而成此病。《元亨疗马集》所说的"前蹄刨地号心伤，饱乘蹙损痛难当"。即指心痛而言。

【症状】 病初精神倦怠，眼闭头低，行立如痴，苦闷不安，有时前肢刨地；继之则站立不稳，神形似醉，不住乱走，胸前出汗；气促喘粗；有时起卧，卧时前肢刨地或呈欲卧而不敢卧等胸疼症状；站立时肘部稍显开张。

【脉色】 双凫洪数，口内如花。

若色似鸡冠者，尚能治疗；若脉象急疾或沉细，口色青紫者，不堪医治。

【治则】 以活血顺气、止痛宁心为主。

【处方】

(1)血府逐瘀汤

当归八钱　红花五钱　桃仁五钱　甘草四钱　牛膝五钱　川芎五钱

柴胡三钱　赤芍五钱　枳壳五钱　桔梗五钱　生地八钱

共为细末,开水冲,候温加蜂蜜一斤、鸡蛋十二个,同调灌之。

加减:肥胖者多彻血;火盛膘肥者加黄连三钱、黄芩三钱、栀子三钱;身硬膈痛,行步僵直者,另加炒没药五钱;心动不安,心音太重者,另加玄参一两、百合一两、朱砂一两;体表灼热者另加薄荷四钱。

(2)大黄散

大黄七钱　紫菀五钱　寸冬五钱　羌活六钱　甘草四钱　茯苓七钱

肉苁蓉七钱

共为细末,开水冲,候温加蜂蜜四两、鸡蛋清五个、生姜五片(切碎)为引,同调灌之。

【调理】　拴于清凉安静之处,水浸青草喂之。

五十、肝热传眼

肝热传眼乃肝积热,外传于眼,睛生白膜,两眼昏昏之症。

【病因】　多因多喂草料,饮水不足,热毒积于心肺,流入肝经,肝受其邪,外传于眼所致。此外,由于暑月炎天,远途运输,劳役过重,亦可引起本病。

【症状】　精神短少,头低眼闭,两目红肿,羞明流泪,眵多黏稠,痒痛难睁,重者睛生白膜,眵盛难睁,频频泪下,逢物难见,牵行乱走,撞壁冲墙。躁动易惊,粪干尿赤。

【脉色】　双凫弦洪,口色赤红。口干,舌红,苔红。

【鉴别】　临诊时,应注意与鞭打创伤辨别。鞭伤虽亦有红肿流泪,白膜遮翳,目不见物等症状,但病势较急,多为一眼,且色脉如常,通过问诊可以判定。肝经风热则呈现两胞翻肿,背肉瘀红,四肢如柱。本病无此症状,且病势较轻,如及时治疗,旬日内可愈。

【治则】　以清热退翳为治则。并彻眼脉血或太阳血。在治疗时,应用洗肝明目、退翳消瘀之剂,不可过用寒凉之药,以免寒凉伤肝,转生变症。故《元亨疗马集》指出:"一切眼昏肿,皆因热所伤。莫令肝脏冷,泪出转难当。"

【处方】

(1)决明散

煅石决明五钱　决明子五钱　栀子五钱　大黄五钱　白药子五钱　黄芪五钱

黄药子五钱　白菊花五钱　黄芩五钱　没药五钱　木贼五钱　蝉蜕五钱

共为末,开水冲,候温加蜂蜜二两、鸡蛋清三个同调,草后灌之。

注:本方根据《元亨疗马集》决明散方加木贼、蝉蜕、白菊花,减黄连、郁金。

(2)清肝退翳散

煅石决明五钱　决明子五钱　龙胆草五钱　蝉蜕五钱　木贼五钱　白菊花五钱

蒺藜四钱　桔梗五钱　大黄五钱

共为末,开水调和,待温灌之。

(3)拨云散

广月石(硼砂)一钱　炉甘石粉五钱　朱砂五分　梅片一钱　番卤砂二分

共研为极细面,过绢箩,装瓷瓶内作点眼用。每次用量约一分,一日一次。

【调理】　拴于净处,春季或冬季喂给绿豆,夏秋季水浸青草喂之,勿令感冒,忌喂一切生料。

五十一、肝经风热(暴发火眼)

肝经风热乃肝经积热,热极生风之症。

【病因】　多因暑月炎天,负重乘骑,奔走太急,或拴于不透风的闷热厩舍及车船之中,因而热积于心,心传于肺,肺传于肝,肝热生风,外传与眼,遂生此症。

此外由于喂养无节,劳役后乘热喂料,内伤料毒,时久热毒积于肝经,上攻于眼,亦可引起此病。

【症状】　精神短少,头低眼闭,二胞翻肿,两目壅红,泪流难睁,背肉瘀红。有时睛生翳障,眵盛难睁,四肢如柱,束步难行。正如《元亨疗马集》所载"肝经风热眼双昏,四蹄如柱步难行,大小二眦生壅肉,二胞翻肿闭难睁"。

【脉色】　凫脉弦数,唇舌鲜红。

【鉴别】　在诊断时注意问明畜主,是否有过鞭伤,因鞭伤亦有眼胞翻肿、流泪难睁等相似症状。唯鞭伤多系单眼,而肝经风热则为两眼,且两背生有壅肉,色脉均有变异,还有四肢如柱,行步艰难等症状。应注意鉴别,以免误治。

【治则】　初发风热正盛时,以疏风清热为主,待风热稍减,则以退翳调气明目为主。

【处方】

(1)防风散

防风五钱　黄连四钱　黄芩五钱　荆芥四钱　没药四钱　甘草四钱

蝉蜕四钱　青葙子四钱　龙胆草四钱　煅石决明五钱　决明子五钱

加减:热毒盛者加银花、连翘、菊花、蒲公英。

共为末,开水冲,候温加蜂蜜四两、鸡蛋清四个同调,草后灌之。

外治用黄连素眼药水、硼砂水或1%明矾水洗眼。

(2)泻肝散

菊花一两　龙胆草一两　黄连五钱　煅石膏七钱　柴胡七钱　煅石决明五钱

蝉蜕五钱　决明子五钱　连翘五钱　栀子五钱　大黄五钱　芒硝五钱

青葙子五钱　旋复花四钱　木贼五钱

共为末,开水冲,候温加蜂蜜二两、猪胆汁一个,同调灌之。

(3)黄连洗眼汤

黄连一钱　忍冬花二钱　蒲公英一钱　地丁一钱

上药煎汁,用四层纱布过滤,候温洗眼。

【调理】　拴于清净处,每早用棉布浸温水洗眼,三日之内勿令冒风,忌喂一切生料。

五十二、内障眼

内障眼是障翳凝于瞳面，掩蔽瞳人，不能视物的一种疾病。《元亨疗马集》说“内障者，五脏热极，毒气冲肝，翳障遮睛瞳人也。其症有二：一谓乌风内障，一谓黄风内障”。

【病因】 皆因暑月炎天，草饱乘骑，奔走太急，气出不及，流于膈下，热毒冲心、肝经，肝受其邪，障翳凝于瞳面也。

【症状】 睛出黄晕，掩蔽瞳人，牵行乱走，撞墙冲壁。但外观两眼如常，又无眵泪。

乌风内障：黑风起自肝脏，瞳人返闭，睛珠绿色，而成青盲眼，难医。

黄风内障：黄风浸于睛中，起于赤脉，可治。

【鉴别】 本病与肝热传眼不同，肝热传眼系起一层白膜或遮闭黑睛，频频泪下，两眦生眵，而本病在两眼如常，无有眵泪，睛生黄晕，掩蔽瞳人，或忽患青盲，瞳人反闭，睛珠碧绿。

【脉色】 脉炫洪，口色青紫。

【治则】 以清肝解毒、明目退翳为治则。黄风内障者，可配合彻鹘脉血。

【处方】

（1）泻肝散

石决明一两　决明子八钱　龙胆草一两　旋复花五钱　青葙子八钱　山栀子五钱
郁金八钱　黄连四钱　甘草五钱

共为末，开水冲，细切羊肝一具，同调灌之。

（2）地黄散

熟地一两　生地五钱　天冬五钱　地骨皮五钱　党参一两　甘草一两
柴胡一两　黄芩一两　当归一两　黄连六钱　枳壳三钱

共为末，开水冲，加蜂蜜二两、猪胆一个取汁，同调灌之。

五十三、肝毒

肝毒是肝经热毒，导致单眼或双眼不断流泪的一种疾病。由于热泪浸淫日久，致使眼下皮毛脱落，形成疮疡，故称肝毒。《司牧安骥集》说：“肝毒伤热脏如烧，泪珠成疮毛又焦。”《元亨疗马集》说：“两眼下及泪堂中有赤疮久而不瘥者，乃肝之毒也。”又说“肝毒生痈眼下瘀”。

【病因】 主要由于外感风热，内浸于肝，或内伤草料之毒，蓄积于肝，外传于眼而发病。

【症状】 常流热泪，泪迹流过之处，皮毛脱落，并起豌豆大的疮肿，继之破溃流出黄白色脓汁，疮面赤色，久而不愈。

【脉色】 脉洪数，口色鲜红。

【治则】 以清肝风、解热毒为治则。

【处方】

（1）消风散

井泉石三钱　菊花三钱　龙胆草三钱　黄连三钱　青葙子三钱　黄芩四钱
旋复花三钱　防风三钱　木贼三钱　石决明三钱　蝉蜕三钱　甘草三钱
生石膏三钱　大黄三钱　桃仁三钱　二药三钱　黄芪四钱　郁金三钱

没药四钱

共为末，开水冲，加蜂蜜四两、猪胆二个取汁、鸡蛋清四个，同调灌之。如病较重，可在原方中加朱砂三钱。

(2)矾硼散

枯矾二钱　明矾二钱　硼砂二钱　黄丹二钱　轻粉二钱

共研极细末，装瓷瓶待用。用时首先将疮面用花椒水洗干净，干撒药粉，或用凡士林调成软膏涂敷。

【调理】 喂养清凉之处，每日早晚用黄连洗眼汤冲洗眼睛和疮面。

五十四、骨眼

骨眼是闪骨(第三眼睑)瘀肿的病症。《元亨疗马集》说“本是肝家积热，大背里面生骨，如指甲大，磨得眼睛碧色，多昏暗不见物色，频频泪出者。不取了，磨坏眼目”。本病的特征是：马眼内闪骨生瘀，初期大如粟米，以后日渐长大，恰似鱼鳞，遮障瞳人。

【病因】 多因外感风寒，内伤劳役，营卫往来太过不及，伤于五脏，传至于肝，肝受其邪，外传于眼，而成其患。

【症状】 两眦溃烂，眵盛难睁，二胞翻肿，闪骨生瘀。精神恍惚，多怕多惊。

【脉色】 脉弦数，舌色鲜红。

【治疗】 首先割骨眼穴。术后点拨云散，一日二次。药以泻肝、明目、熄风为主。

【处方】

青葙子散

青葙子八钱　石决明八钱　地骨皮一两　旋复花五钱　防风八钱　黄连五钱

龙胆草一两　决明子五钱　白菊花一两　木贼五钱

共为末，开水冲，加蜂蜜二两、猪胆二个取汁，同调灌之。

【调理】 拴于宽敞清凉之处，防止日晒，多喂青草。

五十五、黄疸

黄疸是病畜眼、鼻、口腔、阴户等处黏膜呈黄色的一种疾病。以黄疸的性质，分为阳黄和阴黄两类。

【病因】 多因湿热、寒湿阻滞中焦，使脾胃、肝胆功能失调，致胆汁外溢而发病。

(1)时邪外袭，郁而不达，以致湿热蕴结于脾胃，既不能过小便而下泄，又不能通过汗液而解散，于是湿得热而益深，热因湿而愈盛，由脾胃而熏蒸于胆，致胆液外泄，浸入肌肤，发生黄疸。

(2)饮喂失节，损伤脾胃，以致运化功能失常，湿浊内生，郁而化热，湿热交蒸，熏染肌肤，而成黄疸。

(3)劳役过度，或素体脾气虚弱，均能导致中阳不振，运化失常，寒湿阻滞，发为阴黄。

(4)阳黄迁延失治，阳气受损，脾阳不振，寒湿内阻，亦能转为阴黄。

【症状】

(1)阳黄　发病急，病程短，口、鼻、眼等处均黄染，色泽明如橘皮，全身发烧，口渴喜饮，尿短少，色黄赤，粪便秘结，或轻微腹胀疼。

（2）阴黄　发病缓慢，口、鼻、眼等处的色泽，黄而晦暗，耳鼻发凉，行走无力，恶寒喜温，食欲减少，大便溏泻，或见腹胀，久则四肢或腹下浮肿。

【脉色】 阳黄脉弦数，舌苔黄腻。阴黄脉沉迟，舌苔黄腻。

【治则】 阳黄以清热利湿为主，佐以泻下之品。

阴黄以健脾和胃、温化寒湿为主。

【处方】

（1）茵陈蒿汤（宜阳黄）

茵陈四两　山栀二两　大黄二两

共为末，开水冲，候温灌之。

（2）茵陈五苓散（宜湿重于热）

茵陈四两　桂枝八钱　茯苓一两　白术一两　泽泻八钱　猪苓八钱

共为末，开水冲，候温灌之。

（3）茵陈术附汤（宜阴黄）

茵陈四两　白术一两　附子五钱　干姜五钱　甘草五钱

共为细末，开水冲，候温灌之。

【调理】 厩舍宜干燥，多喂易消化的草料。

五十六、肝黄

肝黄乃因热毒伤肝，致使肝经壅极而发生黄肿，故称肝黄。本病由于病程经过急缓的不同，而有急性、慢性之分。古籍对急慢性肝黄的症状和治则早有概括的记载，《司牧安骥集》说“急肝黄病要审详，忽觉得时脉不强，动脚之时似醉狗，目暗昏昏乱撞墙；眼脉胸堂须去血，洗肝解毒最为良”。又说“慢肝黄病似急黄，形状相同脉稍强；眼目昏昏兼慢草，用何医疗最为强？防风甘草川羌活，黄连黄药用青葙，砂糖、绿豆同为汁，灌之三剂自安康”。

【病因】

（1）外感淫邪　由于气候的骤变，畜体外受风寒、淫邪的侵袭，由表入里，久郁不解，热积于肝，遂成肝黄之症。

（2）过度劳役　当暑炎季节，使役过重，奔走太急，外受炎热熏蒸，内伤劳役过度，以致内外合邪侵于肝木，由于肝经积热，肝气郁结，致成其患。

（3）草料霉败　如草料被雨淋湿，或久放于阴湿之地，常易腐败，牲畜食之，其霉败毒气，侵于肝脏，致使肝中毒，肝气瘀滞，亦能发生本病。

【症状】

（1）急肝黄　病畜精神倦怠，耳耷头低，食欲减少，呼吸微喘，继之则出现神昏似醉，行立如痴，食欲废绝。或两目流泪，眼胞浮肿，目暗睛昏，或逢物不见，四肢拘挛，步态踉跄，气促喘粗，有时亦可引起四肢抽搐或角弓反张等症状。

（2）慢肝黄　多由急肝黄未愈演变而成，常为慢性经过，其症状多伴随脾胃虚弱症候。一般表现精神短少，两目昏昏，有时流泪，或眼胞呈现浮肿，水草迟细，毛焦肷吊，体瘦形羸，有时后肢及腹下发生浮肿，行走时四肢无力，胯靸腰拖。

【脉色】

(1)急肝黄 一般在病初脉象弦数(但因霉菌毒素引起的肝黄,脉象多现沉迟);口色赤而带黄,以后则脉象较沉细,口色发白兼黄。

(2)慢肝黄 病初脉象一般多弦而无力,口色红而带黄,以后则脉象迟细,口色白而带黄。若肝黄脉见散乱,唇如枯骨,舌似黄土者,俱为死候的征象。

【治则】 宜平肝熄风、清热疏郁、养血滋阴、健脾安神为治则。

【处方】

(1)菊花清肝散(宜治急肝黄)

菊花五钱 当归三钱 柴胡六钱 青葙子六钱 龙胆草五钱 地骨皮四钱
生地四钱 生军四钱 石决明五钱 决明子五钱 赤芍三钱 山药五钱
秦艽四钱 陈皮五钱 黄芩五钱 防风四钱 荆芥四钱 甘草三钱

共为末,开水冲,候温灌之。

(2)防风甘草散(宜治慢肝黄)

防风四钱 甘草四钱 青葙子四钱 羌活三钱 黄连四钱 黄药子四钱

共为末,用绿豆煮汁冲药,候温加白糖四两,同调灌之。

(3)复方氯化钠注射液 500毫升
50%葡萄糖注射液 500毫升

一次静脉注射。

【调理】 拴于清凉安静之处,加强饲养管理,喂以青草或易消化而富有营养的草料,切忌暴晒日照,或阴雨浇淋。

五十七、慢症

慢症乃五脏衰败之症。夏季饲养管理不当,伤于脾经,又失于调治,积久转入肝经,遍传五脏,而为慢症,多属不治。《元亨疗马集》指出"慢症者,绝症也"。又说"慢症者,秋症也,五经衰败,肝亏金盛也""慢症通秋命必危"。

【病因】《元亨疗马集》指出"皆因暑月炎天,乘热遇阴雨淋之太过,伤于脾经,脾传于胃,胃火微弱,传入肝经,肝木亏伤通传五脏,五脏衰败,致成此患也"。这说明乘热雨淋过度是发生慢症的原因之一。此外,常夜系于霜露之下,亦易引起本病。对引起脾胃失运的疾病,未予及时调治,久之脏腑相传正气亏虚,亦能诱发本病。

【症状】 极度衰弱,四肢倦息,行立如痴,头低眼闭,二胞虚肿,有时胸前和腹下发生浮肿。

【脉色】 凫脉微细,口色如绵。

【治则】 本病系虚极之症,宜调气补血,扶脾养肝为治则。此病治疗不易,《元亨疗马集》说"慢症脉微,伯乐难医。三秋口白,十中九绝"。故必须及早发现,早期治疗。

【处方】

黄芪散

黄芪一两 白术五钱 当归五钱 川附片三钱 干姜三钱 升麻三钱
白芍五钱 丹皮五钱 草豆蔻五钱

共为末,开水冲,候温加大枣一两,同调灌之。

【调理】 静养温暖之处,多喂富有营养的饲料。

【预防】 劳役有节,不可过度,夏季避受雨淋,雨淋之后立即擦干,入秋勿露宿霜夜。

五十八、水掠肝

水掠肝是水沁伤肝,呈现行如酒醉,鼻回血水,汗出无休的一种危急症候。故《元亨疗马集》指出:“凡马水伤,卧蚕青紫,浑身汗出不住者,阴气太盛,血之所化也,难以治之。”

【病因】 由于久渴失饮,伤水太过,失于牵散;或远骤骑回汗出未干,逢泽过饮泉水,以致阴阳凝结,水积肠中,不能运化,渗于肠外,停注膈下,沁掠肝脏而成其患。

【症状】 病畜呆立不动,耳奁头低,牵行似醉,步伐踉跄,目瞪直视,两眼含泪,气促喘粗,鼻回血水,浑身出汗,口色青紫。

【鉴别】 若脉如屋漏,色似炲煤,汗出无休者,此为肝经败绝,无方可治。如脉色未绝,步行尚稳,汗出不多,正气尚未衰竭者,可速攻水疏肝,或有一线生机。

本病与肺破均有鼻回血水、喘粗出汗的症候。但肺破的特点是鼻中流出的血水带有泡沫,不断咳嗽,胸汗如油,气如抽锯,浑身肉颤,色如枯骨;而水掠肝则鼻回的血水较淡,两眼胞含泪,汗虽多而不黏,且无咳嗽病状。

【治则】 畜体正气未衰时,可试用攻水疏肝,健脾利湿之剂治疗。

【处方】

甘遂散

甘遂二钱 黑丑五钱 沉香三钱 大戟二钱 葶苈子四钱 防己五钱

细辛二钱 槟榔四钱 茯苓五钱 白芍五钱 青皮四钱

共为末,开水冲,候温加大枣二两(去核切碎),同调灌之。

【调理】 拴于清静厩舍,专人护理,忌饮冷水。

五十九、夜盲(雀盲)

夜盲系两眼仅于白昼能够见物,傍晚则视物不见的一种疾病,故称“夜盲”或“雀盲”。

【病因】 过度劳役,饲养失调,久则精血衰耗,肾阴不足,水不涵木,致使肝经虚热而患此病。

【症状】 白昼视物如常,夜晚则两目均不见物,四蹄乱踏,撞墙碰壁,牵行时低头行走,前肢高抬,但从外观观察,则眼无异状。

【脉色】 双凫沉细,口色微红。

【治则】 以滋补肝肾、明目养血为治则。

【处方】

(1)补肝散

当归五钱 白芍五钱 生地五钱 川芎五钱 防风五钱 羌活五钱

共为末,开水冲,候温加蜂蜜二两、生羊肝一具(切碎),同调灌之。

(2)乳香明目散

夜明砂一两 炙乳香一两 炙没药一两 当归五钱 生地五钱 川芎五钱
白芍五钱 白菊花五钱

共为末,开水冲,候温加生羊肝一具(切碎),同调灌之。

【调理】 减轻使役,夜晚拴于清净之处,多喂富有营养的饲料,特别是青饲料。

六十、月盲

本病是一种白矇遮睛的疾病。一般多为一月左右(或二至三月)发生一次,故名月盲,又名月发眼、白矇眼等。此病夏秋多发,春冬次之,而且反复发作,病势越来越重,最后多致失明。

【病因】 由于劳役过重,饱伤料毒,伤至于肝,外传与眼。或久拴阴暗潮湿、通风不畅的厩舍,亦易引起本病;用于拉磨之马、骡,因戴有"蒙眼"工具更易发生。

【症状】 多是单眼发生,间亦有双眼均发生者。病畜眼胞微肿,羞明流泪,白睛稍红,黑睛混浊,甚至睛发灰色云矇。每月或几月复发一次。

【脉色】 凫脉稍弦,口色微红。

【治则】 以清肝利湿、滋阴泻火为治则。

【处方】

(1)方一

菊花八钱 青皮五钱 知母五钱 白芍六钱 黄连三钱 煅石决明六钱
炒决明子六钱 龙胆草六钱 当归五钱 薄荷四钱 荆芥穗四钱 茯苓六钱
密蒙花五钱 柴胡四钱 川芎四钱 苍术五钱 地骨皮五钱 黄芩五钱
木贼五钱 青葙子四钱 蝉蜕四钱 霜桑叶三钱

共研末,开水冲,候温灌之。

(2)明目地黄散

熟地二两 山药五钱 山茱萸五钱 丹皮五钱 归尾五钱 五味子五钱
柴胡五钱 茯神二钱半 泽泻二钱半 朱砂三钱

共研细末,开水冲,温服。

【调理】 减轻使役,厩舍宜干燥而阴凉,多喂富有营养的饲料。

六十一、肾虚腿肿

肾虚及肾经弱,乃由命火衰微,肾中之水不能气化,故水道不通,溢而为肿。

【病因】 由于饮喂失节,饲料不足,劳役过度,日久肾气亏虚,真元衰弱,引起肺气不调,脾不健运,水气潴留于后肢肌肤而为病。

【症状】 精神倦怠,水草迟细,后肢下部出现浮肿,形如靴套,故俗名叫靴腿。病重时腰拖胯靸,后腿难移,卧多立少。

【脉色】 双凫沉细,口色青黄。

【鉴别】 应与脾虚腿肿鉴别。脾虚所致的浮肿四肢虚浮、大便泄泻;肾虚腿肿则仅在后肢。

【治则】 以健脾补肾、理气行水为治则。

【处方】

(1)荜澄茄散

荜澄茄五钱 补骨脂四钱 葫芦巴四钱 川楝子五钱 肉苁蓉四钱 肉豆蔻四钱
厚朴四钱 茴香四钱 巴戟天五钱 桂心四钱 益智三钱 槟榔五钱

共为末,引青葱三根(切碎)、飞盐半两、醋四两,开水冲,候温灌之,每日一剂,连服五至七剂。

(2)茵陈五苓散

茵陈二两 白术二两 桂枝八钱 茯苓一两 猪苓八钱 泽泻八钱

共为末,开水冲,候温灌之。

【调理】 停止使役,放于暖厩。加强饲养管理,喂以富有营养的草料。

六十二、垂缕不收

垂缕不收是阴茎不能收缩,驰垂于外的一种疾病。

【病因】 老弱的马配种不节,肾气亏耗,使阴茎失去收缩能力;或长期劳役过度,损伤肾经,肾衰则寒湿侵袭渗于脐下,积于袖口,阴茎肿胀不收而发病。

【症状】 阴茎弛缓,垂于腹下,袖口浮肿,不能回缩,拱腰拽胯,日渐消瘦。

【脉色】 脉迟细,口色如绵。

【治则】 补肾除湿为治则。

【处方】

(1)补骨脂散

补骨脂八钱 肉豆蔻八钱 茴香五钱 川楝子八钱 葫芦巴五钱 厚朴八钱
青皮七钱 陈皮七钱 巴戟八钱

共为末,开水冲,加童便一碗,候温灌之。

(2)荆芥汤

荆芥、防风、苍术、薄荷、艾叶、排风草各等份。

共合一处,水煎去渣,乘热蒸洗阴茎。

(3)没药散

没药、大黄、紫苏、蜈蚣各等份。

共为末,红葱三根,混合捣为泥,用荆芥汤洗后,敷阴茎上,用纱布包好,一日换药一次。

【调理】 停止使役,喂养于暖厩,增加料草。

六十三、阴肾黄

阴肾黄又名木肾黄、外肾黄。由于湿热之气流注于外肾而生黄肿。

【病因】 由于饲养管理不当,误食硝石,过饮浊水,或久卧湿地,淋雨过久,致使阴寒伤于肾经,水胜火弱不能化导,水湿泌于脐下,凝聚于外肾而发病。《元亨疗马集》说“外肾虚浮冷若冰,为缘阴雨过多淋,误食硝石凝于肾,宿水停脐冷气侵”。

【症状】 外肾硬肿如石如冰,后肢开张,步行困难,胯靸腰拖,精神倦怠,食欲减少。若外肾发热且痛，肿而虚软者，则为阳肾黄。

【脉色】 阴肾黄脉沉细，口色青白。

阳肾黄脉沉数，口色赤红。

【治则】 阴肾黄以温肾祛寒利湿为治则。

阳肾黄以泻命火、解毒消炎为治则。

【处方】

(1)茴香散

茴香五钱　川楝子一两　甘草三钱　贝母五钱　秦艽一两　肉桂八钱

栀子五钱　青皮五钱　干姜五钱　酒知母五钱

共为末，开水冲，候温灌之。

(2)蒲黄散

生蒲黄八钱　五灵脂五钱　酒知母五钱　酒黄柏一两　茵陈一两　龙胆草八钱

川楝子五钱　生二丑五钱　猪苓五钱　泽泻五钱　木香三钱

共为末，开水冲，加童便一碗，灌之。

【调理】 厩舍温暖干燥通风，勿受雨淋。防止空肠误饮浊水，过食冷冻草料。

六十四、阳痿

阳痿是公畜配种时，阴茎萎缩不能勃起的一种病。

【病因】 多因公畜配种过早，或过多，致使命门衰弱，肾气亏损；或营养不良，过劳伤肝，以及闪伤腰肾等都能发生本病。

【症状】 当配种时，公畜见母畜有兴奋交配之欲，但阴茎不能勃起，或勃起而不坚。

【脉色】 一般脉色正常。病久者则脉沉弱，口色如绵。

【治则】 以补肾壮阳为治则。

【处方】

熟地二两　山茱萸一两　山药八钱　丹皮五钱　茯苓五钱　泽泻五钱

肉桂四钱　附子二两　杜仲五钱　续断五钱　补骨脂五钱　枸杞五钱

丁香五钱

共为末，开水冲，候温加童便一碗，灌之。

【调理】 增加草料，拴于静厩，每日做适当运动。

六十五、滑精

滑精是在未交配时，而精液外滑的一种病。

【病因】 公畜配种过多，肾气亏伤，不能统摄精液，或营养不良，劳役过度，下元虚损，精液不能闭藏而成本病。

【症状】 平时阴茎不举而精外泄，或阴茎无故勃起而射精，或交配时未接近母畜而射精。精神倦怠，容易出汗。

【脉色】 脉迟弱，口色微红。

【治则】 补养心肾、收涩固精为治则。

【处方】

党参八钱 茯神八钱 远志五钱 菖蒲五钱 当归五钱 龙骨一两

牡蛎一两 桑螵蛸八钱 菟丝子五钱 山药八钱 枸杞八钱 山茱萸五钱

莲须五钱 甘草五钱

共为末,开水冲,候温灌之。

【调理】 停止配种,增加营养,适当劳役。

六十六、内肾黄

内肾黄是内肾发生黄肿之病。《元亨疗马集》说"肾黄者,久热而走太急,伤着内肾,变为黄也。少阴经主其病"。又说"十二医家看肾黄,搐肷时时喘便忙,踏地舒腰立即倒,八窌腿上两傍相。更抽尾下微微血,朴硝油水蜜冲肠,又用解毒消黄散,便是师皇伯乐强。"这是对内肾黄的病因、症状、治疗的简要概括。

【病因】 皆因喂养失节,料草霉败,毒气积于脏内,流注三焦,传之于肾,或外感热邪,传入少阴,热毒结于内肾,以致血瘀气滞,经络不通,水道瘀塞而发生黄肿。

【症状】 踏地舒腰抽肷,后躯无力站立欲倒,有时起卧不安,按压腰部敏感,尿短少;严重时,神昏似醉,肉颤气喘,腰、肷浮肿。

【脉色】 脉洪大,口色赤紫。

【治则】 初期以清热解毒、消肿散瘀为治则。

【处方】

(1)黄连加味解毒散

黄连五钱 黄芩五钱 黄柏一两 山栀八钱 大黄一两 郁金八钱

二花一两 连翘一两 牛膝五钱 滑石一两 木通五钱 甘草七钱

共为末,开水冲,候温加蜂蜜五两、鸡蛋清四个,同调灌之。

(2)加味消黄散

二花一两 大黄五钱 二母各三钱 二药各三钱 甘草三钱 桔梗三钱

栀子三钱 连翘四钱 黄芩四钱 川连三钱 黄柏三钱 郁金三钱

生地三钱 薄荷三钱 花粉四钱 玄参三钱 地丁一两 蒲公英一两

山豆根一两 犀角三钱 射干五钱 蝉蜕三钱 僵蚕五钱 山甲三钱

羚羊角两半

共为细末,开水冲,候温加蜂蜜四两、鸡蛋清四个,同调灌之。

【调理】 隔离饲养,厩舍宜清洁安静,多铺褥草,多给清水。

六十七、肾经痛

肾经痛是腰肾闪伤因气血凝滞而引起的疼痛。《元亨疗马集》说"马患肾疼说根因,只缘卧地猛抬身,明伤内肾闪腰胯,后蹄筋痛不能行"。

【病因】 多因使役失调,在不平的道路上奔走太急,使病畜后肢踏空,倒坐跌闪,以及跳沟、跃涧、翻车、卧地猛起，以致造成滞气凝于肾经，瘀血结于腰胯，而成肾腰疼痛之症。

【症状】　前行后拽，腰胯不灵活；若以手压腰部，表现疼痛，头垂肷吊，卧地不能自起。

【脉色】　双凫迟涩，口色赤红。

【治则】　以活血散瘀、止疼强筋为治则。

【处方】

(1)补骨脂散

补骨脂五钱　血竭五钱　延胡索五钱　胡芦巴五钱　没药八钱　青皮四钱

甘草三钱　乌药三钱　当归七钱　茴香三钱　陈皮三钱　肉桂八钱

白术五钱　牵牛五钱　川楝子五钱　山茱萸四钱

共研细末，引用黄酒，开水冲，候温灌之。每日一剂，可服四五剂。

(2)消瘀止疼散

醋炒香附一两　乌药八钱　木香五钱　乳香八钱　没药八钱　续断八钱

骨碎补八钱　牛膝六钱　红花三钱　当归一两　炒水蛭(炒烬黑烟)六钱

木通五钱

共研末，男尿一杯为引，同调灌之。隔日一剂，可服二至三剂。孕畜忌服。

【调理】　放于清净干燥之厩，单槽饲养，用软草平铺地卧之，以免发生褥疮。

六十八、肾冷拖腰

肾冷拖腰是受风寒湿邪之气凝腰胯，发生疼痛的一种疾病。

【病因】　皆因外感内伤，风寒湿邪侵注肾经。如带汗卸鞍，或久卧湿地，夜露风霜；或阴雨苦淋；或过饮冷水，过食冷冻草料等。《元亨疗马集》中说："良马因何拽后脚，为缘外感内伤亏，空肠过饮寒凝肾，卸鞍檐下被风吹。"

【症状】　前行后拽，腰拖胯靸，后脚难移，牵行不动，耳耷头低，毛焦肷吊，病重者卧地难起。用手摸按腰部，皮紧腰硬，而皮温不高。

【脉色】　脉沉涩，舌色带青。

【治则】　以滋阴补肾、止痛驱寒为治则。

【处方】

(1)金铃散

肉桂五钱　没药六钱　当归六钱　槟榔片三钱　茴香一两　防风八钱

荆芥八钱　苁蓉五钱　木通五钱　川楝子五钱　荜澄茄六钱　肉豆蔻五钱

白附子五钱

共为细末，引用炒盐一两、烧酒三两、葱白三根(切碎)、童便一盅，开水冲，候温灌之。每日一剂，连服三五剂。

(2)神效方

高良姜二钱　白附子二钱　吴茱萸二钱　苍术三钱　厚朴二钱　白芷二钱

细辛二钱　白术二钱

共为细末，加酒一至二两，拌调成丸，送入谷道，且不住牵行，以粪带出白色黏液为验，可以连用三次。

【调理】 停止使役，喂养暖厩，增加草料，夜间以麸皮醋炒装袋内搭于腰部，袋上面再以毡毯搭之，卧时用软草铺地。

六十九、冷拖杆

冷拖杆是下元虚寒，气血不畅，经络欠通而引起的后肢麻木，筋挛骨痛，行走时后肢伸直如杆的一种疾病。

【病因】 皆因老弱瘦畜，气血不足，空肠过饮冷水，带汗卸鞍，风寒乘虚而入，或久卧湿地，乘热渡河，寒湿侵入肾经，以致气血凝滞，筋骨疼痛而发病。《元亨疗马集》说“冷拖后脚恰似椽，腰曲头低行步难，髓寒骨冷筋挛痛，肝风湿邪转筋翻”。

【症状】 一后肢或两后肢伸而难屈，腿直如杆，或麻木不仁，筋挛骨痛，牵行不动。运动时蹄腕上翻，患肢拖地而行，蹲腰无力。

【脉色】 脉沉涩，口色淡黄。

【治则】 暖腰肾、祛寒湿、通经络为治则。

【处方】

(1)茴香散

茴香八钱　青皮五钱　牵牛五钱　细辛三钱　巴戟五钱　陈皮八钱
胡芦巴一两　川楝子八钱　荜澄茄八钱　补骨脂八钱　木通五钱　甜瓜子五钱

共为末，开水冲，引飞盐三钱、苦酒一杯，同调灌之。

(2)独活败风散

秦艽一两　川楝子八钱　生地七钱　当归七钱　没药八钱　巴戟六钱
茴香七钱　白术五钱　胡芦巴五钱　木通四钱　补骨脂五钱　独活四钱
防己五钱　牛膝四钱　木香四钱　甘草四钱

共为末，开水冲，候温灌之。

七十、胡骨把胯

胡骨把胯又名腰腿风。是一种突然出现腰瘫腿痪，四肢拳挛，不能站立的一种疾病。

【病因】 《胡卜经》云“皆因膘肥肉重，多喂少骑，谷料热毒聚于脏内，瘀痰壅血积满胸中，三焦壅极，热盛而生风也”“伤肥肉重，变作腰腿”“心肺壅极，攻成抽肾”。

【症状】 腰瘫腿痪，四足拳挛，卧地不起，气促喘粗，小便淋漓，阴茎不收。

【脉色】 脉沉涩，口色赤红。

【鉴别】 本病应与其他瘫痪症详细鉴别。肾经痛的卧地不起，有跌打损伤史；老弱瘦畜瘫痪不起者，多为抽肾把胯，属肾败不治；孕畜若胯靸瘫痪者，多为子宫把胯，产后可愈；此病则患于膘肥肉重的马匹。

【治则】 以祛风活血、壮骨强筋为治则。

本病若四肢能伸缩，起而立住者可治；四肢拳挛，卧而不起者难医。大胯内陷者更难医。

【处方】

(1)麒麟散

没药五钱 当归一两 白术五钱 木通四钱 茴香三钱 巴戟五钱

藁本八钱 麒麟竭三钱 牵牛五钱 胡芦巴五钱 补骨脂五钱 川楝子五钱

共为末,开水冲,加苦酒一杯,同调灌之。

(2)白蛇散

小花白蛇(每条重五六分者)二条 黄芪一两 金毛狗脊一两 防风五钱

当归一两 川芎五钱 巴戟八钱 杜仲五钱 菟丝子一两 肉苁蓉八钱

明天麻八钱 小茴香七钱 川牛膝六钱 续断五钱 补骨脂五钱 苍术八钱

柴胡六钱 羌活五钱 独活五钱 荆芥五钱

共为末,引用生姜一两(切碎)、白酒二两,开水冲,候温灌之。

【调理】 厩舍宜暖,软草铺地卧之。喂以青草,防止褥疮。

七十一、胞转

胞转系膀胱癃闭、小便不通的一种疾病。

【病因】 多因排尿时猛受鞭击,或滚跌时转动膀胱,或趁热骤饮冷水,冷热相聚,致使小便不通。或因湿热侵袭机体,传入膀胱郁结而成尿闭;或常饮污浊热水,热浊积于膀胱,致使膀胱清气不升,浊气下降,遂成此患。

【症状】 小便不通,或尿液淋漓不畅,肚腹胀疼,踏地蹲腰,欲卧不卧,打尾趴蹄,屡做排尿姿势。

【脉色】 脉象沉涩,口色微红。

【治则】 以通利水道为主,病急者可采用导尿管导尿,或从肛门入手按拨膀胱以复位排尿。

【处方】

(1)滑石散

滑石一两 泽泻五钱 灯芯草五钱 茵陈一两 酒知母八钱 酒黄柏八钱

猪苓五钱 瞿麦五钱

共研末,开水冲,加童便半碗,候温灌之。

(2)方二

黑丑一两 猪苓八钱 泽泻一两 车前子一两 木通二两 黄柏八钱

生地一两 滑石六钱 甘草三钱 生石膏一两

共煎水灌之。

【调理】 专人管理,徐徐牵行。用竹扫帚于腹下刮之,愈后当日宜饮温水。

七十二、胞虚

胞虚是身瘦体弱,气血亏虚,引起膀胱气化无力的一种遗尿之症。

【病因】 饲养失调,劳役过度,损伤脾肺,二脏气虚,不能约束水液,致膀胱失禁而发此证;

或老弱体虚，精血被耗，肾气虚弱，下元不固；或素肾阳虚而膀胱虚寒，不能约束水液；或肾阴虚而邪热干扰膀胱，则水液不藏，均能引起小便不禁之病。

【症状】 病初精神不振，小便频数，但尿不多，有时无排尿姿势，而尿液淋漓不禁，但无痛苦表现。

【脉色】 脉象沉涩，口色淡白。

【治则】 以补气温肾、收涩固脬为主。

【处方】

黄芪八钱　党参八钱　白术六钱　茯苓八钱　升麻五钱　益智六钱
肉桂一两　附子八钱　桑螵蛸五钱　牡蛎五钱　菟丝子五钱　韭籽五钱
五味子五钱

共为末，开水冲，候温灌之。

【调理】 停止使役，增喂精料，并用炒黄豆加青盐喂之。

七十三、尿血

本病是由于膀胱积热和努伤肾部而引起尿中带血之症。按临床常见的主要可分为肾伤尿血、膀胱尿血、阴道及尿道尿血等。其治法也有差别。

【病因】 皆因热血侵入心经，传注小肠，继则流注膀胱而成尿血。或热伤腰肾，肾火过盛；或跌打损伤腰肾，以致血离经脉也能引起尿血。

【症状】 身体羸瘦，毛焦肷吊，头低耳耷，水草迟细。尿中混有血丝或紫血块，严重时则纯尿血液。

【脉色】 脉滑或芤*，轻者舌色微红，重者唇舌如绵。

【鉴别】 如排尿前有血，中间及后期无血，多属阴道或尿道的疾病。如排尿前无血，中间及后期有血，且尿中混有凝聚的微血块，多属于肾脏或膀胱疾病。但努伤肾脏尿血，用手压迫腰部，病畜畏疼，行走吊腰，而膀胱出血无此症。尿血红色的病轻，尿血红色黑者病重。

【治则】 以清热凉血、止血利尿为主。

【处方】

(1)秦艽散

秦艽八钱　焦蒲黄八钱　炒瞿麦五钱　当归一两　焦黄芩八钱　甘草五钱
红花三钱　焦大黄八钱　炒赤芍五钱　焦山栀八钱　车前子五钱　天花粉五钱

共研细末，竹叶煎汤冲药，候温灌之。

(2)方二

焦栀子六钱　地榆炭八钱　焦黄柏一两　炒蒲黄八钱　炒柏叶六钱　棕树炭四钱
炒知母一两　血余炭六钱　炒槐花六钱　焦杜仲六钱

共研细末，加童便一碗，温水调灌。

【调理】 停止使役，增加草料，每日用竹叶煎汤饮之。

* 芤脉：浮大而软，按之中央空，两边实，即宽大而中间有空虚感的脉搏。

七十四、淋浊

淋是排尿困难而疼痛，欲尿不尿，或排尿淋漓，甚至尿血、尿脓浊等。浊是指尿白浊秽物而言，在兽医临床上以湿热淋、砂石淋和白浊比较常见。

1. 湿热淋

【病因】 外邪入侵或湿热下注所致。

【症状】 公畜常阴茎勃起，母畜频频努责，常做排尿姿势，但尿量不多，或淋漓不畅，尿色黄赤，混浊不清，表现痛苦，严重时则尿血、尿脓。

【脉色】 脉象洪大，口色赤红。

【治则】 以清热利湿为治则。

【处方】

(1)八正散

车前子八钱 木通八钱 瞿麦一两 萹蓄八钱 滑石一两 山栀五钱
大黄一两 灯草三钱 甘草梢五钱

共为末，开水冲，候温灌之。

(2)五淋散

山栀五钱 淡竹叶五钱 赤芍一两 茯苓一两 茵陈二两 木通五钱
滑石一两 炙甘草五钱

共为末，开水冲，候温灌之。

(3)青霉素 每千克体重 4 万单位
注射用水 10～20 毫升

肌内注射，一日三次，连用数日。

2. 砂石淋

尿道或膀胱聚结如砂、如石的硬块，故名砂石淋。

【病因】 多因膀胱湿热，津液凝结成块，尿道受其煎熬，日积月累，尿中杂质结为砂石，小者如砂，大者如石，积于膀胱和尿道，阻碍尿液排出，遂成本病。

【症状】 病畜食欲减少，常做排尿姿势，尿时淋漓，痛苦不安，尿液混浊，常带有砂粉状的东西。如做膀胱、阴茎腹侧尿道检查，常可摸到坚硬的结石。

【脉色】 脉象数，口色红。

【治则】 以清热利窍、行水涤石为治则。

【处方】

木通散

木通八钱 海金沙一两 金钱草二两 川牛膝五钱 泽泻五钱 通草五钱
盐黄柏六钱 滑石二两 竹叶五钱 甘草梢四钱 黄芩六钱 灯芯草三钱

共研细末，温水调灌。

3. 白浊

排尿不疼，尿多混浊，状如泔浆，故曰“白浊”。

【病因】 本病主要是由于过劳或湿热伤肾而发生。如老弱瘦马，过度劳役，或饲养管理不良，空肠过饮浊水，均能引起本病。此外公畜配种过多，以致肾阳耗损过度，肾气不足，精液不固，混入尿液，亦可引起本病。

【症状】 精神短少，毛焦肷吊，体瘦肉减，食欲减少，四肢无力，尿液色白混浊，形似米泔，甚至混有凝结白片，排尿时涩滞，有时表现痛苦。

【脉色】 脉象迟细，口色白黄。

【治则】 以补肾固涩、清热燥湿为治则。

【处方】

茴香散

盐茴香六钱　胡芦巴五钱　炒杜仲四钱　巴戟五钱　补骨脂五钱　肉桂五钱

生二丑一两　吴茱萸四钱　苍术八钱　柴胡五钱　甘草三钱

共研细末，引用黄酒四两，开水冲，同调灌之。

【调理】 改善饲养，减轻使役。

七十五、胎动

胎动又名胎动不安，《元亨疗马集》中名为胎病，它说"夫胎病者，胎驹患病也"是指胎动而言。本病是母畜在妊娠期间由于气血衰弱不能固胎，或因意外损伤引起胎驹欲坠的一种疾病。

【病因】 多因劳役过重，跌扑闪挫，惊跳奔跑，起卧不当，如卧凹处，而起之太急，或被踢伤腹部，损伤胎胞，或拉磨拉碾，猛转回身，或食霜草霉料，饮冰冻之水等，均可引起此病。此外，如孕畜气血虚弱，或失血过多，或旧有疾病，或感染疫毒，或误服毒物以及热病伤胎等都可引起此患。

【症状】 胎动多见于妊娠三、五、七月的孕畜，呈现肚腹胀满，努咽蹲腰，频频排出少量尿液，间有起卧。因损伤或误投药物的引起者，多表现腹痛剧烈，起卧不安；因虚寒或热病所引起者，则腹痛较轻。亦有起卧，病势严重者，则有浊液从阴道流出甚至引起流产。

【脉色】 凫脉浮滑，口色暗红。

【鉴别】 本病与结症、冷痛等虽均有腹痛起卧的症状，但结症与冷痛在起卧时出现打滚，胎病一般只起卧不打滚，并有阴门频频外翻，努咽蹲腰等表现。病重者有浊液或胎胞排出，此为即将流产的象征。

【治则】 顺气和血、养血安胎为治则。

【处方】

(1)白术散

白术(炒)一两　砂仁六钱　当归一两　川芎六钱　白芍六钱　熟地六钱

党参六钱　陈皮八钱　苏叶八钱　黄芩八钱　阿胶(炒)八钱　甘草三钱

共研细末，开水冲，生姜五钱为引，候温灌之。可连服二三剂。

(2)保胎安全散

当归一两　川芎五钱　炒白芍五钱　熟地一两　菟丝子一两　续断一两

杜仲五钱　补骨脂五钱　黄芪一两　艾叶三钱　厚朴四钱　枳壳四钱

荆芥三钱　羌活三钱　甘草二钱

共为末，开水冲，生姜五两为引，候温灌之。隔一日再服。

(3)腹皮散

大腹皮八钱 党参八钱 川芎五钱 白芍(酒炒)一两 熟地五钱 陈皮八钱

甘草五钱 桔梗八钱 半夏五钱 紫苏五钱

共为末,细切青葱三根为引,开水冲,候温灌之。

【调理】 软草铺地,任其自由起卧,完全休息,单槽饲养,给予富有营养的饲料,忌喂冻草冷水,不使之过受冷热,预防踢、咬、挤伤。

七十六、胎气

胎气是妊娠母畜气血不调,血瘀不通之症。

【病因】 皆因胎儿过大,重役疲劳,营养不良,血液循环障碍,体液渗入下部而发病。

【症状】 轻者在乳房、会阴、腹下出现浮肿。病久较重者可见四肢虚肿,拘行束步,耳耷头低,食欲减少,日渐瘦弱。

【脉色】 双凫洪数,唇色鲜红。

【诊断】 《元亨疗马集》说:"马妊娠未及十余日者,如其腿痛,勿令胎气治之。"所以胎气须注意其浮肿出现的时期,主要在妊娠后期。病势轻者,不必用药,产后自愈。

【治则】 以理气活血安胎为治则。

【处方】

(1)当归散

全当归两半 熟地两半 白芍一两 川芎八钱 枳实五钱 青皮五钱

红花一钱

共为细末,开水冲,候温灌之。

(2)方二

当归一两 川芎五钱 白芍五钱 生地五钱 藿香四钱 苏叶四钱

柴胡五钱 乌药八钱 陈皮四钱 青皮四钱 泽兰叶五钱 补骨脂八钱

芦巴子八钱 巴戟八钱 杜仲五钱 菟丝子一两

共研末,生姜五钱为引,同调灌之。

【调理】 勿受风寒,忌拴湿地,忌喂生料和饮空肠水,宜增加草料,轻度运动。

七十七、驴怀骡产前不食

驴怀骡产前不食是母驴在妊娠后期,出现精神沉郁,食欲废绝,排粪少的一种妊娠中毒症。

【病因】

(1)饲养不良,运动不足,致使气血不畅,升清降浊的功能失常,污浊之气,积于体内,引起中毒。

(2)母体的营养供应不能适应胎儿迅速发育的需要。由于母驴的体格小,在怀孕后期,随着胎儿迅速发育对营养物质的需要量大大增加,但因饲养不善,营养缺乏,以致母畜气血不足,血不养胎,胎气上逆,阻碍脾胃运化功能,而成不食之症。

【症状】 精神沉郁,痴立不动,食欲减少或停止。唇舌如绵,粪便干燥而少,有时眼膜潮红，常有眼泪外流。

【脉色】 脉象细数，口色青黄或赤红。

【治则】 以养血安胎、疏肝健脾为治则。

【处方】

(1)方一

白术三钱 当归五钱 川芎二钱 党参三钱 甘草三钱 砂仁三钱

生地一两 陈皮五钱 紫苏三钱 黄芩五钱 白芍三钱 阿胶三钱

郁金一两 茵陈七钱 柴胡五钱

共研末，开水冲，候温灌之。

(2)方二

党参一两 白术五钱 茯苓五钱 续断五钱 桑寄生五钱 茵陈五钱

莲须六钱 肉蔻五钱 甘草五钱

共研末，开水冲，候温灌之。

(3)5%碳酸氢钠 300毫升

50%葡萄糖液 500毫升

一次静脉注射。

【调理】 适当运动，改喂青绿饲草，多给饮水。

七十八、流产

母畜在怀孕期发生胎病，致使胎儿死亡或不足月即产者，称为流产。流产不仅可使胎儿夭折，并且影响母畜健康，往往由于流产造成母畜难以受孕，甚至引起其他疾病而死亡。

【病因】 多因孕期的饲养管理不良或使役不当所致。如孕畜劳役过度，气血亏损而不能养胎，或因跌打闪挫损伤胎儿，或因饲养失调，久食霜冻草料，过饮冷水，以及草料不佳，缺乏营养，误食毒物、毒药等原因，均能引起本病。

【症状】 初期症状不很明显，随后则发出肚腹阵痛，表现不安，时时蹲腰，后肢开张，不断努责，阴门外翻，并流少量浊液或血水，腹内微痛，回头观腹，随之出现右肷波动，气促喘粗，最后从阴户排出孕期未满的胎儿。

【脉色】 脉弦紧，口色青紫。

【治则】 在未流产前，出现流产症状者，治以安胎为主，若已流产者，当以补养气血为治则。

【处方】

(1)四物安胎散

归身四钱 川芎三钱 白芍三钱 熟地三钱 白术五钱 茯苓三钱

阿胶三钱 苏梗三钱 黄芪五钱 陈皮三钱 糯米五钱

共研末，引用生姜三钱，同调，候温灌之。

(2)加味生化汤

全当归二两 川芎五钱 制桃仁四钱 益母草一两 炙甘草二钱 姜炭三钱

泽兰叶八钱 红花三钱

共研细末，开水冲调，加黄酒二两、男尿一盅为引，候温灌之。

以上两方宜未流产时灌之。

(3)补中益气散

黄芪二两 党参一两 炒白术一两 茯苓八钱 当归二两 陈皮五钱

升麻三钱 柴胡五钱

共研末，开水冲，候温加生姜二钱，大枣七枚为引。同调灌之。

(4)双补生化汤

党参一两 黄芪二两 山药一两 当归八钱 川芎五钱 益母草五钱

桃仁三钱 红花三钱 乳香六钱 没药六钱 泽兰叶三钱

共研末，男尿一盅为引，同调灌之。

以上两方宜流产后调补。

【调理】 站立于安静处，铺以软草，任其自卧自起，喂以富有营养而易消化的饲料，每日二次温米汤饮之，切忌冷水冻料。

七十九、难产

难产乃母畜妊娠期满，胎儿不能顺利产下之症。本病是产科的一种重要疾病，如治疗方法不当，往往易引起子宫肿胀化脓、外脱等，甚至造成胎儿或母畜的死亡。

【病因】 本病多因胎位不正，临产时如胎儿头部不正，顶于骨盆腔内；或一侧前肢外出，另一侧前肢曲盘横于骨盆腔内；或后肢先出，但其两条或一条后肢没有伸直，或脐带缠住胎驹；或子宫扭转等；或母畜在妊娠期间劳役过重，营养不良，或旧有痼疾，以致畜体衰弱，气血亏损，故在临产时，交骨难开而形成难产之症。另外，因产前两三月时运动不足，或母马太肥以及由于骨盆狭窄胞浆先破，浆水流多产道干涩难下，或系第一胎胎驹过大等原因，亦能发生本病。

【症状】 母畜发生阵痛，呈现急躁不安，前肢刨地，时卧时起，回头看腹，气促喘粗，不断努责，产门流黄色的浊液，有时浑身出汗，经过时期较长，孕马表现精神疲倦，四肢无力，则阵痛逐渐减轻。

【诊断】 凡孕畜妊娠期满，腹痛不安，时时努责，或从阴道露出部分胞衣，或破流浆液，而经过一定时间仍不见胎驹落生时，即可确诊为难产。但在诊断时，医者必须先用手入于子宫内进行细致的检查，才能确定胎儿的生死和发生难产的具体情况，以便进行治疗。

【治则】 以手术助产为主，并结合内服助产药。

取驹手法

在施术前应先洗净两手，剪去指甲，进行消毒，然后用油涂手臂，从阴道入手检查驹形如何。如腿已露出，头部偏左或偏右，则需用手将胎儿推进产门，使其头部端正；若头曲于胸部，则须将驹头伸直；两腿曲者，可伸正其两腿。待腿和头摆正后，用手紧握两前腿，待母畜努责之际，即可用力慢慢外拉。或用黄蜡抹擦过的绳子三条挽活结，套于右手，入手后，摸到驹蹄腕时，用两绳分别套于蹄上，然后慢抽绳头，逐渐挽牢，两蹄拴住后，再用第三绳如法套于小驹嘴内及后头骨上，三绳并拉，即可拉出，并于必要时加入些润滑油剂，以利外拉。

如后胯先出者，则必须将两后腿伸直摆正，然后在两蹄腕及尾巴上，如上法各套上绳子一条，方可拉出；若脐带绕头者可用手将脐带解下，才可拴绳外拉。如果用上法仍不能取出，最后可考虑使用截胎手术。

总之，在取驹过程中，应特别注意以下几点：

①要先确定驹的死活。术者可用一指伸入驹的嘴内，注意有无反应或感觉。若系倒生，则指入肛门内，注意有无反应及有无粪便，有反应动作者为活胎，无反应动作同时肛门内有粪者，即为死胎。

②要明确是单胎或双胎。

③施术地点，宜选择前稍低、后较高的坡地。

④拉前必须注意拨正驹儿头部、前肢或后肢的位置。

⑤拉前要注意多用油类使产道润滑。

【处方】

(1)方一

当归六钱　紫苏三钱　黄芪五钱　白芍一两　贝母五钱　菟丝子八钱
厚朴五钱　艾叶五钱　芥穗五钱　枳壳四钱　川芎八钱　羌活三钱
甘草三钱

共研末，开水冲，候温灌之。

(2)开骨散

党参二两　当归四两　黄芪一两　川芎二两　炙龟板一两　牛膝五钱
滑石两半　血余炭一两

共为末，开水冲，候温灌之。

【调理】 拴于安静厩舍，用软草铺地，卸去笼头，任其自由地起卧，专人看护，增加营养，勿令惊慌。

八十、胎衣不下

胎衣不下是孕畜分娩后经过一定时间胎衣不能正常排出之症。

【病因】 多因妊娠期使役很重，饮喂失调，以致畜体虚弱，真气不足，或畜体素虚，临产时经过时间过长，畜体过度疲倦而引起。此外，由于胎衣与子宫粘连时亦能发生本病。

【症状】 产后胎衣的一部或全部停滞于子宫内，或胎衣的一部分或大部分露出阴道外，病畜不断努责而不能排下，如停滞时间过久，则多溃烂，从阴道流出粉红色液体，味极腥臭，此时病畜精神不振，食欲减少，多卧少起。

【脉色】 脉易沉迟，口色淡白。

【治则】 以温补散寒、排瘀和血为治则。

【处方】

(1)加味生化汤

当归二两　川芎八钱　桃仁八钱　炮姜八钱　炙草五钱　党参一两　黄芪一两

共为细末，开水冲，候温加黄酒四两、童便一碗，灌之。

(2)方二

党参一两　川芎五钱　当归二两　生蒲黄一两　五灵脂八钱　益母草五钱　黄芪八钱

共为细末，开水冲，加童便一碗，候温灌之。

手术疗法

先将牲畜妥为保定，用消毒药水冲洗阴道及脱出之胎衣，术者将手指甲剪短磨光，消毒手臂，涂擦润滑油剂。自阴道入手，徐徐向里伸进，检查胎衣是否与子宫粘连，如无粘连即可用手慢慢地将胎衣脱出；若有粘连时，即用手轻轻地将粘连部分剥离开，胎衣即可随手而下，剥时须小心慎重，一般用中指和食指合作进行，切忌猛拉，以防损伤子宫或脱出。

【调理】 拴于温暖清洁的厩舍，谨防寒风侵袭，忌饮冷水，每日饮米汤水二次。

八十一、产后腹痛

本病多由于畜体素虚加之产后又外感风寒或内伤阴冷所引起的一种血瘀或血虚腹痛之症。多发于产后一至三日内，特别是在产后时间不久，或第二日发病较多，故名产后腹痛。

【病因】 多因产前劳伤过度，饲养不良，气血亏损，发生血虚腹痛；或津液亏损发生便秘；或产后受寒邪的侵袭以致气血凝滞而腹痛；寒气凝结而作痛；或产后恶露未净，气滞血瘀或因助产损伤子宫而作痛等。

【症状】 不时起卧，回顾腹部，气促喘粗，蹲腰踏地。

【脉色】 脉象沉涩，口色青黄。

【治则】 以暖脏温肠、顺气和血为治则。

【处方】

(1)生化汤

当归二两 川芎一两 桃仁五钱 红花三钱 姜炭五钱 益母草一两
泽兰叶一两 炙甘草五钱

共为末，黄酒四两，调和灌之。

加减：

①粪结：加肉苁蓉四两、番泻叶二两、木香五钱、续随子二两、枳壳一两、滑石一两、清油半斤，减去川芎、红花、姜炭、益母草等。

②冷痛：加陈皮五钱、青皮五钱、肉桂五钱、生二丑八钱、小茴香五钱。

(2)加减四物汤

当归二两 川芎一两 生地一两 红花五钱 炙桃仁五钱 没药五钱
五灵脂五钱 炮姜四钱 炙甘草五钱 黄酒半斤为引。

共为末，开水冲，候温，加入黄酒，一次灌之。

【调理】 孕畜临产时，放于暖厩，同时用软草铺地，喂以富有营养的饲料，产后熟米汤一日二次饮之。

八十二、产后风

产后风又名胎风，系产后发作之症。轻者四肢拘挛，重者卧瘫不起，羸瘦草少，《元亨疗马集》曰“胎风者，产后风也”。

【病因】 母畜在临产前营养不足，劳役过度，产后气血亏损，腠理不固，加至疏于管理，感受贼风寒邪，于是淫邪乘虚而入皮肤，由皮肤而入肌肉，渐传入经络，遂成其病。

此外，亦可由于产后血虚，血不养肝以致肝风内动而生风症。

【症状】 轻者步行拘紧，后腿难移，精神短慢，饮食减少。重者腰瘫腿疼，四肢拳挛，卧地难起。

【脉色】 脉象迟涩，口色如绵。

【鉴别】 产后一月以上，如发现腿胯疼痛，后腿难移者，谓之胎风。

【治则】 以强筋壮骨、止痛消风为治则。本病轻者可治，瘫痪不起，体瘦草少者难医。正如《元亨疗马集》所说"产后胎风筋骨痛，瘦瘫草少命须亏"。故宜早治。

【处方】

(1)加味麒麟竭散

麒麟竭五钱　胡芦巴一两　当归一两　没药八钱　白术八钱　木通六钱
川楝子五钱　巴戟八钱　牵牛六钱　补骨脂一两　茴香八钱　藁本八钱
秦艽一两　木瓜一两　明天麻八钱　甜瓜子两半(捣碎去油)

上药水煎取汁，候温灌之。

(2)补肾散

巴戟八钱　杜仲五钱　菟丝子一两　续断一两　骨碎补一两　虎骨五钱
龟板五钱　当归一两　川芎五钱　红花三钱　益母草五钱　乳香八钱
没药八钱　血竭八钱　黄芪一两　防风五钱　苍术八钱　柴胡五钱
生姜一两

共为末，开水冲，候温加黄酒四两为引，灌之。

【调理】 软草铺地，卸去缰绳，任其起卧，改换草料，增加营养，忌卧湿地，勿受风寒，忌饮冷水。

八十三、产后虚弱

产后虚弱是由于母畜产后体质衰弱的一种疾病。多见于体质瘦弱的家畜。

【病因】 多因产前使役过重，营养不足，临产流血过多，产后缺乏精料，或饲料营养不高，或劳动过早，以致身体不能恢复健康，逐渐衰弱，气血两虚而成此病。

【症状】 头低耳耷，两目无神，食欲减少，精神不振，体瘦毛焦，四肢无力，行动迟缓，卧多立少。

【脉色】 脉象微弱，口色淡红。

【治则】 以大补气血为主。

【处方】

黄芪一两　党参一两　丹桂二两　川芎五钱　熟地一两　白芍八钱
山药一两　茯苓八钱　何首乌五钱　续断一两　骨碎补一两　枸杞五钱

共研末，蜂蜜四两、猪脂油四两(切碎)为引，开水冲，调和灌之。连服三至五剂。

【调理】 增喂精料，停止使役，按时饮喂，切忌寒凉。

八十四、缺乳

母畜产后气血不足，致使乳汁很少或全无，总称缺乳。亦称无乳或乳汁不行。

【病因】 奶是气血化生，气血来源于营养。缺乳多为产前过劳，营养不足，以致气血亏损，经络不畅而成其病。

【症状】 乳房萎缩，没有皱褶，不胀大，触诊不热不痛，捏之无汁。小驹咂之有声，不见下咽，因吃不饱多发育不良。

【脉色】 脉象沉细无力，舌滑无苔。

【治则】 以双补气血、疏经活络为主。

【处方】

炙黄芪一两　党参一两　麦冬五钱　五味子五钱　当归二两　川芎五钱
白术五钱　桔梗五钱　木通五钱　甘草五钱　炮甲珠五钱　王不留行一两
红花三钱

共研末，黄酒四两、红糖四两为引，开水冲，调和灌之。连服二三剂。

【调理】 减轻劳役，适当运动，增加富有营养的饲料。

八十五、不发情

【病因】 多是由于缺乏营养，或饲养管理不善等因，以致机体瘦弱，子宫寒冷，不能按期发情，影响交配繁育，或因其他疾患，以致影响生育机能而不能发情。

【症状】 一般是不显发情表现，拒绝交配。严重时，出现肢体瘦弱，后肢无力，精神减少，或消化不良等。

【脉色】 一般正常无有变化。

【治则】 补肾催情为主。

【处方】

当归一两　川芎五钱　炒白芍五钱　熟地二两　枸杞五钱　肉苁蓉五钱
巴戟五钱　淫羊藿一两　阳起石一两　炙黄芪一两　党参一两　白术五钱
远志五钱　菖蒲五钱

共为末，黄调四两为引，同调灌之。隔日一剂，连服三剂。

【调理】 加强饲管，适当休息与运动，冬暖圈，夏凉棚，搞好环境卫生和畜体卫生。

八十六、不孕症

母畜屡经交配而不能受孕者，谓之不孕症。此症有先天性的缺陷和后天性的病变两种，先天性的多为不治之症，后天性的尚可治疗，现将后天性不孕症作一简述。

【病因】

(1)衰弱不孕　多因使役过度，或饲管不善，以致气衰血虚，肾阳不足，不能受精。

(2)宫寒不孕　乃因湿盛火弱，脾虚下陷，不能化生营血为精，反变为白滑之物，有时从阴门渗流，此为宫寒精冷症，难以受精。

(3)肥胖不孕　多因脂满壅塞，遮盖子宫，精不能受。

【症状】 屡交不孕，发情期不正常，或发情象征不明显；若宫寒不孕，则兼显腹内肠鸣或大便溏泻；若肥胖不孕，则兼见身体肥胖，脂满壅塞，不能久劳。

【治则】 因衰弱不孕者，宜补脾益肾；
因宫寒不孕者，宜温宫祛寒；
因肥胖不孕者，宜燥湿化痰。

【处方】

(1)方一

党参三钱　白术三钱　茯苓三钱　炙草三钱　山药三钱　芡实三钱
莲子三钱　陈皮三钱　车前子三钱　巴戟三钱　补骨脂三钱　归身三钱
小茴香三钱　黄酒半盅　生姜一两　枣五枚　白鸡冠花一朵　砂仁三钱
炙黄芪一两　杜仲一两　酒谷末一盅

共研末，开水冲，候温灌之。

(2)温经散

熟地一两　醋香附六钱　艾叶四钱　当归八钱　川芎五钱　盐茴香六钱
山茱萸五钱　炒白芍五钱　焦术六钱　炒山药五钱　黄芪七钱　肉桂五钱
茯苓五钱　芡实五钱　续断五钱

共研末，开水冲，候温灌之。

(3)苍术散

炒苍术八钱　滑石八钱　制香附六钱　半夏六钱　茯苓七钱　神曲八钱
陈皮六钱　枳壳五钱　白术五钱　当归五钱　莪术四钱　三棱四钱
甘草四钱　升麻三钱　柴胡四钱

共为末，开水冲，候温灌之。

【调理】 减轻使役，改善饲养管理，增加营养，以孕为度。

八十七、带下

母马阴道中流出一种白色或赤白相杂的稠浊黏液，即称带下。

【病因】 多由于热毒或湿浊邪气瘀滞胞宫、胞络，影响气血运行，致使气血相冲，冲任受损而致病。或因劳役不节，饲养不善，肝气瘀滞，脾失健运，使湿浊停滞，不能化营而成。其他如胎衣残留胞宫，产后瘀血不尽，或在助产时手入阴道带进污物，甚至损伤胞宫等，亦能引起本病。

【症状】 轻者阴道不断流出白色或黄色黏液，进食水草正常。重者则流出五色相杂，气味恶臭的污秽黏液，进食水草减少，精神倦怠，发热恶寒，口舌干燥。其白色的称白带，黄色的称黄带，五色相杂的称五色带。

【脉色】 轻者色脉无大变化；重者口色赤红，脉象洪数。

【治则】 白带以健脾燥湿为主；
黄带以清热利湿为主；
五色带以清热解毒为主。

【处方】

(1)方一

白术一两　山药一两　黄芪八钱　升麻五钱　生二丑五钱　炒二丑五钱
黑附子五钱　干姜五钱　炙草五钱

共为细末,开水冲,加黄酒半斤灌之。

(2)方二

黄柏一两　山栀五钱　赤芍五钱　龙胆草五钱　牛膝四钱　丹皮三钱
泽泻五钱　车前子五钱　猪苓五钱　茵陈一两　柴胡八钱　黄芩五钱
甘草五钱

共为末,开水冲,候温灌之。

(3)方三

黄连五钱　黄柏五钱　黄芩五钱　山栀八钱　车前子五钱　二花一两
连翘八钱　赤芍一两　生地一两　蒲公英一两　乳香三钱　没药三钱
甘草五钱

共为末,开水冲,候温灌之。

【调理】 停止劳役,改善饲养,每日清洗阴道一次。

八十八、宫脱

本病是母畜子宫的部分或全部翻转突出于阴门外的一种疾病。

【病因】 主要原因有以下几种。

(1)劳伤过度、中气下陷所致。如产前使役太重,营养不足,体衰形亏,又在临产期中惊动过度,产期延长,以致气衰血虚,中气下陷,遂成子宫脱出不能收回。

(2)在分娩过程中,由于子宫过度扩张而引起。如胎水过多或马驹过大及双胎等。

(3)由于腹内压力增高而引起。如肚痛起卧,或过食,肚腹膨大,努力过猛等。此外,强力拉出胎驹或胎衣时,也能诱发本病。

【症状】 子宫脱垂于阴门之外,状如葫芦,初为红色,继则变为暗红或灰紫色而肿胀。家畜表现站立不安,频频努责,精神困倦,水草迟细,日久则子宫风吹结硬,多溃破而流血水。

【脉色】 脉象迟细,口色淡白。

【治则】 以手术整复为主,同时服补中益气之剂。

手术整复法

先将病畜保定于柱栏内。术者把指甲剪短磨光,并洗净消毒,然后用防风汤仔细冲洗脱出的子宫表面,使其尽量收缩,并除去其坏死部分。随后乘病畜不往后努劲时,把脱出的部分慢慢送入阴道,最后托住子宫的全部,推进骨盆腔内,并把子宫的所有皱襞予以舒张,使其完全复位为止。继用新砖一块,烧热垫布熨之,如病畜不断努劲,子宫再脱出时,可用前法进行整复,再用猪尿脬一个(消毒后)送入阴道,插一细竹筒吹满气体,抽出竹筒,把口扎紧,同时用纱布制成兜布(厚约六至八层,大小适当,四角系绳),兜在阴道的外部固定起来,过一两日病畜不再努责时即可取下。

【处方】

(1)防风汤

防风、荆芥、花椒、白矾、苍术、艾叶各等份。

煎汤去渣,候温冲洗患部。

(2)补中益气汤

党参一两　白术八钱　黄芪二两　陈皮八钱　甘草五钱　柴胡三钱

升麻五钱　归身一两　生姜一钱　大枣十枚

共为细末,开水冲,候温灌之。

【调理】 喂以富有营养的草料,忌上高坡,防止再行脱出,米汤一日二次饮之。

八十九、歪嘴风

【病因】 多因外感风邪所致,如牲畜使役后,带汗系于屋檐下或巷道之中,风邪乘虚侵入头面肌肤,次传肌肉经络,致成其患。

【症状】 单耳倒垂,眼斜嘴歪,上唇歪向健侧,下唇下垂,口内流涎,由于口唇歪斜麻痹,舌尖露出,采食困难,多用门齿采食。

【脉色】 脉象、口色一般无大变化。

【治则】 以理气活血、祛风活络为治则。

【处方】

(1)加味牵正散

白附子五钱　僵蚕五钱　全蝎三钱　天麻三钱　蝉蜕三钱　防风八钱

荆芥五钱　白芷五钱　细辛三钱　薄荷三钱　甘草五钱

共为末,开水冲,加黄酒半斤,同调灌之。

(2)方二

明天麻两半　炙马钱子钱半

共为细末,开水冲,候温灌之。

【调理】 多喂柔软草料,采食困难时,每日灌小米汤二次。

九十、项脊惔

项脊惔俗名低头难,是项脊强硬,头低不下的一种疾病。

【病因】 多因劳动或奔走汗出,拴于檐下或巷道之中,感受寒冷、潮湿,贼风侵袭;或被阴雨苦淋,或夜露霜雪,邪气乘虚而入腠理,次传经络,气血凝滞颈间,而成其患。

【症状】 头颈直伸,难以低下,回头不灵,饮食不便,脊腰较硬,重者板硬如椽,行步强拘。正如《元亨疗马集》中说:"项惔难低首,脊腰硬若椽,饶伊能善治,百日始安痊。"

【脉色】 脉象沉迟,口色赤紫。

【治则】 以活血祛风为治则。

【处方】

(1)连翘散

连翘八钱　知母七钱　桔梗五钱　紫苏五钱　当归七钱　贝母五钱

山药五钱 白芷五钱 杏仁五钱 兜铃五钱 甜瓜子五钱 花粉七钱

引用蜂蜜二两，生姜五片，共为细末，开水冲，候温灌之。

(2)活项汤

白芷八钱 紫苏八钱 藁本八钱 桂枝八钱 柴胡一两 当归八钱

红花八钱 川芎八钱 牛膝一两 木瓜二两 天麻八钱 生姜二两

煎水去渣内服。

【调理】 拴于暖厩，高槽饲喂，给以营养丰富的草料，寒夜不可外拴，防止风吹雨淋。

九十一、揭鞍风

揭鞍风是卸鞍感冒风寒之症。

【病因】 皆因骑来有汗，檐下卸鞍，贼风乘虚而入皮肤、腠理，再传经络，致使经络不通气血凝滞，而风寒束表，闭塞肌腠之症。

【症状】 病初则皮紧腰硬，四肢不灵活，全身瘙痒，不时揩擦，久则耳紧尾直，牙关紧闭，口内流涎，水草难进，四肢僵硬，尾遍身硬。

【脉色】 脉象迟细，口色鲜红。

【治则】 以疏风解表、活血通经为治则。

【处方】

(1)追风散

雄黄三钱 乌头五钱 白术一两 川芎一两 防风一两 细辛五钱

白芷八钱 苍术一两

共为末，开水冲，加白酒四两，同调灌之。

(2)麻黄桂枝散

麻黄五钱 桂枝五钱 羌活六钱 防风八钱 苍术一两 荆芥四钱

川芎五钱 薄荷三钱 苏叶五钱 细辛三钱 枳壳五钱 桔梗五钱

生姜五钱

共为末，开水冲，加葱白半斤，同调灌之。

(3)朱砂散

朱砂一钱 雄黄二钱 炙皂角一挺 瓜蒂二钱 麝香少许

共为极细末，每用少许，装于竹筒中，于两鼻孔吹入，一日二次。

【调理】 拴于暖厩，戒忌风寒。忌冷水，单槽喂养，多给青嫩草料或给豌豆等硬料，诱它咀嚼，以防牙关紧闭。若不能吃水草者，用胃管投服米汤。

九十二、破伤风

破伤风是畜体感染破伤风梭菌而发的一种疾病。

【病因】 《元亨疗马集》说："破伤风者，外感风也"。皆因劳伤过度，蓄养失调，鞍轿撞肿鬐头，鞍屉打伤脊背，鞦皮磨破尾根，肚带擦损肘后，或拴巷道之中，或系舍檐之下，贼风乘虚而入皮肤,皮肤而传腠理,腠理传之于内。由此可见,皮肤破伤,为风邪所中,是本病的主要原因。此外,阉割伤口处理不当,互相咬伤,以及蹄部刺伤等,均能发生本病。

【症状】

(1)初期　浑身发痒,频频揩擦,头颈不灵活,四肢稍僵,眼神较急,咀嚼缓慢,起卧不便,此时若将病马下颌抬举,则可露出闪骨,但骡不甚显著,驴更不明显。

(2)中期　眼急惊慌,闪骨外露,鼻孔张大,呼吸急迫,伸头直颈,口紧涎多,牙关发紧,四肢颈脊僵硬,耳紧尾揭。

(3)后期　皮肉紧硬,腰板如椽,形似木马,鼻煽气喘,牙关紧闭,口涎增多,不食水草,全身肉颤出汗,行走艰难,重则卧地不起。

【脉色】　脉象弦数,口色赤红。

【治则】　以疏风解表、和血镇痉为治则。

【处方】

(1)千金散

蔓荆子三钱　旋复花二钱　白僵蚕五钱　天麻五钱　乌蛇五钱　沙参八钱
桑螵蛸五钱　何首乌八钱　天南星三钱　防风五钱　阿胶五钱　川芎五钱
羌活五钱　蝉蜕五钱　细辛三钱　全蝎三钱　升麻三钱　藿香三钱
独活三钱　生姜三钱

共为末,开水冲,候温灌之。同时用朱砂散吹鼻。

(2)乌蛇散

乌蛇二两　天竺黄一两　荆芥四钱　胆南星五钱　全蝎八钱　钩藤一两
白花蛇一条　防风四钱　明天麻三钱　当归八钱　川芎四钱　羌活五钱
独活五钱　知母六钱　浙贝八钱　苏叶五钱　桔梗五钱　蝉蜕八钱
木通四钱　红花四钱

共为末,引用生姜一两(切碎),开水冲,候温灌之。

(3)用1%～2%高锰酸钾液冲洗破伤处,每日二次,每次半小时。

(4)酒精200毫升,麝香二钱,溶解后,纱布过滤,装瓶备用。

每次40毫升,静脉注射,五至六日再注射一次,一般注射两次即可。

【调理】　专人饲养,厩舍宜暖而安静、黑暗,勿冷风吹受惊,防止跌倒,背搭毡屉,多喂硬料,使病畜不住咀嚼,可缓和牙关紧闭症状。

九十三、痛风

痛风俗名“传经痛”,是风寒湿邪所引起的四肢疼痛的一种疾病。《元亨疗马集》说“四肢轮流疼痛者,痛风之症也”。

【病因】　多因乘热渡河,带汗卸鞍,或阴雨苦淋,久卧寒湿之处,风寒湿邪乘虚而入,伤之气血,气之凝血,血之凝气,气血相凝,经络郁结,而成痛风之症。

【症状】　四肢轮流疼痛,胸膊和腰胯触诊亦痛,把前把后,拘步难行,肷吊腰弓,耳耷头低。本病初感易治,时久难医。

【脉色】　脉象沉紧,口色青白。

【治则】 祛风湿、调气血、通经络为治则。

【处方】

(1)独活败风散

秦艽一两 川楝子八钱 生地七钱 当归七钱 没药八钱 巴戟六钱
茴香七钱 白术五钱 胡芦巴五钱 木通四钱 补骨脂五钱 独活四钱
防己五钱 牛膝四钱 木香四钱 甘草四钱

共为末,开水冲,加黄酒半斤灌之。

(2)痛风方

苍术一两 黄柏五钱 天南星八钱 桂枝八钱 防己五钱 威灵仙五钱
桃仁五钱 红花三钱 龙胆草五钱 羌活八钱 白芷五钱 川芎五钱
神曲一两

共为末,开水冲,候温灌之。

【调理】 拴于暖厩,喂以富有营养的饲料,每日牵遛数次,在秋冬季,应多晒太阳。

九十四、遍身黄

遍身黄是一种肺热生风之症,所以又叫肺风黄。西兽医称之为荨麻疹。

【病因】《元亨疗马集》说"皆因心胸壅极,热注三焦,料毒聚于肠内,垢尘迷塞肌肤,气血相凝,瘀结而成黄也"。又"遍身黄者,邪热凝于毛窍也"。本病主要系外感风邪,内伤热毒,皮肤不洁等原因所致。

【症状】 发病突然,浑身出现大小不一的疙瘩和疹块,口眼虚浮,皮肤燥痒,唇边、眼胞、水门发生浮肿,食欲减退;重者兼喘气,口流清涎,体温升高,食欲废绝。

【脉色】 脉象洪大,唇色鲜红。

【治则】 以祛风败毒、清热凉血为治则。

【处方】

(1)消黄散

黄药子五钱 知母五钱 栀子五钱 大黄一两 黄芩五钱 防风五钱
黄芪一两 白药子五钱 贝母五钱 连翘七钱 郁金五钱 甘草五钱
蝉蜕五钱 朴硝二两

引鸡蛋清五个,米泔水一碗。共为末,开水冲,候温灌之。

(2)消风散

荆芥五钱 防风五钱 牛子八钱 连翘五钱 蝉蜕五钱 生地一两
丹皮八钱 玄参五钱 苦参一两 地肤子五钱 黄芩五钱 山栀五钱
黄芪一两 甘草五钱

共研末,开水冲,加蜂蜜四两、鸡蛋清五个,灌之。

【调理】 拴于清净之所,勿令风吹日晒,忌喂一切生料。

九十五、肺风毛燥

肺风毛燥是一种皮肤瘙痒，鬃毛脱落的疾病。

【病因】《元亨疗马集》说："指因蓄养盛，肉满膘肥，少骑多喂，日久失浴，瘀汗沉于毛窍，垢尘迷塞肌肤，荣卫壅极，热积心胸，传之于肺，肺受其邪，遍传经络也。"。

【症状】 浑身瘙痒，擦树揩桩，尾鬃脱落，皮破成疮，不断用嘴啃咬，被毛呈大片脱落。

【脉色】 膘马热燥者，脉象洪大，口色鲜红。瘦马冬瘙者，脉象沉细，口色如绵。

【治则】 热者，以清热凉血祛风为治则。

寒者，以养血润燥止痒为治则。

【处方】

(1)五参散

党参一两　苦参一两　玄参一两　紫参一两　沙参一两　何首乌一两

秦艽一两

引酸浆水一盅，炙皂角一挺，蜂蜜四两。共为细末，开水冲，候温灌之。

加减：属热者，加生地、黄芩、知母、黄柏、二花、连翘；属寒者，加苍术、荆芥、防风、蔓荆子、威灵仙。

(2)甘草汤

甘草、藜芦、防风、荆芥、皂角、苦参、黄柏、薄荷、臭椿皮各等份。

煎汤带热洗患处，洗后候干，涂以蜡烛油。

【调理】 隔离喂养，夏系凉棚，冬拴暖厩，干土热圈，保持皮肤清洁。

九十六、疥癣

疥癣也称癞，是由于疥虫寄生于家畜皮肤内所引起发痒、脱毛、皮肤破损、消瘦等的一种慢性传染性疾病。各种家畜都可发生。

【病因】 是家畜感染了疥虫所致。如饲养管理不善，营养不良，畜体卫生不好，外卫机能衰弱的时候，当病畜和健畜直接接触时，即可感染。此外，污染有疥虫的用具，如马梳、马槽、鞍具、套绳等以及房舍、场地也可引起感染。被污染的马匹若不马上采取措施进行处理，则因虫体的繁殖蔓延，疾病就会日益严重，并能危及全群，尤以冬春两季，因天寒聚集，传染最易，危害亦最重，甚者可引起死亡。

【症状】 病初在头部或颈部的皮肤上出现小疙瘩或小水泡，到处摩擦，奇痒难忍，以后迅速蔓延于身体其他部位，若不治疗，甚至遍传全身。患部脱毛，皮肤变厚，且因常在硬物上摩擦，而在皮肤上形成创伤和痂皮。有的皮肤破损而流脓血。随着患部的扩大蔓延，病情日益加剧，病畜表现烦躁不安，食欲减退，逐渐消瘦，精神不振，丧失使役能力，尤其在冬春营养不足，饲养不良的情况下，可引起死亡。

【治则】 以杀灭疥虫为主。

【处方】

(1)硫黄粉一斤 用清油熬成软膏,涂擦患部。

(2)硫黄半斤 陈石灰三斤 百部四两 花椒半斤 食盐一两

共研极细末,用清油涂擦患部。

(3)狼毒一斤 大枫子三钱 硫黄一两 巴豆三钱 木鳖子一两

(大枫子、巴豆、木鳖子均去皮)

共为细末,每剂半两,清油半斤熬开冲药,搅匀涂擦患部。

(4)敌百虫 1 克,溶解于 100 毫升水中,涂擦患部。

【调理】 专槽隔离喂养,多给富有营养的草料。

【预防】 本病在治疗的同时,必须加强预防,预防以隔离消毒为主。新购入的牲畜应隔离三星期,仔细观察有无瘙痒表现,皮肤有无水泡、脱毛及痂皮等症状,如完全正常,方可与健康马群混饲。治疗后病愈的马,须隔离看管一月左右,待确实痊愈不再复发后,才可归原群饲养。病畜住过的厩舍、场地及食槽等用具,都须用碱水消毒,绳套则最好用碱水煮过。清扫出来的垃圾、粪便等须进行堆积发酵。

九十七、湿疹

湿疹是湿热之毒浸注皮肤的一种疾病。

【病因】 多由暑月炎天,出汗太多,尘垢郁塞毛窍,失于刷洗皮毛,湿热之毒,熏蒸皮肤而致病。

【症状】 初期皮肤微热而肿胀,并生有很多小泡,泡破后流出黄水,进而浸淫其他部分以至全身,家畜瘙痒不堪,擦树揩桩,鬃毛脱落。

【治则】 以清热除湿、消风止痒为治则。

【处方】

(1)方一

归尾三钱 赤芍三钱 生地一两 川芎五钱 苦参一两 胡麻仁一两

蒺藜三钱 丹皮五钱 黄柏一两 甘草五钱 土茯苓八钱 蒲公英一两

蝉蜕五钱 地肤子五钱

共研末,开水冲,候温灌之。

(2)方二

荆芥五钱 防风五钱 石膏八钱 知母八钱 苦参一两 牛膝八钱

白芷五钱 蝉蜕五钱 木通五钱 黄柏八钱 甘草五钱

共为末,开水冲,候温灌之。

(3)方三

荞麦面五斤 明净硫黄十斤(为末),白面五斤。

上药以清水为拌,干湿得宜,捏成薄片,微晒,草纸包裹,风中阴干备用。临用时研成细末,新汲水调敷。

(4)方四

明雄五钱 石矾一两 黄柏二两 石膏二两 大黄一两 青黛五钱

共为极细末,水调为糊,涂患处。

【调理】 保持厩舍干燥清洁，病畜隔离喂养，注意畜体卫生。

九十八、虚劳

虚劳是由脏腑亏损，元气虚弱所致的多种慢性病症的总称。以年老家畜患者居多。

【病因】 虚劳的病因较多，归纳而言，多由劳伤过度，草料供应不足，饲养不良以及久病失治等因所致。如劳役太重，损伤某脏，一脏受损，累及他脏，可以引五脏机能失调，脏精亏损，而成虚劳。或饲喂不善，饥饱不均，营养不足，损伤脾胃之气，不能化生气血，气血不足，内不能供养五脏六腑，外不能滋养肌肉、筋脉，渐至表里俱虚，容易感受外邪，病邪内侵，复伤气血，如此反复，病势日深，虚损愈重，而成本病。或大病之后，失于调养；或邪气久留，迁延失治，而正气耗伤；或产后护理不当，过早使役；或其他慢性疾病，日久不愈，反复传变，精气难复等，都可以发展成为虚劳之证。

【症状】 精神沉郁，耳耷头低。身瘦毛焦，行走无力，腰脊板硬，后躯摇晃，下唇松弛，口唇沥涎，眼窝深陷，流泪多眵，咳嗽，流鼻，轻度喘气，大便干燥或长期泄泻，病重时，胸下、腹下、四肢出现浮肿，常卧地不起。

【脉色】 脉象沉细无力，口色青白无光。

【治则】 以大补气血、调养五脏为治则。

【处方】

(1)大七补散

知母三钱　贝母三钱　防己三钱　瓜蒌三钱　桔梗三钱　青皮三钱
陈皮三钱　干姜三钱　豆蔻三钱　虎骨三钱　白芍三钱　当归三钱
大黄三钱　党参三钱　补骨脂三钱　茯苓三钱　甘草三钱　茴香三钱
茵陈三钱　益智三钱　白芷三钱　槟榔三钱　肉桂三钱　木香三钱

共为末，开水冲，加猪油半斤，内服。

(2)精简七补散

党参一两　炒白芍一两　白茯苓一两　疾草四两　炙黄芪一两　山药八钱
炒枣仁五两　当归两半　秦艽七钱　陈皮五钱　川楝子七钱　醋香附八钱
麦芽八钱

共为末，开水冲，候温灌之。隔日一剂，共服五剂或七剂。同时增加饲料，加强护理。

加减：四肢疼痛把前把后者，加炒乳香五钱；腰背硬者，加续断七钱、牛膝四钱、木瓜四钱；有鼻脓者，加百合一两、花粉四钱；咳嗽者，加天冬三钱、麦冬三钱、炙杏仁五钱、冬花四钱。

(3)酵母片　40～60片

加水一次内服。

(4)10%葡萄糖液　1500毫升
　40%乌洛托品　40毫升
　20%安钠咖　10毫升
　抗坏血酸　150毫克

混合一次静脉注射。

【调理】 充分休息，增加草料，喂给易消化富有营养的草料。冬拴暖厩，夏系凉棚。

第二章 牛 病

一、舌疮

舌疮乃心经积热、上冲于舌，或异物刺伤舌体、致使舌生疮的一种疾病。

【病因】 由于心经积热，上攻于舌，致使舌体肿胀，继而溃疡成疮。其他如草料不净，混有尖锐物质，如木片、铁丝、钉子、玻璃碴等，刺伤舌体亦可引起舌疮。此外，误食过热物质和毒草等，都能引发本病。

【症状】 精神沉郁，口内流涎，口舌灼热，出现灰白色的小疙瘩或红色的烂斑，甚至溃烂出血，同时采食畏痛，咀嚼困难。

【诊断】 舌部肿胀疼痛，溃烂成疮，口内流涎，咀嚼困难，为本病之主症。但由于病因之不同，其症状亦有所差异，如舌红肿，出现疙瘩，继而破溃成疮者，多为心火上炎；若局部微肿，溃破出血或有异物者，多属异物刺伤，或以吃过热物质引起。

【治则】 根据病因，按症施治。如系心经热甚者，除针刺舌底放血外，患部宜涂搽冰青散，并服凉膈散。若因异物刺伤的引起溃烂者，须用硼砂水或白矾水洗口，并除去危害物，再于患部涂搽上述外用药，内服黄连解毒汤。

【处方】

(1)冰青散

冰片四钱　青黛三钱　皮硝一两　薄荷冰二钱　滑石二两

共研细末，调蜂蜜涂舌上，每日二次。

(2)凉膈散

桔梗二两　连翘二两　金银花二两　麦冬一两　玄参一两　花粉一两
丹皮一两　栀子一两　知母一两　白药子一两　黄药子八钱　甘草八钱

共研细末，引蜂蜜四两，分为二次，温水调灌。

(3)黄连解毒汤

川黄连五钱　黄柏七钱　黄芩七钱　栀子八钱　甘草三钱　生石膏一两
牛蒡子六钱

共煎水，待凉灌之。

【调理】 停止使役，喂以青草和富有营养的软草、软料。

【预防】 烈日炎天注意调节使役，喂草时清除草内夹杂之尖锐异物，以免刺伤舌体。

二、中暑

中暑是暑热炎天，热气熏蒸致使心肺热极、气血瘀滞的一种急性热病。暑为六淫之一，故《内经·素问》指出“夏令天气，在天为热，在地为火，其性为暑”。本病多发于夏季和秋初。

【病因】 由于气候炎热，牛体久受强烈日光暴晒，再加剧烈劳役，或牛圈窄小，过于拥挤，空气不畅，以致热气熏蒸，胸中积热，心肺壅极，气血郁滞，致成其病。

【症状】 猝然发病，精神不振，目瞪头低，步态不稳，尾少摇动，呼吸迫促，口流白沫、被毛竖立，口、耳、角、皮肤均热。病重时，神昏发狂，用力吼叫，奔驰乱跑，两眼急睁，结膜红赤，浑身肉颤，汗出如油；后期步态蹒跚，四肢发冷，舌色青紫，浑身颤抖出汗，倒地不起而死亡。

【诊断】 猝然发病，目瞪头低，口流白沫，尾不摇摆，身颤出汗，为本病的主症。再结合气候和使役情况，就可初步诊断为本病。

【脉色】 初期脉象洪大，口色赤红；后期脉象沉细，口色青紫。

【治则】 此为急性热病，首先采取救急疗法。用布片蒙于病畜头上，冷水淋之或用新汲井水灌之，同时彻耳尖、大脉、尾尖、八契等血。病势稍减后以清心解暑为治则，内服茯神散或清暑散。

【处方】

(1)茯神散

茯神一两　朱砂三钱　雄黄三钱　黄连五钱　香薷一两　山栀一两
花粉一两　滑石二两　生地一两　甘草一两

共研末，开水冲，加猪胆二个取汁，灌之。

(2)清暑散

香薷二两　白扁豆一两　麦冬八钱　薄荷八钱　藿香六钱　木通二两
茵陈六钱　白菊花一两　牙皂六钱　茯苓八钱　菖蒲六钱　二花六钱
甘草二两

共煎水灌之。

【调理】 拴于通风清凉之处，安静休息，水浸青草喂之。

三、心虚

心虚乃劳役过甚，蓄养失调，久病身衰，血不养心，中气耗损的一种疾病。以较老弱者为多患，并多见于冬春两季。

【病因】 饲养失宜，少食少饮，或使役过重，劳伤心脏，致使心血亏虚而患此病。此外在患其他病后，如外伤性出血过多，亦可诱发此症。

【症状】 精神倦怠，头垂耳低，食欲减退，反刍失常，行走无力，微发虚喘，眼眶凹陷，毛焦身瘦，心悸怔忡。重则卧地不起，或四肢发生浮肿。

【脉色】 脉象迟细，口色苍白。

【诊断】 精神短少，心悸怔忡，微发虚喘，为本病之主症。如及时治疗，注意调理，尚可恢复；若拖延日久，卧地不起，多致死亡。

【治则】 本病多属虚证，以补血益气为治则。

【处方】

(1)大补散

党参一两　肉桂八钱　甘草八钱　白术一两六钱　黄芪一两六钱　白芍一两六钱

当归一两六钱　川芎一两六钱　熟地一两六钱　陈皮一两六钱

共研末，分二次温水灌之。

(2)党参散

党参一两　沙参二两　茯苓一两　白术一两　山药二两　玉竹一两

辰砂三钱　白蔻五钱　厚朴二两　陈皮一两　甘草四钱　续断二钱

共合混调麦麸，分二次喂，连续二剂。

【调理】 停止使役，牧放野外，喂以富有营养而易消化的草料，每日早晨可喂生鸡蛋二个、清油二两，连喂半月。

四、心痛（心气痛）

心痛是胸脘部疼痛的统称，泛指心脏本身病损所致的一种病证。

【病因】 多因天气炎热，使役太急，邪热积于胸中，外冲包络，致使心经不宁，遂成其患。此外，饱后负重，急上高岗，或猛下陡坡，以及角斗、跌扑等损伤包络，致使血瘀气滞，亦能发生心痛之症。

【症状】 发病猝然，精神不振，食欲减退，反刍减少，两耳及体表发烧，眼角发红，大便秘涩，小便不利，色呈深黄，站立时前肢张开，呼吸有声；痛甚时，起卧吼叫不安，胸前出汗，四肢发冷。

【脉色】 热痛者，初期口色赤红，脉象洪数；心痛严重者舌红脉涩。

【诊断】 热痛者，初期耳朵发烧，尿色深黄或红褐。如现鼻发冷，前肢发颤，胸部出汗者，则为心痛严重的象征。若为跌扑损伤所致，则兼有受伤病史。

【治则】 热痛者，以安神定心，清解胸热为治则，服镇心散治之。若损伤引起心痛者，则以散瘀止痛为主，一般宜服玄胡散。

【处方】

(1)镇心散

柏子仁一两　生地一两　茯神一两　大黄一两　黄连五钱　远志五钱

石菖蒲七钱　郁金五钱　栀子八钱　麦冬八钱　甘草四钱

共研细末，引鸡蛋清七个，冷水调灌。

(2)玄胡散

玄胡一两六钱　没药一两　甘草八钱　五灵脂一两二钱　当归一两　红花六钱

共为细末，烧酒四两为引，分二次温水调灌。

【调理】 拴于清凉安静之处。

五、心黄

心黄是一种急性热证。由于热邪侵入心胸，致使心血瘀积而引起。本病多发于夏季，乃卒急危症。如能及时治疗，施以清心解热消毒之剂，尚可挽救，但一般说来，多预后不良。

【病因】 烈日暴晒，暑气熏蒸，劳役过急，以致热积三焦，心受其邪，致使瘀血郁滞而成此病。

【症状】 病初精神兴奋，气促喘粗，两眼发红，体表发烧，乱走若狂。《元亨疗马集》云："心黄得病走癫狂，眼目睁开尾掉张。"以后兴奋与沉郁交替出现，吼叫无力。严重时，精神恍惚，全身肉颤出汗，猝然倒地很快死亡。

【脉色】 脉象洪大，舌色赤紫。

【诊断】 睁眼掉尾，吼叫无力，两眼发红为本病之主症。临诊时，宜与心风狂鉴别，心风狂多神乱发狂，吼叫有力，有时还有舐泥土的症状。

【治则】 治宜先针后药。针宜彻胸堂、知甘血，同时用清水洗口。药以退热解毒清心安神为主，一般可选用洗心散、远志散。

【处方】

(1)洗心散

川黄连两半 大黄三两 栀子仁二两 郁金一两二钱 万年青三两 茯神三两
玄参两半 生地二两 黄芩一两二钱 连翘二两 寒水石三两

共研细末，分为三剂，每隔四至六小时用温水调灌一剂。

(2)远志散

远志五钱 当归六钱 玄参三钱 白芷三钱 黄药三钱 白药四钱
黄芩四钱 茯神五钱 黄连四钱 牛蒡子五钱 木通三钱 大黄四钱
青黛四钱 贝母四钱 麦冬二钱 栀子四钱 枇杷叶五钱

共研末，另取竹叶三钱，煎水冲药，待温加朱砂三钱，混合灌之。

【调理】 拴于清凉安静之处，井泉水饮之。

六、心风狂

心风狂乃胸膈积热、热极生风、痰迷心窍之症。《元亨疗马集·牛经》云："牛患心风走似獐，作声心热宛如汤，此病从来心脏起，吃土损肝眼赤黄。"

【病因】 内伤劳役，外受热邪，热极化毒，积于五脏，以心、肝、肺受病为重，热极而生风，致使痰迷心窍，神乱发狂。

【症状】 神昏狂乱，舔食泥土，眼急惊惶，大眼角发红，眼珠发黄，气促喘粗，吼叫有力，奔驰乱跑，重者胸前出汗，口流白沫。

【脉色】 脉象洪数，口色赤红。

【诊断】 神昏狂乱，奔驰吼叫，眼珠发黄，舔食泥土，为本病之主症。如及时治疗，预后尚好。

【治则】 此病因热极生风所生，治宜清热解毒祛风安神。可选用下方治之。

【处方】

(1)朱砂散

朱砂三钱　茯神一两　黄连七钱　大黄一两　栀子一两　党参七钱

生地八钱　远志七钱

共为细末，沸水冲，候凉加鸡蛋清五个、蜂蜜四两，混合灌之。

(2)镇心散

茯苓二两　远志二两　黄芩二两二钱　知母二两五钱　蒲黄四钱

栀子二两四钱　知母两半　藁本两半　朴硝四两

共研为末，分三次，温水调灌立效。

注：此方根据《元亨疗马集》镇心散方加朴硝。

【调理】 拴于清凉安静之处，用井底泥或阴凉处的泥浆，调敷于胸胁部，以助清热，干则换敷。

七、脑黄

脑黄是心肺受热上注于脑而生的一种黄症。临床不常见。

【病因】 使役过重，或受热邪，热毒积于心肺，上注于脑而生黄，故《元亨疗马集》有"久热积盛聚脑中"之说。

【症状】 病初精神委顿，食欲减少，继之则食欲、反刍废绝，有时呈现睡觉状态，将头依靠墙壁或木桩上，或作圆圈形的旋转，后肢无力，有时大便干燥，小便短赤，背部肌肤颤抖，呼吸似有鼾声，视力减弱。病势严重时，则出现狂行乱走、磨齿伸头，或头向后弯、口流白沫、两眼上翻以及出汗等症状。

【脉色】 口色赤紫，脉象洪数。

【诊断】 头依墙壁，或不时旋转，皆为本病之主症。《元亨疗马集·牛经》对此病的描述是"盘身宛转作旋风"。

【治则】 本病虽属热证，但热极则生风，故以解热消风为主。用定风明目散、天麻散内服。

【处方】

(1)定风明目散

天竹黄五钱　防风五钱　菊花五钱　旋复花五钱　蝉蜕五钱　石决明一两

决明子一两　白蒺藜一两　甘草一两　青葙子一两

共研细末，温水调灌，连服三五剂。

(2)天麻散

天麻四钱　白僵蚕八钱　生石膏一两　夏枯草六钱　川芎六钱　黄芩六钱

白芷六钱　生地六钱　荆芥六钱　防风六钱　钩藤六钱　天竹黄五钱

甘草三钱

共研细末，温水调灌，连服三五剂。

(3)生南星二钱　生石膏四两

研成细末，用鸡蛋清调成糊状，敷于天门穴，用布包扎，三至四小时后去掉，必要时第二日再敷一次。

【调理】 放于安静之处,水浸青草喂之,并以石膏、野菊花浸泡凉水,给牛饮之。

八、痫病(羊羔风)

痫病一般指癫痫。俗称"羊角风"或"羊癫风",是短暂的大脑功能障碍的一种慢性疾病。

【病因】 本病多见于体质较差的小口牛,可分为自痫和胎痫两种。

(1)自痫　为自患其疾。由于劳役过度,气血亏伤,或外感风邪,三焦积热,痰涎郁滞于心,致使精神昏迷,四肢抽搐,遂发此症。

(2)胎痫　为胎中所患,是仔畜在母畜腹中发育时,母畜受惊或过劳,致使初产仔畜发生痫病。

此病的发生常与气候有关,当天气多为阴雨,因受风寒,多易致病。

【症状】 突然神昏倒地,四肢抽搐,两眼上翻,头向后弯,口流白沫,呻吟嘶叫;但时间不久,则气顺痰消,神志清醒,起立后小便,此时即一如健畜。

【诊断】 突然倒地,口吐白沫,两眼上翻,四肢抽搐,移时则神志清醒,为本病之主症。本病多易治愈,但常有复发之患。

【治则】 以养血滋阴、降火祛痰为治则。一般可内服滋阴宁神汤或方二,同时施行剪耳手术。

【处方】

(1)滋阴宁神汤

当归一两四钱　川芎一两四钱　白芍一两四钱　熟地一两四钱　党参一两四钱
白术一两四钱　远志一两四钱　茯神二两　南星八钱　法半夏一两
酒黄连六钱　枣仁六钱　甘草六钱　生姜一两

共煎水去渣,分两次灌之。

注: 本方系根据人医方加减。

(2)方二

生明矾二两研末　鸡蛋清五个

温水调灌,隔二日喂一次,连喂三四剂。

(3)剪耳术　公牛剪左耳,母牛剪右耳。手术时用剪刀将耳尖剪开约一寸五分长的直口,若出血不止,用麻绳将耳根扎紧,血止乃去线。

【调理】 治疗期间停止劳役,加强饲养,栏舍宜宽敞清静,地面垫软草。曾经发过此病的牛,不宜放牧于山上或河边,以防发病时造成跌伤或淹死等意外。

九、肝热传眼

肝热传眼为气候炎热,肝火上炎,引起眼红肿痛的常见眼病,以夏秋两季发病较多。

【病因】 本病可分为实火与虚火两种。

(1)实火　暑月炎天,负重奔走过急,由于外感暑气熏蒸,内伤劳役过重,以致热积三焦,郁而不解，肝受其邪，外传于眼，发生眼红肿痛。此为实火，较为多见。

(2)虚火 饲养不良，过度劳役，以致损伤肾气，肾水亏虚，不能滋养肝木，致使虚火上升，亦能发生眼红肿痛。此属虚火。

【症状】 不论实火虚火，初期眼睛发痛，羞明流泪，眼角生眵，闭目难睁；继之肿痛，有时乌睛上出现小白点，逐渐增大，形成翳膜，遮盖瞳人；重则失明。

【脉色】 实火口内微热赤红；虚火口内较淡红。

【诊断】 眼睛红肿发痛，流泪生眵者为实火；病眼虚浮隐痛而流泪者为虚火。

【治则】 依发病原因不同分别治之。如肾虚肝燥者，应用加味杞菊地黄汤以滋阴补肾、平肝明目；若实火者，宜服龙胆泻肝散以泻火祛风、清肝明目。若目中生翳者，上述处方加木贼草以退翳，外用菊花煎水洗之，同时点以眼药。如翳膜未退，宜用硝冰散点之。

【处方】

(1)加味杞菊地黄汤

枸杞五钱 菊花五钱 补骨脂五钱 熟地黄一两 防风五钱 荆芥五钱
甘草五钱 青葙子一两 夜明砂一两 制僵蚕五钱 淡竹叶五钱 薄荷叶五钱

煎水待温灌之。每日一剂，服三至五日。

(2)龙胆泻肝散

龙胆草五钱 柴胡五钱 黄芩五钱 生地五钱 防风五钱 荆芥五钱
石决明一两 青葙子四钱 蝉蜕三钱 甘草三钱 大黄一两 菊花七钱

共研为末，温水调灌。

(3)眼药

冰片三分 飞甘石六分 胆矾一分

共研为细面点眼，每日早晚各一次。

(4)硝冰散

牙硝九分 梅片一分

共研为细末，每次取少许点眼，一日一次，连用二日。

【调理】 病牛养于清凉阴暗之处，喂以青草，饮以清凉水，停止使役，一切生料暂忌。

十、外障眼

外障眼是一种风热传眼致使睛生翳膜、遮蔽瞳人的疾病。多发于夏秋季节，特别是暑热炎天。

【病因】 本病多系外感风热或内伤劳役所致。如暑月炎天，奔走过急，外受暑气熏蒸，热邪乘虚侵入，肝受其邪，外传于眼；或内伤劳役过重，肾水亏虚，相火妄动，使其心君不安而刑肝木，肝火上注于眼。此外，头部黄症虽愈而残毒未尽，亦可流注于眼，引起本病。

【症状】 眼胞红肿，眼角红瘀，睛生翳膜，时有流泪，痛痒难当，羞明怕日，眵盛难睁，行走如痴，碰壁冲墙。有的大便干燥，尿色红黄。

【脉色】 脉象弦数，舌色赤红。

【诊断】 眼胞肿痛发痒，睛生翳膜为本病之主症。

【治则】 以泻肝祛风、清火明目为治则。

【处方】

（1）防风汤

防风一两　黄芩一两　荆芥一两　黄连六钱　青葙子六钱　甘草五钱

蝉蜕五钱　没药八钱　石决明八钱　决明子八钱　龙胆草八钱

黄柏（酒炒）八钱　知母（酒炒）八钱

煎水候温，分二次灌之，每次灌时加蜂蜜二两、鸡蛋清三个。病轻服二至三剂，病重翳甚者，加木贼草、菊花各一两，每日一剂，连服五至七剂。

注：本方根据《元亨疗马集》防风散方加黄柏、知母。

（2）菊花散

菊花二两　银花一两　白芷一两　防风一两　石膏二两　僵蚕一两

蝉蜕六钱　大黄二两　北辛四钱　黄柏一两　柴胡一两　甘草三钱

引青蒿二两

煎水待温，分二次服。

（3）盐竹丹

取鲜竹子一筒，两端留节，一端钻一小孔，将食盐装入筒内，用纸塞其孔，放炭火上烘烤，以竹筒至焦枯为度，取出去竹留盐，研细装瓶待用。每次取少许点入眼中，一日点二三次，翳膜可消。

【调理】　拴于阴暗安静之处，喂以青草，一切生料暂忌。

注：本病发生较快，如能及时治疗，一般病轻者内服一二剂药，即可治愈；若病重翳膜甚者，必须多服几剂，以肿消翳退为止。治疗时不可中断，否则由轻转重，易致失明。

十一、肝风

肝风就是肝经热极生风。肝属木，木生火，火炎则木自焚而生风。具体说来，乃内外热邪窜注肝经所致。筋为肝血所养，故肝风旁达四肢，伤其经络，则出现肢体拘急之症，“风伤筋”即为此理。

【病因】　在亢阳烈日下，暑热厥蒸或久渴未饮，积热攻肝，致使久郁不舒，风即从此而生。当使役过累时，身热汗出，多受风邪，致使表寒里热，热邪难出，壅积于肝，久之生风，形成内外合邪之症。

【症状】　病初草料减少，两耳发热，眼胞微肿，舌色青红。二三日后，口吐白沫，两眼上翻，偏头斜视，四肢拘急，起卧不便。

【脉色】　舌色青红，脉象洪弦。

【诊断】　偏头斜视，两眼上翻，四肢拘急等为本病之主症。本病初期易治，若拖延失治，倒地难起者多难治愈。

【治则】　本病属风症，若郁热伤肝者，应以活血凉血为主，再佐以搜风解热之剂，所谓“治风先治血，血行风自灭”。

【处方】

清肝散

柴胡七钱 生地一两 归尾八钱 白芍八钱 龙胆草八钱 菊花七钱

荆芥五钱 防风六钱 川芎五钱 钩藤五钱

共研成末，开水冲调，待温灌之。每日一剂，连服三剂。

【调理】 将病牛拴于干燥、清洁之处，分槽喂养以免乱跌，多喂营养丰富的草料。

【预防】 重役大汗后，勿使牛急入河沟水浴或受大雨暴风的侵袭。当暑热炎天时，使役中应适当让牛休息，且喂以足够的水草。

十二、内障眼

内障眼因劳役过度、热毒伤肝致使翳膜凝于瞳面之症。有黄风障和乌风障两种。

【病因】 由于天气炎热，地气熏蒸，以致外感热邪侵入内脏，热毒冲肝，外传于眼，即发此症。劳伤过度，肝肾两虚，五脏精气不能上注于目，睛失其养，眼则浑矇。

【症状】 病初两目混浊，呈现黄色，牵行乱走，撞壁冲墙，瞳人逐渐散大，呈青绿色而失明。

【诊断】 由于发病原因不同，其症状亦有所区别。

(1)黄风障 一般在黑白睛中现一片混浊，呈现黄色，虽两目混浊，尚能视物。

(2)乌风障 则两目昏暗，呈现青绿色。

一般说来，黄风障较轻，尚有治愈的希望；乌风障难医，病畜多致失明。

【治则】 本病尚无有效可靠方剂治疗，下列各方仅供试用。

【处方】

(1)泻肝散

石决明一两 决明子七钱 龙胆草七钱 旋复花七钱 青葙子七钱 栀子七钱

郁金七钱 黄连五钱 甘草五钱

共研末，白羊肝切碎煮数沸，冲药候温灌之(无白羊肝也可)。每日一剂，连服三五剂。

(2)补精补肾散

党参五钱 白术五钱 川芎五钱 山药八钱 苁蓉八钱 茯苓八钱

青葙子七钱 白蒺藜七钱 木贼草四钱 菊花四钱 密蒙花四钱 防风四钱

牛膝四钱 羌活四钱 甘草三钱

共研极细，蜂蜜二两为引，温水调灌。一日一剂，可连服五至七剂。

(3)方三

熟地四钱 丹皮六钱 全归六钱 决明子六钱 白芍六钱 川芎五钱

车前子五钱 茯苓八钱 菊花五钱 青葙子五钱 菟丝子八钱 蒺藜六钱

煎汤灌之。

【调理】 停止使役，拴于清凉之处，喂以青草、麦麸等富有营养的饲料，且以少许食盐化水饮之。

十三、肝黄

肝黄乃肝经积热而生黄之症。多发生于热季。此症多发于水牛。

【病因】 由于暑热侵袭，兼之使役过急过重，因热入池塘江河，热邪蕴积胸膈，心火旺盛，子病传母，所谓“心火炎，而肝木焚”，肝即受邪，目色乃现赤黄，重则青黑。此外，食霉烂的草料，亦能引起本症。

【症状】 食欲、反刍停止，流稠涎，体表发热，精神恍惚，烦躁不安，不时昂头摆尾或左右回顾，眼胞肿胀流泪，眼膜赤黄，呼吸喘促，乱走吼叫，口吐白沫，偏头斜视。

【脉色】 脉象弦数，舌色青紫，舌苔白厚。

【诊断】 本病的主症是烦躁不安，头时低时昂或左右回顾，眼胞肿胀，奔驰乱走。

【治则】 宜泻火、解毒、消黄、调和肝气为治则。本病宜急治，切勿拖延失治。

【处方】

(1)天竹黄散

天竹黄一两二钱　石决明二两　大黄三两　朴硝二两　枳实一两四钱
青葙子一两　玄参二两　柴胡一两六钱　黄芩一两　龙胆草一两四钱
甘草八钱　生地二两

共研细末，分二次温水调灌。

(2)方二

生地一两　柴胡一两　龙胆草八钱　木通一两　泽泻六钱　车前子八钱
栀子八钱　淡竹叶六钱　黄芩八钱　大黄一两　天竹黄八钱　木贼草一两
生石膏六钱　甘草三钱　皂角刺一两

水煎去渣，候温灌之。

(3)方三

当归六钱　川芎五钱　柴胡六钱　茯苓五钱　银花一两　赤芍五钱
栀子一两　蝉蜕四钱　僵蚕四钱　花椒根一两　黄连五钱　大黄一两
桑皮六钱　龙胆草一两　蜈蚣二条　车前五钱　蒲公英一两　夏枯草六钱

将上药捣细，煎水待冷，加入绿豆浆灌之。

【调理】 病畜移于清凉安静之处，喂以富有营养的饲料，多饮清凉之水，避免日晒，勿喂霉烂饲料。

十四、胆胀

胆胀乃肝病累及于胆，使胆液下泄不畅而发胀的一种疾病。肝为脏，胆为腑，胆液靠肝脏之精血滋养，肝经发病，多涉及于胆，故临床上常见肝脏有热而引起胆胀。《元亨疗马集》说“肝胆夫妻一路行”。

【病因】 由于剧烈劳役，或暑月炎天，使役带汗，突被风雨侵袭，致使汗孔闭塞，内热不得外泄，热邪侵入肝经，继而传之于胆，使胆道郁滞而发胀。

【症状】 发病猝然，初期精神倦怠，头垂耳低，耳朵和四肢发冷，眼睛赤黄或眼胞肿胀，流泪不止，正如《元亨疗马集》所说“眼泪汪汪是胆胀”，大便干，小便黄，继则背拱尾夹，大便泻如黄浆，呼气短而吸气长；后期两眼痴瞪，喉中哮喘，头垂贴地，大便泻黑水，腥臭难闻，颈部抽缩。

【诊断】 口内灼热，舌色红爆。以发病猝然，精神倦怠，两眼发黄流泪，大便泄泻，颈部抽缩为主证。初期一般预后良好；如喉中呃逆，头垂贴地，大便泻黑水，腥臭难闻，预后多不良。

【脉色】 脉象洪大，口舌红燥。

【治则】 本病系肝胆热邪所致，应以泻肝利胆、清热消瘀为治则。

【处方】

(1)方一

柴胡六钱　青皮八钱　郁金一两　栀子一两　黄芩八钱　龙胆草两半

胡黄连六钱　决明子一两　茵陈一两　菊花四钱　甘草三钱

共为细末，开水冲，猪胆一个为引，同调候温一次灌之。

加减： 病初大便不泻者，服上方一剂。如大便泻黄浆者，可加白芍八钱、泽泻一两、车前子六钱；若大便泻黑水腥臭者，可加炒黄柏五钱、苦参一两、地榆八钱。连服三剂。

(2)方二

柴胡八钱　胆草一两　山栀八钱　黄芩八钱　茵陈一两　银花一两

连翘一两　大青叶一两　大黄一两　元明粉一两

共为末，开水冲，引蛋清八个，混合灌之。

【调理】 病牛拴于阴凉之处，喂以容易消化的草料，忌喂生草料。

十五、脾气痛

脾气痛是因外感风寒，内伤阴冷，致使脾气不和，气逆作痛的一种疾病。

【病因】 由于饲养管理不良，外受风寒霜露及阴雨浇淋，或空腹饮冷水太过，冷气伤于脾胃，致使胃火弱而脾阳衰，脾气不和，气凝而作痛。

【症状】 不食水草，反刍停止，耳鼻俱冷，起卧不安，有时肌肉战栗，两眼翻睛，回头左顾；病重时伸头伏卧于地下，常发哽气。

【脉色】 舌色白而带黄，脉象沉迟。

【诊断】 起卧不安，有时回头左顾为本病之主症。

【治则】 本病属寒证，故以温脾、暖胃、散寒为主。

【处方】

(1)调中散

吴茱萸一两六钱　良姜一两　肉桂八钱　香附子(醋炒)二两　藿香二两　没药一两

延胡索一两四钱

共研细末，加烧酒四两为引，分二次温水调灌。

(2)温中散

白术一两　厚朴一两　陈皮一两　当归一两　肉桂一两　槟榔一两

青皮一两　枳壳一两　干姜一两　泽泻一两　茯苓一两　甘草八钱

食盐(炒)三钱

共研细末，引用烧酒二两、葱一钱，分二次煎水调灌。

【调理】 放于温暖厩舍，用炒麦麸或温盐水喂给，再用旧棉絮烘热，覆盖左腹部，冷后再更换。

十六、脾虚慢草

脾虚慢草是由于脾脏运化功能减弱而致水草迟细、消化不良的一种疾病。脾旺于长夏，四季皆荣，所谓“脾灌四旁”。脾如虚弱，运化失职，则易引起本症。是牛、羊等反刍动物的常见病。

【病因】 多因饮喂失调，或劳伤过度，耗损气血，致使脾虚胃弱，引起水谷运化失常，不能腐熟水谷，输送精微，营养全身，久则畜体日渐瘦弱，水草减少，即成脾虚慢草之症。其他疾病如宿草不转、瘤胃臌胀、百叶干、产后瘫痪、肝病、慢性中毒等也可导致本病的发生。

【症状】 病初精神委顿，头垂耳低，水草迟细，食欲减退，毛焦肷吊；日久则四肢无力，逐渐瘦弱，毛粗无光，四肢虚肿，眼胞微浮，有时泄泻，大便稀而夹有未消化的料粒草渣。

【脉色】 脉象迟细，口色青白。

【诊断】 少食少饮，毛焦肷吊，逐渐消瘦，为本病之主症。

【治则】 以健脾和胃为治则。

【处方】

(1)扶脾散

白术五钱　党参五钱　黄芪五钱　茯苓一两　泽泻六钱　青皮四钱
木香四钱　厚朴四钱　甘草三钱　苍术五钱

共研细末，温水调服。连喂数剂。

(2)健脾散

肉桂五钱　厚朴一两　茴香八钱　青皮五钱　陈皮一两　甘草五钱
苍术一两　五味子五钱　白术二两　木香五钱

共为细末，开水冲，一次灌之。隔日一剂，连服三剂。

【调理】 停止使役，先停食一至二日，之后喂以富有营养而易消化的饲料。戒忌饮冷水，受风寒。

十七、宿水停脐

宿水停脐是脾肾阳气亏虚，水湿运化失常，肠中水液渗出肠外，潴留腹腔之内，积于脐下的慢性的、渐进性的消耗性病证，又名停留宿水。

【病因】 由于饲养不良，劳伤虚损，或空腹过饮浊水，失于牵散，水湿不化，久则积于腹内，遂成此病。

【症状】 初期症状不明显，继则精神不振，食欲、反刍减少，体瘦毛焦，行走无力，肷部凹陷，下腹膨大，尿量短少，牵行时有时听到腹内有水荡声，舌下或下唇内面有时生有粟米大的白色水泡，病重者有时腹下及四肢膝下浮肿。

【脉色】 口色青黄，脉象沉细。

【诊断】 本病的主症是肷部凹陷，腹下膨大，触按腹部有时可听到水荡声。

【治则】 本病较难治疗。一般以补脾理气、利水渗湿为主，宜彻云门穴，放出宿水。

【处方】

(1)茵陈散

茵陈三两 砂仁一两 前胡一两六钱 泽泻二两 陈皮八钱 木通一两

川朴八钱 党参一两四钱 白术一两二钱 茯苓二两 苍术一两

滑石二两 甘草五钱

共研细末,分二次温水调服。

(2)方二

茯苓一两 砂仁四钱 广木香四钱 陈皮七钱 青皮五钱 厚朴五钱

猪苓七钱 泽泻七钱 神曲八钱 木通八钱 滑石一两 茵陈二两

菖蒲六钱

共研细末,温水调服。喂二剂后减去木通、滑石,加小茴香、巴戟、补骨脂各七钱,再服二剂。

(3)方三

生牛子一两 茯苓二两 猪苓一两 泽泻一两 厚朴八钱 白术六钱

陈皮六钱 槟榔八钱 柴胡六钱 苍术八钱 砂仁四钱 青皮六钱

茴香六钱

共研细末,生姜一两(切细)、淡醋二两为引,温水调灌。

【调理】 停止劳役,增加草料,勿饮冷水,熟米汤一日二次饮之。

十八、感冒

感冒是外感风寒或风热引起的一种疾病。虽然《元亨疗马集·牛经》里没有感冒的记载,但在临床上却为常见。

【病因】 多因天气骤变,忽冷忽热,或因劳役带汗毛孔舒张时,突受寒风冷雨侵袭,或劳役方休带汗卸鞍,病毒乘虚而入,以致毛孔闭塞,腠理不通,内热不能外泄,而成此病。

【症状】 病初精神不振,食欲、反刍减少,被毛竖立,鼻流清涕,有时咳嗽,咯痰稀白;病重时则食欲、反刍停止,皮温冷热不均,体温可高达 40~42℃,皮肤冷热不均,耳及四肢厥冷,浑身颤抖,甚至痉挛,或见四肢僵硬,步态不稳或瘸腿,有的四肢无力,卧多立少,鼻流浓涕,咳嗽发喘,口流涎沫,小便短黄,大便干少。

(1)风寒型 鼻镜汗不成珠,鼻头冰冷,耳和四肢厥冷,鼻流大量清涕,寒战,腰弓尾夹,大便稀软。

(2)风热型 鼻镜干燥,眼胞浮肿,流眼泪,结膜赤红,咽喉肿痛,咳嗽不爽,一肢或两肢僵硬,跛行,有时卧地难起,大便干燥。

【脉色】 风热型感冒口色赤红,口温高,脉浮数。

风寒型感冒口色青白,脉浮迟。

【治则】 总之以祛风解表为治则。祛风散寒内服杏苏散、苏陈散等;风热感冒服以柴葛散、麻黄桂枝散。

【处方】

(1)杏苏散

杏仁一两二钱 桔梗二两 紫苏二两 炙半夏一两 陈皮一两四钱

前胡一两六钱　甘草八钱　枳壳一两四钱　茯苓二两

共研细末，生姜二两(切细)为引，分二次温水调灌。

(2)苏陈散

苏子六钱　陈皮六钱　薄荷六钱　桂皮三钱　甘草三钱　杏仁(去皮尖)八钱

桑白皮八钱　大腹皮八钱　麻黄二钱

共研细末，温水调灌。

(3)银翘解毒汤加减

金银花二两　连翘一两　竹叶一两　芦根四两　薄荷一两　豆豉一两

牛蒡子二两　桔梗八钱　苏叶一两　葛根一两

煎水去渣，内服。

加减：热盛加桑叶、菊花；咳嗽加杏仁、贝母、前胡；痰稠加知母、蒌壳、竹茹；体液亏耗加生地、玄参、沙参、天花、蜂蜜。

(4)新加香薷饮

金银花二两　连翘二两　香薷二两　厚朴一两　扁豆二两　藿香二两

佩兰八钱　荷叶二两　滑石二两　甘草八钱

煎水去渣，内服。

(5)柴葛散

柴胡八钱　黄芩一两　葛根八钱　桂枝五钱　白芍八钱　元参一两

生地五钱　荆芥五钱　薄荷五钱　苍术一两　陈皮八钱　牛膝五钱

木瓜五钱　甘草三钱

共为末，开水冲，候温灌之。

(6)麻黄桂枝散

麻黄五钱　桂枝八钱　羌活五钱　防风五钱　苍术八钱　荆芥五钱

川芎四钱　薄荷四钱　苏叶五钱　细辛三钱　枳壳八钱　桔梗五钱

生姜五钱

共为末，开水冲，加葱白三根(切碎)，同调灌之。

【调理】 放于清净避风、温暖厩舍，喂以青草或富有营养的草料。

十九、中暑

中暑是暑热炎天，热气熏蒸致使心肺热极，气血凝滞的一种急性热病，多发生于夏末秋初。

【病因】 气候炎热，牛受强烈的日光暴晒，再加剧烈劳役或牛圈窄小，过于拥挤，空气不畅，以致热气熏蒸，胸中积热，心肺壅极，气血凝滞而成本病。

【症状】 猝然发病，精神不振，目瞪头低，步态不稳，尾少摇动，呼吸迫促，口流白沫，耳、角、皮肤均发热。病重时，神昏发狂，用力吼叫，奔驰乱跑，两眼急睁，结膜红赤，浑身肉颤，汗出如油，步态蹒跚，甚至倒地不起死亡。

【脉色】 初期脉象洪大，口色赤红。后期脉象沉细，口色青紫。

【治则】 首先采用急救法，用布片蒙于病畜头上，冷水淋之，或用新汲井水灌之，同时彻耳尖、大脉、尾尖等血。病势稍减后灌以清心解暑之剂。

【处方】

(1)茯神散

茯神一两 朱砂三钱 雄黄三钱 黄连五钱 香薷一两 山栀一两

花粉一两 滑石二两 生地一两 甘草一两

共研末,开水冲,加猪胆汁二个灌之。

(2)清暑散

香薷二两 白扁豆一两 麦冬八钱 薄荷八钱 藿香六钱 木通二两

白菊花一两 茵陈六钱 牙皂六钱 茯苓八钱 菖蒲六钱 二花六钱

甘草二钱

共煎水灌之。

【调理】 拴于空气流通凉爽之处,安静休息,喂以青草、米汤之类。

二十、肺热

肺热就是热邪侵犯肺引发的一系列证候,有风热犯肺、燥热犯肺。

【病因】 本病多发于热季。由于使役过急,热气熏蒸,以致热邪积于肺经,或天气炎热,牲畜长途运输而又乘饥食热草热料,致使肺经壅热,发生本病。

【症状】 感受风热邪气之后表现为一派热象。水草迟细,反刍减少,卧多立少,精神不振,口有热涎,鼻镜微燥,呼吸稍喘,有时咳嗽。大便干燥,小便微黄。

【脉色】 口色赤红,脉象洪大。

【治则】 以清热润肺为治则。

【处方】

(1)三黄散

黄连一两 黄柏一两 黄芩一两 知母一两 贝母一两 郁金一两

黄药一两 白药一两 栀子一两 麦冬二两 大黄四两 甘草一两

共研末,开水冲,候温灌之。

(2)方二

百合一两 贝母八钱 大黄七钱 花粉八钱 桔梗七钱 杏仁七钱

寸冬八钱 甘草五钱 兜铃五钱

共研末,开水冲,候温灌之。

(3)方三

大黄四两 滑石二两 甘草一两 瓜蒌一两

共研末,开水冲,加蜂蜜四两、蛋清十个,同调灌之。

【调理】 停止使役,放于清凉安静之处,喂给青草,饮以新鲜井水。

二十一、鼻衄

鼻衄亦称鼻出血,是指血液不循常道而溢出于鼻窍,流出体外的一种病症。包括内伤性出血和外伤性出血两种。

【病因】 由于气候炎热，劳役过度，以致热邪侵于心肺，心肺热极，致使鼻腔火燥血瘀、血离经脉而出血。其他由于跌打损伤及头和鼻部受到剧烈刺激，亦能发生本病。

【症状】 突然从鼻孔一侧或两侧流血，其血为暗红色，且无泡沫。病轻者多能自行止血，病畜精神、食欲均无显著变化；病重者往往血流不止，出血过多时，则可呈现贫血症状，如精神不振、食欲减少、四肢无力，口色如绵、呼吸发喘、浑身肉颤、皮肤发冷等现象。

【鉴别】 本病与肺出血症状相似，都有鼻出血的现象，但鼻衄多为一侧鼻孔出血，其血色暗赤，且无泡沫；肺出血多系两侧鼻孔出血，其血色鲜红并混有泡沫，且有发喘、咳嗽等症状。

【脉色】 外伤性鼻衄多脉色平正，精神食欲如常，但出血过多时，则脉多细，口色发白。若因内热而引起的鼻衄，则凫脉洪数，口色鲜红，同时精神不振，食欲减少。

【治则】 热邪引起者，以清肺、泻火、止血为治则。

外伤引起者，以收敛止血为治则。

治疗本病的方法除内服仙鹤草散以清热止血外，还须将头部悬起，冷水淋头，外用吹鼻散吹入出血的鼻中，可使血止。

【处方】

(1)仙鹤草散

仙鹤草一两　阿胶五钱　白及七钱　侧柏叶一两　当归八钱　生地一两

栀仁八钱　麦冬八钱

共为细末，鲜茅根一斤，煎水冲药灌之。

(2)吹鼻散

冰片一钱　血余炭一钱

共为细末，吹鼻内。

或将病畜头部吊平，用毛巾铺于头面部，不断用冷水浇淋。

(3)仙鹤草素 30～60 毫克

肌内注射，一日二次。

【调理】 放于清凉安静之处，用冷水浇头，多给盐水自饮，喂以青草，停止劳役。

【预防】 天热或饱食后不能使役过急，防止触打鼻部。

二十二、咳嗽

咳嗽为多种疾病均可出现的症候，五脏六腑皆可发生，但主要在肺，肺失宣降，呼吸不畅，痰涎异物壅滞于肺或喉管而发生的病证。咳嗽也是肺经疾病的主要证候之一。一般分风寒咳嗽、劳伤咳嗽和肺热咳嗽等。本病常发于饲养较差、体质瘦弱的牛。

【病因】 由于体质虚弱，卫气不固，如遇气候骤变、忽冷忽热的时候，易感风寒，由皮肤而肌肉，继而传入肺脏，肺经受邪发生咳嗽；或劳伤过度，肺气亏伤，以致清气不升，浊气不降，痰涎壅滞，肺气不畅，遂成其病。此外，其他脏腑疾病亦有咳嗽症候出现。

症状　一般是食欲不振，毛色无光，咳嗽发喘，有时流鼻涕，主要是以咳嗽为主症。外感风寒咳嗽者，咳嗽剧烈，鼻流清涕或浊涕，时冷时热，并有恶寒现象。内伤劳役咳嗽者，咳嗽低弱，鼻流浓涕，行走无力，毛焦肷吊，二便失常。肺热咳嗽者，咳嗽不爽，口干身热，鼻液黏稠，呼吸灼热。

【脉色】 外感风寒咳嗽者，口色多红，脉象浮数。

内伤劳役咳嗽者，口色多青白，脉象沉细。

肺热咳嗽者，口色偏红，舌苔薄黄，脉象浮数。

【治则】 由于发病的原因不同，治疗也不一致。外感咳嗽，以宣肺解表、止咳化痰为治则。内伤肺气的咳嗽，则以降气止咳、补肺理气为治则。肺热咳嗽，治宜疏风清热，宣肺止咳。

【处方】

(1)方一

杏仁五钱 贝母四钱 桑皮一两 葶苈子一两 薄荷八钱 苏叶五钱

牙皂二钱 冬花五钱 羌活八钱 桂枝八钱 麦冬五钱 甘草五钱

苍术一两 枇杷叶五钱

共研末，开水冲，加蜂蜜半斤，同调灌之。

(2)清肺散

桔梗八钱 贝母五钱 白矾一两 葶苈子一两 甘草五钱 车前子八钱

玉片五钱 郁金一两 桑白皮八钱 杏仁五钱 冬花五钱 百部八钱

麻黄五钱 细辛三钱 苍术一两 牙皂二钱

共研末，开水冲，加蜂蜜半斤，同调灌之。

(3)方三

阿胶五钱 党参八钱 山药五钱 百合八钱 当归八钱 苦参一两

黄芩五钱 桔梗五钱 贝母六钱 知母七钱 紫菀五钱 杏仁五钱

秦艽八钱 甘草五钱

共研末，开水冲，清油半斤为引，同调灌之。

(4)方四

沙参四两 元参二两 陈皮二两

共为末，加蜂蜜半斤，同调灌之。

【调理】 停止使役，喂以营养较好的饲料，每日早晨以童便一碗，蜂蜜四两、清油四两，混合灌之。

二十三、气喘

气喘乃肺气壅滞或脾、肾之气虚衰而出现的一种气逆之症。肺主诸气，通荣卫而调呼吸，如肺经积热，则呼吸不能通畅而发生气喘。

病因 多因外邪束肺，或内伤元气所致。

若劳伤过度，气血亏损，亦可引起气喘，此为虚喘。由于天气炎热，使役过重，以致肺经壅热，清气不升，浊气不降，瘀痰停滞胸膈，致使肺气不爽，呼吸喘促，此为实喘。

症状 主要是气喘。根据症状的不同，临床上一般可分为虚喘和实喘两种。

(1)虚喘 精神倦怠，咳嗽无力，静则微喘，动则喘盛，气息无力，呼气短而吸气长，体质虚弱，毛焦肷吊，身多出汗，大便溏泻，小便清长。

(2)实喘 精神委顿，食欲反刍减少，低头张口，咳嗽有力，气粗喘促，喉内有鼾声，鼻翼扩张，胸腹扇动，张口伸舌，大便干硬，小便短黄。

【脉色】 实喘口色赤红，脉洪数；虚喘口色青白，脉沉细。

【诊断】 口色赤红，脉洪数，低头张口，气促喘粗，为实喘之主症。若口色青白，脉象沉细，体虚自汗，频频发喘，为虚喘之主症。

【治则】 实喘以泻肺气、降肺热、清痰止喘为治则。虚喘以滋阴理肺、祛痰定喘为治则。

【处方】

(1)白矾散

白矾二两　贝母八钱　黄连一两　白芷一两六钱　郁金一两六钱

葶苈子一两六钱　黄芩一两六钱　大黄二两　甘草六钱

共研细末，引蜂蜜四两、猪肺半斤(切细)，分二次温水调灌。

(2)五子下气汤

白芥子一两　苏子一两　车前子八钱　附片五钱　陈皮一两　青皮五钱

莱菔子一两　葶苈子八钱　麦芽二两　木香五钱　当归一两　厚朴八钱

炙草八钱

共为末，开水冲，加蜂蜜四两，同调灌之。

(3)玄麦甘桔汤

玄参二两　二冬各一两　桔梗一两　知母一两　枯芩二两　杏仁一两

兜铃一两　百部一两　滑石二两　花粉一两　郁金二两　蒺藜二两

甘草三钱　引青蒿二两

煎汤分二次服。

(4)方四

葶苈子一两　栀子八钱　黄芩八钱　天冬八钱　冬花八钱　贝母七钱

甘草三钱　桔梗八钱　百部七钱　麦冬八钱　兜铃八钱

共研为末，开水冲，候凉加鸡蛋清三个，混合灌之。

(5)秦艽散

秦艽一两　当归一两　天冬八钱　百合一两　白术八钱　杏仁六钱

茯苓七钱　炙黄芪二两　炙甘草五钱

共为细末，蜂蜜半斤为引，一次灌之。

(6)方六

沙参两半　麦冬一两　冬花一两　五味子六钱　蛤蚧一只(去爪足)

玉竹五钱　百合五钱　甘草五钱　黄芪五钱　党参五钱

煎汤一次服。

(7)方七

旋复花五钱　代赭石二两　沉香三钱　熟地八钱　黑附片五钱　肉桂四钱

泽泻五钱　五味子五钱　元参八钱　牡丹皮三钱　茯苓五钱　杏仁五钱

生山药八钱　补骨脂八钱　续断五钱　甘草五钱

共为末，开水冲，候温灌之。

注：1 至 4 治疗实喘，5 至 7 治疗虚喘。

【调理】 停止使役，放于清凉之处，喂以青草，并用童便混入清水中，使之自饮。

二十四、肺痛把膊

本病是气血凝滞之症。皆因肺经亏损，气不运行，瘀血郁结于胸膊而作痛，故名肺痛把膊。

【病因】 由于饱后急役，负重转弯，急行跳跃，突下斜坡；或使役归来，猛食草料，致使气滞血瘀，凝于胸膊而发疼痛。

【症状】 胸膊疼痛，呼吸微喘，束步难行，下坡着地困难，站立不安，前肢互换，精神日渐短少，水草迟细，有时短声啌嗽，行走时前肢难移。

【脉色】 舌色鲜红，脉象迟涩。

【诊断】 前肢互换，束步难行，胸膊疼痛，为本病之主症。

【治则】 本病因气滞血凝引起，治宜理气活血止痛。

【处方】

(1)当归散

当归一两　川芎五钱　乳香八钱　没药八钱　桃仁五钱　红花三钱
广木香五钱　陈皮五钱　香附八钱　苏叶五钱　羌活五钱　桔梗五钱

共研细末，童便一杯，温水调灌。

(2)乳香散

乳香一两　没药一两　红花六钱　川芎一两　骨碎补一两　秦艽一两
桂枝一两　赤芍二两　红藤(血通)一两　杜仲二两　补骨脂一两
甘草三钱　童便一杯

煎水分二次服。

(3)方三

乳香三钱　没药三钱　当归四钱　藿香四钱　制半夏四钱　桔梗八钱
茯苓三钱　知母四钱　白芍三钱　秦艽七钱　花粉八钱　条芩四钱
赤芍四钱　贝母八钱　玄胡四钱　红花四钱　杷叶四钱　荆芥五钱
防风五钱

共研为末，开水冲，候温加童便半碗，灌之。

(4)方四

青皮八钱　当归八钱　桔梗八钱　花粉八钱　柴胡七钱　白芍七钱
陈皮六钱　青蒿六钱　木通六钱　紫菀六钱　枳壳五钱　赤芍五钱
没药四钱　红花四钱　杏仁四钱　甘草四钱

共研细末，加酥油、蜂蜜各三两，温水调服。

【调理】 在治疗期间，每日早晚牵行于平坦地方慢行运动，并用烧酒涂擦胸膊。

二十五、肺黄

本病是由于热邪积于肺经，致使肺脏气滞血瘀而发生的黄肿之症，故名肺黄。此病有急性和慢性两种。急性者热甚毒重，病势发展很快，不易治疗；慢性者受病较轻，病势缓慢，较易治疗。

【病因】 多因气候炎热，暑气熏蒸，或劳伤过度，热邪蓄积于肺，致使气滞血凝郁结而生黄。本病多发于夏秋两季，尤以夏季为多。

【症状】 分急肺黄、慢肺黄两种。

(1)急肺黄　食欲、反刍突然废绝，身上发烧，鼻镜干燥，口流涎水，鼻流黄脓或红黄色臭水，眼睛呈赤黄色，有时强力咳嗽，呼吸迫促，站立时前肢张开，大便秘结，小便色黄。

(2)慢肺黄　病初食欲不振，咳嗽不爽，精神短少，行动缓慢，头垂耳低，被毛竖立，口角流涎，鼻流腥臭浓涕，呼吸微喘，眼结膜微呈黄色，有时胸及四肢等处出现程度不同的浮肿，大便干燥，有的泄泻，带有白色黏液或少数血液，日渐瘦弱。

【脉色】 急性脉浮数，口色赤黄。

慢性脉浮滑，口色青黄。

【诊断】 急性以烦躁不安、鼻流黄涕、呼吸迫促、有时咳嗽为主症。慢性以咳嗽不爽、行动缓慢、鼻流浓涕、呼吸微喘为主症。二者宜仔细辨别。

【治则】 以清热解毒、理肺消黄为治则。

【处方】

(1)麻杏石甘汤加味

麻黄一两　杏仁一两　甘草一两　石膏四两　桑皮二两　贝母八钱
二花一两　连翘一两　薄荷八钱

共为末，开水冲，加蛋清四个，同调灌之。

(2)沙参贝母散

薄荷八钱　连翘一两　牛子五钱　贝母八钱　桑叶五钱　沙参二两
山栀一两　瓜元一两　花粉八钱　桔梗五钱　陈皮八钱　大黄一两
二花八钱　甘草五钱

共为末，开水冲，加蜂蜜四两，同调灌之。

(3)消黄菖蒲散

石菖蒲七钱　知母八钱　贝母五钱　瓜蒌仁七钱　大黄一两　明矾一两
白芷七钱　甘草三钱　黄芩五钱　麦冬八钱

共研细末，开水冲，加蜂蜜四两，温水调灌。每日一剂，连服三至五剂。

(4)方四

桑白皮八钱　麦冬一两　瓜蒌仁八钱　知母八钱　桔梗六钱　杏仁霜八钱
黄芩两半　青皮六钱　栀子一两　连翘八钱　砂仁六钱　当归七钱
广木香五钱　槟榔七钱

如粪泻则酌情加白术，粪结可加大黄、芒硝。

共为细末，加蜂蜜四两，灯芯草煎水冲服。

【调理】 放于清凉之处，喂以青草或富有营养的饲料，并用竹叶或灯芯草煎水饮之。

二十六、肺痈

肺痈是肺脏肿胀或溃疡化脓的一种疾病。

【病因】 由于外感风寒，乘虚入肺，寒搏于血而生热，肺受热邪熏灼，以致痰涎壅塞，热毒积肺而发生痈肿。其他如劳伤过甚、心肺热极等亦可引起本病。

【症状】 病初精神倦怠，食欲、反刍减少，被毛粗乱，低声咳嗽，呼吸发喘，鼻流黄水，随着病势的加剧，则食欲废绝，反刍停止，气促喘粗，连声咳嗽，带有痰涎，鼻流带血的臭脓，身体渐瘦。

【脉色】 舌红脉数。

【诊断】 咳嗽不爽，两鼻流黄水或臭脓，为本病之主症。本病初期体质较壮，鼻流黄水者，尚可医治；若身体消瘦，鼻流臭脓者难医。

【治则】 病初低声咳嗽，鼻流黄水臭脓，脉数而实，肺尚未化脓者，以清热解毒、润肺理气为治则，宜服杏仁款冬饮或方二。若脓已成，连声咳嗽，鼻流臭脓时，以润肺祛痰为治则，宜用方三或双白二母汤。

【处方】

(1)杏仁款冬饮

杏仁五钱　枇杷叶(去毛)一两　橘红一两　款冬花一两　麦冬一两
五味子五钱　茯苓一两　青皮一两　青木香二两　紫菀一两　炙甘草一两
当归一两　桑白皮一两

水煎服。服此药后，再用陈年的芥清油二碗灌之。

(2)方二

金银花二两　桑白皮一两　葶苈子两半　条芩一两　天花粉一两　桔梗八钱
杏仁八钱　怀山药八钱　天冬八钱　款冬花八钱　五味子一两　甘草三钱

共煎水灌之。

(3)方三

当归一两　白芍六钱　阿胶一两　白及六钱　贝母一两　天冬八钱
紫菀五钱　枯芩六钱　苏子一两　瓜蒌仁四两　枇杷四钱　甘草三钱

共为细末，用白萝卜一斤，切片熬水，再加鸡蛋清五个、蜂蜜四两、猪油四两，调匀一次灌之。三日一剂，可连服三至五剂。

(4)双白二母汤

熟地二两　当归一两　白芍一两　白及二两　百部二两　贝母一两
知母一两　茯苓二两　瓜蒌仁二两　杏仁一两　橘络一两　阿胶一两
沙参二两　甘草三钱　冬瓜仁四两

煎水，分二次喂之。

【调理】 病牛放于清凉安静之处，喂以富有营养的草料，每日早晨用鸡蛋二至三个、清油二两加凉水搅拌喂之。

二十七、肺痛

本病由于过劳伤肺，令肺胀满，引起胸膈疼痛，故称肺痛。

【病因】 由于使役过急，负重超力，或跌打撞扑等因素，致使瘀血积于胸中，肺气不畅，令肺胀满，而成其患。

【症状】 病初食欲不振，反刍减少，胸部疼痛，呼吸微浅，有时咳嗽；日久则疼痛加剧，病畜站立时前肢张开，腰背拱起，伏卧时胸部迟迟不敢着地，用手触按胸部，则有畏痛表现。病势严重时，食欲废绝，反刍停止，鼻镜干燥，呼吸迫促，鼻流黄涕，被毛焦燥，四脚难移，频频哽气，前胸出汗。

【脉色】 口色微红，脉象迟涩。

【诊断】 前肢张立，呼吸微浅，胸部疼痛，不能伏卧，为本病之主症。本病一般预后良好，若呼吸迫促，四脚难移，频出哽气，胸前出汗者，多致死亡。

【治则】 以宣肺宽胸、散瘀止痛为治则。

【处方】

(1)治肺消黄散

乳香一两　没药八钱　丹皮八钱　郁金八钱　当归八钱　红花五钱

栀子八钱　黄芩八钱　柴胡八钱　桔梗八钱　大黄八钱　杷叶八钱

百合八钱

共为细末，蜂蜜四两、鸡蛋清五个，温水调灌。

(2)宽胸止痛散

兜铃五钱　麦冬一两　贝母五钱　郁金七钱　当归六钱　青皮四钱

乳香四钱　没药四钱　川芎五钱　芍药五钱　甘草三钱

共研细末，加童便一碗，温水调灌。

(3)方三

郁金八钱　当归八钱　制乳香六钱　制没药六钱　延胡六钱　连翘六钱

黄芩六钱　牡丹皮六钱　天花粉六钱　贝母六钱　青皮六钱　白芍六钱

柴胡六钱　甘草三钱

共研细末，加童便一碗，温水调服。

【调理】 停止使役，拴于安静处，喂以易消化而富有营养的草料，每日用新鲜童便七至八斤，洒于草料中喂之。

二十八、胸水

本病是胸腔蓄积水液的一种疾病，故称胸水。常发生于壮龄的役用牛，犊牛及乳用牛患者较少。

【病因】 多因长期劳役，负重过度，致使气血亏机，水液停积膈间；或因脾、肾衰弱，无力运化水液，而积于胸；或误吞尖锐物质以及慢性心肺疾患，亦可引起本病。

【症状】 病初食欲减退，呼吸不调，有时啌嗽，鼻流清水，日久逐渐身瘦毛焦，耳鼻俱冷，胸膈疼痛，前身发颤，不愿行走，站时前肢张开，昂头伏卧，鼻孔张大，常流眼泪；严重者张口喘气，有时在行走时，可以听到胸内有水荡动声音。

【脉色】 口舌色黄，脉象沉滑。

【诊断】 耳鼻俱冷，不愿行走，常流眼泪，触按胸部畏痛，为本病主症。

【治则】 以理肺祛痰、利水逐湿为治则。

【处方】

(1)十枣汤

芫花二两(醋炒) 甘遂一两 海藻一两 大枣廿枚 黑丑二两

共煎水,分二次灌之。

注:此方有毒性,年老体弱的病牛,不宜连续服用。

(2)方二

党参一两 当归一两 茯苓二两 白术两半 大枣廿枚 葶苈子二两

甘遂一两 大戟一两 泽泻两半 大腹皮一两

共煎汤,分早晚二次灌之。

(3)方三

猪苓两半 泽泻两半 茯苓二两 车前子三两 葶苈子三两 芫花二两

苏子二两 白芥子一两 莱菔子二两

煎水灌之。

(4)方四

当归一两 白术一两 赤苓二两 泽泻两半 桔梗六钱 枳壳六钱

葶苈子两半 木通两半 二丑一两 陈皮一两 甘草四钱 生姜一两

大枣二两为引

共研细末,开水调冲,候温灌之。连服二剂。

【调理】 停止使役,加强养管理,喂以易消化而富有营养的饲料,每日用桑白皮半斤至一斤,煎水自饮。

二十九、肺痨

肺痨是劳役过度,致使肺气虚弱的一种疾病。本病是一种慢性疾患,病初症状不甚明显,往往不易发觉,久则病势日趋严重,形成难治之病。

【病因】 由于长期劳役过度,负重超力,引起气血两亏,气亏则血瘀积肺内;或因饲养失调、时饥时饱,再加劳役过重,日久则肺气郁滞,逐渐消瘦,均为本病之主要原因。

【症状】 病牛初期水草逐渐减少,精神日渐衰退,毛焦肷吊,逐渐尪羸,鼻汗时有时无,口内呈微红色,流口涎,腰背与四肢下端稍有发冷,鼻时常喷出臭气,在使役开始时及吃饱饮足后,病牛呈现口张哽气的虚喘。随着病势日益加重,病牛出现头重,眼闭无神,口内呈淡白色,四肢无力,不愿走动,鼻镜干燥无汗,鼻孔内流出一种臭涕,时而发生轻度喹嗽,躯体转侧不灵,大便溏泻,小便短少。至食欲停止,四脚难移,倒地不起,即快死亡。

【脉色】 前期脉数而无力,口色微红,张口虚喘;后期脉沉细,口色淡白。

【治则】 以补虚理肺、止咳祛痰为治则。

【处方】

(1)滋肺散

款冬花八钱 知母五钱 贝母五钱 苏子三钱 天门冬五钱 杏仁五钱 五味子三钱

前胡五钱 茯苓一两 薏苡仁(炒)一两 瓜蒌二两 炙甘草三钱 生姜三钱为引

(2)杏仁散

杏仁八钱　苍术一两　阿胶八钱　麦冬一两　白芷五钱　瓜蒌一两
牛子五钱　桔梗八钱　白矾一两　姜黄一两

共为末,开水冲,候温调灌。

以上二方均可酌加党参、黄芪、白术、山药等补气药。

(3)理肺散

杏仁五钱　百合五钱　瓜蒌一两　知母三钱　川贝一两　白矾三钱
秦艽三钱　炙草三钱　栀子三钱　荆芥三钱

共研细末,引白蜜四两、白糖四两、荞麦面半斤,水调灌之。

(4)二母汤

天冬五钱　麦冬五钱　玄参八钱　沙参一两　知母八钱　贝母八钱
冬花五钱　百合八钱　阿胶五钱　紫菀五钱　百部七钱　秦艽八钱
远志四钱　爪元一两　五味子五钱　桔梗四钱　甘草五钱

共为末,加童便一碗,同调灌之。

(5)葡萄糖液　2 000 毫升
　维生素 C 注射液　150 毫克
　40%乌洛托品　40 毫升
　20%安钠咖　20 毫升

混合一次静脉注射。

(6)链霉素　每千克体重 5 万单位
　注射用水　10～20 毫升

一次肌内注射,一日二次。

【调理】 停止使役,喂以易于消化而富有营养的草料。

三十、歪嘴风

本病系风邪侵袭头部,颜面发生麻痹,致使口眼歪斜的一种疾病,故名歪嘴风。

【病因】 由于饲养不良,体质虚弱,或役后带汗,拴于舍檐之下,被贼风侵袭,风邪乘虚而入经络,致使气血凝滞,因而颜面发生麻痹,遂成此症。

【症状】 病牛颜面麻痹,嘴歪向左侧或右侧,两耳一竖一低,眼睛斜视,口流黏涎,采食缓慢,咀嚼时口角遗草;病重时,有的两耳一冷一热。

【诊断】 口眼歪斜,尤以嘴歪一侧显著,是本病的主症。

【脉色】 脉象弦细,口色青黄。

【治则】 以祛风解表为治则。

【处方】

(1)天麻散

天麻一两　全蝎四钱　蝉蜕六钱　僵蚕六钱　防风六钱　荆芥六钱
藿香五钱　柴胡七钱　茯神八钱　远志六钱　菖蒲六钱　川乌(炮)四钱
当归八钱　川芎六钱　独活六钱　藁本五钱　制南星六钱

共研细末，加白酒四两，温水调灌。

(2)方二

荆芥八钱 薄荷六钱 苍术五钱 川芎四钱 藁本四钱 防风五钱

菊花三钱 蝉蜕三钱 苍耳一两 甘草三钱

共研细末，竹叶、灯芯草各少许煎水调服。

【调理】 停止使役，拴于暖圈，喂时将草料放于槽内，同时置食槽于高处，使之易食。戒忌风袭雨淋。

【预防】 应有设备较好的畜舍，役后带汗时，必须注意贼风侵袭和阴雨浇淋。

三十一、膊肢风

本病系风邪使袭膊部，致使前膊发生疼痛之症，走路呈跛行，故名膊肢风。

【病因】 由于使役过累，休息时汗液未干，风邪乘虚侵入，或栏舍破漏，因受贼风袭击，致使气血凝于前肢而发生此症。

【症状】 精神不振，食欲减少，拱背夹尾，鼻汗少不成珠，而前肢肩胛痹痛，行走困难，不愿站立。病重者，前肢麻痹，脊背稍有僵硬。

【诊断】 本病口红脉缓，两前肢疼痛难行。内伤肩胛痛则多见于一侧，故可辨识。

【治则】 以祛风活血为主。

【处方】

(1)方一

当归四钱 防己六钱 薏米一两 甘草一两 独活五钱 五加皮二两

桂枝五钱 追风藤六钱 续断四钱 香附三钱 陈皮七钱 大活血二钱

羌活五钱 川芎四钱

共研细末，烧酒四两，温水调灌。

(2)方二

羌活四钱 防风四钱 没药四钱 乳香四钱 木瓜八钱 柴胡八钱

当归七钱 续断七钱 川芎五钱 杜仲六钱

共研末，引白酒四两，温水灌之。

(3)麻黄散

麻黄(去节)五钱 当归二两 桂心八钱 川芎二两 半夏(炮)四钱 干姜二两

白芷二两 蜈蚣(炙)四条 黑附子四钱 干葛三两 白附子(炮)五钱

共研细末，加白酒四两，温水调服。

【调理】 牛舍宜温暖，增喂精料，并宜饮以温水，切忌风雨侵袭。

三十二、软脚风

身瘦体弱的牛易被风寒湿邪侵袭，以致气血凝滞，四肢麻木痹痛，病轻者行步艰难，重者卧地难起，故名软脚风。本病多发于春冬两季。

【病因】 由于饲养失调，体质因而虚衰，一遇天气久雨不晴，或栏舍四周通风，或久卧潮湿之地，或在水田内劳役过久，风邪寒湿侵入经络，则气血瘀滞，遂成此症。

【症状】 病畜精神不振，头垂耳低，食欲有时正常，有时减退，四肢麻木稍硬，行走呈现跛拐，不愿站立，喜欢侧卧，有的一肢或四肢的关节发生肿胀，多在寸子处肿起。病重者卧地难起，四脚下端厥冷，有的关节肿胀处破皮流出黄水。

【诊断】 脉象沉细，口色青黄，四肢疼痛厥冷，卧地难起为主症。本病虽然因风而起，但往往为寒湿交杂所致，临诊时须加鉴别：风胜者疼痛游走无定，湿胜者疼痛有固定部位，寒胜者疼痛比较剧烈，此为三种邪气轻重之分。一般预后良好，若至卧地不起，腹部上缩，较难治愈。

【治则】 以祛风散寒、利湿补虚为治则。

【处方】

(1)独活散

独活一两　秦艽五钱　熟地五钱　白芍(炒)五钱　焦茯苓五钱　川芎五钱

防风五钱　归尾五钱　杜仲七钱　牛膝七钱　寄生五钱　党参五钱

桂枝六钱　甘草三钱　细辛二钱

加减：如风盛者加天麻一两、薏苡仁二两；寒盛者加苍术(炒)一两、没药四钱；湿盛者加木瓜一两二钱、白术一两。

共研细末，米酒一斤(或烧酒半斤)，温水调灌。病重者连服三四剂。

(2)方二

防风一两　荆芥一两　木瓜一两　苍术一两　当归一两　麻黄五钱

桂枝六钱　薏苡仁八钱　细辛四钱　牛膝二两

共研细末，温水调服。

【调理】 将牛放于暖厩，喂给较好的草料，并给以温盐水(即在温水中放入少许食盐)，地上多垫软草。

【预防】 牛舍要经常保持清洁干燥，勿使寒风冷雨侵袭。

三十三、痹证

痹即闭阻不通之意。是畜体感受外邪后，气血不通畅，引起肢体、关节等处麻木、疼痛，甚至运动功能障碍等一类疾病，称为痹证。《牛经大全》上把这类疾病叫作“脚风”“跷脚风”“膊肢风”等。本病极为常见，特别是潮湿、寒冷、气候剧变的地区，更为多见。病情轻者只发生在某个局部的肌肉、筋骨、关节之处；重者扩大到全身的肌肉、筋骨、关节而引起行动困难，甚至卧地难起。

【病因】 多因饲养失调，卫外不固，以致风、寒、湿邪侵入畜体，流注经络，气血不和而成本病。风寒湿三气大都是合并而入，但常有所偏胜，故临床的证候也不相同。

另外，尚有一种热痹，多因病畜体质属热盛，加以风寒湿邪外来，邪郁化热而成。

【症状】 分为风寒湿痹证和热痹两类。

1. 风寒湿痹证

风寒湿痹证又分行痹、痛痹、着痹三种。以感受风邪致病为主的称为行痹；以感受寒邪致病为主的称为痛痹；以感受湿邪致病为主的称为着痹。但是此三气致病，大多杂合而至，临床上难以截然划分。

(1)行痹 肢体关节疼痛,游走不定,运动不便,常涉及四肢及多个关节,关节屈伸不便。舌苔薄白,脉浮缓。治疗以祛风通络为主,佐以散寒利湿。

【处方】

防风一两 荆芥一两 木瓜一两 苍术一两 当归一两 麻黄五钱

桂枝六钱 薏米八钱 细辛四钱 牛膝二两

共为末,开水冲,加白酒二两,候温灌之。

(2)痛痹 肢体关节疼痛剧烈,痛有定处,痛处冰凉,得热痛减,遇寒痛增,关节不可屈伸,运动不变,舌苔白,脉弦紧。治疗以散寒为主,佐以祛风除湿。

【处方】

制川乌八钱 麻黄八钱 白芍两半 黄芪一两 乳香八钱 没药八钱

制南星七钱 甘草三钱

共为末,开水冲,加白酒二两,灌之。

(3)着痹 四肢沉重,肌肉麻木,呈现跛行,一肢或四肢关节发生肿胀,多在合子骨处肿起,病重者卧地难起,四肢末端厥冷,有的关节肿胀处破皮流黄水。舌苔白腻,脉迟缓。治疗以利湿为主,佐以祛风散寒。

【处方】

防风八钱 苍术一两 白术八钱 防己八钱 羌活一两 牛膝八钱

桂枝八钱 当归一两 木瓜八钱 独活八钱 薏米一两 泽泻五钱

茯苓五钱 甘草五钱

共为末,开水冲,候温灌之。

2. 热痹

关节急性肿痛,局部发烧,痛不可近,关节不能活动,出现严重跛行可涉及一个或多个关节,兼有全身发热,精神不振,食欲减退等全身症状,舌苔黄燥,脉滑数。治疗以清热为主,佐以疏风胜湿。

【处方】

黄柏二两 苍术一两 牛膝一两 防风八钱 荆芥五钱 柴胡八钱

五加皮一两 地骨皮一两 黄芩五钱 木通八钱 甘草五钱 秦艽八钱

桑寄生五钱

共为末,开水冲,候温灌之。

【调理】 放于暖厩,喂以富有营养的草料,并饮以温盐水,地上多铺软草。

三十四、草噎

草噎是指粗硬物质吞咽入食管中,阻塞于食管,不能上下。

【病因】 由于剧烈劳役,饮喂失时,喘息未定,口内未清,乘饥急食草料,咀嚼不全,猛吞入咽,阻塞于食管;或猛食萝卜、甘薯等块根、块茎饲料,未经咀嚼而吞咽,使食管阻塞。此外,草料中夹杂着异物,亦可致成此患。

【症状】 突然不食草料,站立不安,头颈伸直,欲吐不吐,两眼频翻,张口流涎,呼吸困难,有时浑身出汗,且有呃逆声,时久腹部迅速膨大,甚至窒息而死亡。

【诊断】 本病的主症为伸颈吞咽，欲吐不吐，口垂涎沫，手按食管可以摸到阻塞物，但有时阻塞物在食管胸端，则不易摸到。

【治则】 根据阻塞物质与阻塞部位不同，治疗方法亦不同。

如食块阻塞在食管的咽头部，可以用手从口内伸入于咽部掏出阻塞食物即愈。若阻塞物阻塞在咽下一尺以内，阻塞物是柔软草团，即用手在患部轻轻揉开食团，同时灌之清油与水混合剂，边灌边揉，使阻塞物进入胃中；若这个部位阻塞物是硬块，将病牛站立保定好，然后两人(一在左侧，一在右侧)同时用手在阻塞部左右两侧，由下而上轻轻向上挤推，将阻塞物推至食管口咽部时，用手捏住阻塞物使之勿往下坠，再令人用手从口内掏出阻塞物。阻塞物由口内掏出或进入胃内后，为了防止食管发生肿胀，可内服下方。

【处方】

玄参八钱　花粉八钱　二花一两　桔梗六钱　山豆根一两　杏仁四钱

贝母六钱　麦冬八钱　黄芩六钱　防风六钱　薄荷四钱　生石膏一两

共煎水灌之。

此方功能清热解毒，且利咽喉消肿止痛，用于阻塞物通后而食管肿痛者较宜。

【调理】 忌喂粗硬饲料，可给以柔软而易咽下的食物如青草、米浆等。

【预防】 耕牛在使役后应适当休息才能饮喂，还要注意清除草料中或放牧地的异物。不给未切碎的根块类饲料。

三十五、气胀

气胀是草料停于胃肠，发酵产气，引起腹胀疼痛的一种疾病。

【病因】 主要因过食易发酵草料，如青草、嫩苜蓿、酒糟、糖渣等；超过胃的正常容积，不能及时运化，因而食物发酵，产生大量气体，发生肚胀；或误食霉败变质饲料产生大量气体以及乘饥饮喂等亦能引起本病。

此外，本病还可继发于食管阻塞、创伤性网胃炎、瓣胃阻塞等病。

【症状】 发病快，左肷窝凸起，甚至高于脊背，拍打呈鼓音，呼吸迫促，有痛苦表情。食欲反刍停止，四肢张开，摇尾踢腹，常做排便姿势，吼叫，口中流涎。表情痛苦，行动艰难。故《元亨疗马集·牛经》说："肚胀多因是草伤，天气炎炎水似汤，冷热不和胃中结，口中流涎吐舌长。"

【色脉】 脉象沉涩，口色青黄。

【诊断】 左肷膨起，手按柔软而空虚，拍打呈鼓音。

【治则】 宜消食化气、通肠泻下为治则。

病势急者，速以套管针在肷俞穴穿刺放气。病势缓解后再灌中药。

肷俞穿刺法：方法是用套管针或粗针头在左肷部肷俞穴进行瘤胃穿刺。气放完后，可从针孔注入止酵药以防气体再生，如福尔马林 10～15 毫升，或来苏儿 10～20 毫升，加水 500～1 000 毫升。拔出套管针后，穿刺部位要用碘酊充分消毒。

【处方】

(1)方一

莱菔子四两　厚朴一两　枳实一两　玉片七钱　台乌七钱　香附子一两

二丑七钱　　大黄二两　　芒硝四钱　　滑石一两

共为细末，开水冲，候温加食醋一斤，同调灌之。

(2)方二

木香一两　陈皮一两　槟榔一两　枳壳一两　茴香二两　萝卜籽(炒)四两

共煎水，加大蒜四两捣细，同调灌之。

(3)食醋6～10斤

轻者每次2斤，早晚各灌一次。

重者每次3斤，早晚各灌一次。

(4)方四　用吹鼻散少许吹鼻。

【调理】 将牛牵至斜坡处，头部朝上，尾部朝下，用扫帚或木棒在腹下按摩，并用椿树棍一截，约一尺长，去皮横衔于牛口中，两端用绳拴于头部，使其咀嚼，以收消胀利气之效。

【预防】 不宜过喂容易发酵的饲料，忌喂霉败草料，防止猛吃水分过多的青嫩饲草，役后宜适当休息，再予喂饮。

三十六、翻胃吐草

本病是脾胃虚弱，胃不受纳而引起吐草的一种疾病。多发生于老弱牲畜。

【病因】 由于使役无节，饲养失调，外感风寒或内伤阴冷所致。如夜露风霜，久卧湿地，阴雨淋漓，或过饮冷水，以致寒邪传伤脾胃，致使脾胃虚弱，草料入咽，胃不容纳，反而吐出。此外，由于饮喂失时，气血两亏，脾弱不运，胃弱不纳，亦可致成翻胃吐草之症。

【症状】 病初精神不振，被毛竖立，鼻寒耳冷，鼻镜汗不成珠，食欲、反刍减少，发现吐草，逐渐身瘦体痛。病重者食后时常吐草，口涎黏滑，拱背伸头，排粗糙稀粪，有时鼻眼浮肿。

【诊断】 本病发生较缓慢。食后吐草，身体逐渐消瘦，有时鼻眼浮肿。若误食毒物而呕吐者，多为突然发病，吐势急迫，口眼红赤，或略带黄色。

【脉色】 脉象沉迟，口白带黄。

【治则】 以健脾暖胃止吐为治则。

【处方】

(1)止吐散

灶心土半斤　　黄连(吴茱萸炒)八钱　　厚朴一两　　肉豆蔻八钱　　砂仁一两二　　神曲二两

麦芽三两　　山楂(炒)一两四钱

共研为末，烧酒半斤为引，分两次温水调服。每日服二次，连服三日。

(2)暖胃温脾散

砂仁四钱　　益智四钱　　白豆蔻四钱　　白术(炒)五钱　　陈皮五钱　　厚朴五钱

大腹皮五钱　　当归五钱　　山药五钱　　炮姜五钱　　法半夏八钱　　公丁香三钱

甘草一钱　　食盐二两

共研为末，加大枣十枚，煎水冲灌。

加减： 食欲不振者加建曲一两、麦芽两半、香附一两；吐甚者加旋复花两半、代赭石二两；腹泻者加猪苓两半、泽泻一两、肉桂一两。

(3)方三

白术五钱　陈皮五钱　益智五钱　苍术四钱　肉豆蔻四钱　厚朴四钱

青皮四钱　茴香四钱　肉桂三钱

共研为末，引用酒四两、生姜半斤，煎水冲灌。

(4)方四

伏龙肝一两　益智仁六钱　藿香一两　青皮六钱　陈皮六钱　白豆蔻八钱

广木香六钱　茴香八钱　干姜八钱　姜半夏六钱　砂仁四钱　萝卜籽(炒)四两

共煎水灌之。

【调理】 放于温暖厩舍，喂给富有营养而易消化的草料，每日给以温水自饮，忌食冰冻饲料，忌受风寒。

三十七、宿草不转

宿食不转是草料积聚胃中无力运化之症。本病多发于饲养不良、身形瘦弱的牛。由于脾胃虚弱，腐熟草料能力减弱，草料停积胃中，故名宿草不转。

【病因】 常见的病因有以下几种。

(1)畜体消瘦，脾胃虚弱，化导能力衰退，故积草料于胃中。

(2)久食粗糙干硬的草料，致使脾胃化导能力日益减弱，故食物难以腐熟，停积于胃中。

(3)贪食过量，如乘饥而吃草过急过饱或偷吃大量精料。

(4)由饲喂粗料突然改喂精料，食之过饱，超过胃的容纳，不能运化，宿草难消，致成此患。

(5)劳役过度出汗太过，饮水不足，津液亏损，致使草料停积于胃内不能运化而致病。

【症状】 本病的临床特征是瘤胃体积增大且较坚硬，口腔稍酸臭，舌尖有薄的舌苔，口腔黏滑。病牛少食或不食，口出嗳气，气味酸臭，有时顾腹，反刍减少或停止，磨牙，流涎，鼻镜无汗，左腹胀满，弓背低头，站立时四肢张开，呼吸发喘，手压左肷部留有压痕。病重者，食欲废绝，呆立不动，精神疲倦，卧下即起，后肢弹踢，有时呻吟，鼻镜干燥，大便干少，时做排粪状，小便赤黄。如《元亨疗马集·牛经》说："宿草难消肚里胀，起卧时时更掉蹄。"

【脉色】 脉沉涩，口色红，舌有黄苔。

【诊断】 病程较为缓慢，手按左肷窝可以触知胃中坚实。如系牛气胀，则多见急剧疼痛，触知左腹柔软，拍打肷部呈鼓音。故两病易于鉴别。

【治则】 以消积导滞、健脾开胃为治则。

【处方】

(1)导滞散(过食伤胃)

大黄两半　朴硝二两　枳实七钱　青皮七钱　木通五钱　滑石一两

山楂一两　麦芽一两　神曲一两

共为细末，开水冲，加清油半斤、蜂蜜四两，同调灌之。

(2)和胃消食汤(脾胃虚弱)

刘寄奴一两　厚朴五钱　木通六钱　建曲六钱　枳壳一两　木香五钱

槟榔一两　茯苓一两　青皮六钱　山楂一两　甘草四钱

共煎水，候温灌之。

(3) 行气散(行气导滞)

狼毒三钱 滑石一两 二丑一两 大戟五钱 黄芩八钱 黄芪一两

大黄一两 芒硝二两

共为末,开水冲,加猪油半斤,同调灌之。

(4)酒石酸锑钾8～10克

加大量水灌之,或令病畜自饮。每日一次,连用二至三剂。

【预防】 加强日常饲养管理,防止突然变换饲料或过食。奶牛和肉牛应按饲料日粮标准饲养;加喂精料,需适应其消化机能。耕牛不要劳役过度,避免外界各种不良的刺激和影响,保持其健康状态。

【调理】 在治疗期内,可以停喂草料一两日,饮水不宜过多,每日牵至平坦地方,慢慢牵遛数次,并用草把磨擦腹部。病畜食欲恢复时,喂以容易消化的草料,如青草、青菜、米汤等,并不宜食之过饱。

三十八、百叶干

百叶干又名瓣胃阻塞或津枯胃结。是反刍兽瓣胃失润,食物干涸燥结而不能向后运转的病证。老龄体瘦牛多发。本病的病程经过较为缓慢。多因饲喂粗硬干饲料太多,饮水不足,致使胃中津液耗损过甚,胃液缺乏,造成百叶胃干枯而结滞。

【病因】 多因饲养管理不当,长期饲喂糠谷类或粉碎过细的饲料;或坚韧富含粗纤维的饲料,特别是甘薯藤、花生秧、麦秸;或未经粉碎的粗硬及混有大量泥沙的饲料;加之长期饮水不足,胃液耗损,百叶失润,后送无力,食积不化,遂发本病。过度劳累,饮喂失宜,或草料不足,生化不及,气血双亏,胃液无源;或胃肠积热、宿草不转、胃及小肠疾患和其他热性病亦可伤津耗液继发本病。

【症状】 初期精神委顿,食欲、反刍减少;后期则反刍停止,腹部紧缩,粪量少,干燥成球状,夹有未消化的饲料;继而完全不排粪,尿少色黄,卧地时头抱腹部,或贴于地,不愿起立,有时口流涎沫,肚腹胀满,气促喘粗,结膜红赤,毛焦身瘦,行走无力,卧多立少,鼻镜干燥甚至龟裂。触诊右侧倒数第4～6肋间隙肩关节水平线部位,病牛敏感、痛苦。《元亨疗马集·牛经》说"失水多时百叶干,更因负重力伤残,毛色焦枯粪又紧,日见尪羸脚软酸"。

【脉色】 脉象沉涩,口色赤红,舌有焦黄苔。

【诊断】 主症为身瘦毛枯,食欲、反刍多停止,腹缩粪紧,鼻镜无汗。

【治则】 以增液润下、滋阴降火治则。

【处方】

(1)猪膏散

滑石一两 二丑一两 甘草五钱 大黄一两 肉桂五钱 甘遂四钱

大戟五钱 千金子一两 白芷五钱 椿树皮一两

共研细末,加猪脂一斤、蜂蜜一斤,温水调灌。

(2)增液承气汤

玄参二两 麦冬一两 生地二两 大黄四两 芒硝半斤

共为细末,开水冲,加猪油一斤、蜂蜜四两,同调灌之。

(3)石膏汤

生石膏二两　大黄二两　朴硝半斤　滑石二两　生二丑两半　全当归两半

番泻叶两半　枳壳两半　厚朴五钱　苍术五钱　陈皮三钱　甘草三钱

共为末,开水冲,加清油一斤,同调灌之。

(4)10%硫酸钠　1 000～1 200 毫升

一次注入瓣胃。

(5)5%葡萄糖生理盐水　1 000～2 000 毫升

20%安钠咖　10 毫升

混合一次静脉注射。一日一次,连用数剂。

附:瓣胃注射

可用 10.0%硫酸钠溶液 2 000～3 000 毫升,液体石蜡或甘油 300～500 毫升,普鲁卡因 2 克、盐酸土霉素 3～5 克配合。一次瓣胃注入。注射部位在右侧第 9 肋间与肩关节水平线相交点,略向下方刺入 10～20 厘米,判明针头已刺入瓣胃时,方可注入。

对于严重的病例,依据临床实践,目前多在确诊后采取瓣胃冲洗疗法,即用瘤胃切开术,引用胃管插入网瓣孔,冲洗瓣胃,效果好。

【预防】 加强饲养管理,不要长期饲喂干硬粗纤维饲料及其粉碎料,不喂带有泥沙的饲料;增喂多汁饲料和充足饮水,饮水中可加些食盐。

【调理】 发病后应停食,或喂少量多汁青饲料,停止使役。在治疗过程中,应加强护理,喂以水分多而易消化的饲料,多给饮水,水内加少许食盐,每日早晨最好给病牛灌清油半斤,浆水两碗。忌喂粗硬干燥饲料。

【预防】 饮水要足,如果牛在冬季久喂枯草,须每日喂温水三至四次。

三十九、误食异物

误食异物主要是牛在吃草过程中误食金属、塑料、农用地膜、绳子、破衣服等异物,入胃后,停于胃脘,轻者阻碍消化,重者刺伤胃壁,日久则身形消瘦,少吃少喝,衰竭而亡。

误食异物一症,病情发展缓慢。多因异物入胃后,停于胃内,金属异物引起的日久黏附胃壁,轻者阻碍消化,重者损伤胃壁,日趋瘦弱而死亡。下面重点讨论创伤性网胃炎。

【病因】 由于饲养管理不当,草料中混有金属异物,如铁片、缝针、发簪、铁钉、铁丝等。多为饲喂时草料未经筛簸和仔细检查,被牛随草吞入,停于胃脘,刺伤胃壁,且穿透罗膈,刺伤心包,致成其患。

【症状】 病初精神、食欲、反刍均无明显变化,常发现不了,诊断很难。若损伤胃壁严重者,食欲、反刍减少,毛焦肷吊,逐渐消瘦,不愿行走,站立时肘头外展,腰弓头低;下坡斜走,转弯、行走、卧地时表现非常小心;起立时,多先起前肢。常听到呻吟、磨牙之声,病牛表情痛苦。

【诊断】 初期精神食欲均无显著变化,很难确诊。日久则呈现精神委顿,食欲、反刍减少,毛焦肷吊,不愿行走,逐渐消瘦,下坡转弯时痛苦,呻吟明显,即可初步疑为本病。

【脉色】 脉沉细，口色青黄，舌苔腻。

【治则】 本病尚无有效疗法，可试用化铁汤以及其他方剂。

【处方】

(1)化铁汤

炭末

化成汤饮之，久则润化。

(2)化铁散

硫黄一两 石膏一两

共研极细末，温水灌之，每日早晨空腹时灌一次，连喂数日。

(3)方三

核桃(仁捣成泥，壳烧成灰)半斤 白砂糖四两

加水混合灌之。

注：用胡桃半斤，锤破取仁捣泥，把壳烧成灰，研末与砂糖混合灌之。

(4)韭菜十斤

一次喂给。

【调理】 停止使役，喂以富有营养而易消化的草料，每日用新木炭末一至二斤，泡水去渣，令其自饮。

【预防】 本病主要从预防发病着手，每日饲喂时要检查草料，避免金属异物混入。

四十、真胃溃疡

真胃溃疡是由于真胃炎与胃出血，引起真胃黏膜局部糜烂和坏死。或自体消化形成溃疡，或因真胃食糜酸度增高，长期刺激真胃以致发生溃疡。本病常见于肉牛、奶牛及犊牛，黄牛、水牛也患此症。

【病因】 饲养不善，劳役过度所致。如饥饱不均，草料粗硬，或饲喂霉败或有毒的草料，损伤胃的消化功能，致使宿食难消，刺激胃壁而成溃疡；或劳役过度，损伤肝脏，肝气横逆，克伐脾土，造成肝胃不合之症。

【症状】 病牛消化不良，食欲、反刍减少，有时出现异嗜，逐渐消瘦，口渴喜饮，磨牙，经常拉稀，有时腹痛，病重时反刍停止，结膜发黄，粪中带血或呈黑色的稀软粪便，但量不多，弓腰低头，精神委顿。用手压迫右腹第8～12肋骨的后下方部分，病畜表现疼痛。

【脉色】 脉沉数，口色青黄，有舌苔。

【治则】 若消化不良、腹痛以和血止痛、行气宽中为主。

若大便带血或呈黑色，宜滋阴养血、和胃通肠为主。

【处方】

乌贼骨三两 浙贝两半 香附一两 木香七钱 丁香八钱 红花八钱

桃仁一两 元胡八钱 白芍两半

共为末，开水冲，候温灌之。

【调理】 喂以富有营养而易消化的草料。

四十一、伤水

本病乃冷水伤于胃肠，传之于脾，致使腹痛的一种疾病。

【病因】 多由于天气炎热，渴极而空腹饮水过急过多，不能运化，停积胃肠，以致寒湿之邪，传之于脾，脾受湿困，阳气不升，阴气不降，阴阳相结，气血相凝而发生腹痛之症。

【症状】 食欲、反刍减少或停止，耳鼻俱冷，口内流涎，肚腹疼痛，严重时则起卧不安，前肢刨地，后肢踢腹，回头观腹，或摇头摆尾，站立不安，有时浑身肉颤，大便较稀，小便短少。如《元亨疗马集·牛经》说："牛患伤水鼻如冰，脾胃皆因二气争，宿水敛着摇肷颤，浑身肉颤不安宁。温脾散予频频灌，苍术厚朴用防风，芍药当归并枳壳，生姜酒下有神功。"

【脉色】 脉象沉细，口色青白。

【诊断】 鼻冷身颤，回头观腹，大便泄泻，为本病之主症。

【治则】 以行气利水、温中祛寒为治则。

【处方】

(1)温脾散

干姜一两　茴香一两　苍术一两　厚朴八钱　防风八钱(七钱)

枳壳五钱(八钱)　细辛五钱(二钱)　芍药一两(七钱)　陈皮一两(七钱)　甘草五钱

当归一两(七钱)　青皮八钱(五钱)

共为末，开水冲，加白酒二两，候温灌服。

(2)方二

干姜四钱　肉桂四钱　茴香四钱　白术四钱　茯苓四钱　枳壳四钱

泽泻四钱　陈皮四钱　槟榔四钱　吴茱萸三钱　木通三钱　建曲五钱

山楂六钱

研末，开水冲，候温灌之。连服二三剂。

【调理】 放于温暖厩舍，最好用盐水炒麦麸喂之，勿饮冷水，防止风寒雨淋。

四十二、便秘

便秘是大便秘结不通，排便时间延长，大便艰涩不畅的一种病症。多因外感内伤或饲养失宜而引起大便不能正常传递，致使糟粕停滞，秘结于大肠而不能排出，故名大便秘结，简称便秘。分热秘、气秘、冷秘、虚秘。

1. 热秘

【病因】 过食辛热干燥草料，致胃肠积热，津液不足，肠道燥热，大便干结，难以排出。

【症状】 身热口臭，鼻镜干燥，大便硬结，小便短赤。

【脉色】 舌赤苔黄，脉滑数。

【治则】 清热润肠。

【处方】

(1)麻子仁汤

火麻仁二两　赤芍一两　枳实一两　大黄二两　厚朴一两　杏仁二两

郁李仁二两 芒硝半斤 陈皮一两 二丑二两 黄芩二两

煎水去渣内服。

(2)承气汤

大黄二两 元明粉二两 续随子一两 郁李仁一两 滑石二两 枳实一两

共煎水去渣,加猪油斤半、醋半斤,同调灌之。

(3)化结散

大黄二两 朴硝三两 枳实八钱 番泻叶八钱 木通七钱 滑石二两 甘草四钱

共研为末,加清油半斤,温水调灌。

2. 气秘

【病因】 长期舍饲,不服劳役,缺乏运动,致气机郁滞,通降失常,糟粕内停不得下行而成气秘。

【症状】 胸胁痞满,吃草减少,排便艰难,腹中胀痛。

【脉色】 苔薄腻,脉弦。

【治则】 顺气行滞。

【处方】

六磨汤

丁香八钱 木香二两 槟榔两半 乌药二两 小茴香二两 枳实八钱

大黄二两 香附二两 郁李仁二两 莱菔子二两

煎水去渣内服。

3. 冷秘

【病因】 老畜体弱,阴寒内生,留于肠胃,凝阴固结,阳气不通,津液不行,致肠道难以传送而引起冷秘。

【症状】 肚腹胀痛,大便艰涩,口冷唇青,小便清长,甚至四肢、耳、鼻俱凉,喜热恶寒。

【脉色】 舌质淡红无苔,脉沉迟。

【治则】 温通开秘。

【处方】

吴茱萸六钱 细辛三钱 厚朴一两 官桂一两 高良姜二两 陈皮一两

青皮一两 槟榔一两 木香一两 青葱四两 火麻仁二两

煎水去渣内服。

4. 虚秘

【病因】 劳役过重,饮食内伤,或老畜、病后、产后气血双亏,大肠传送无力,津液干枯,不能滋润大肠,使排便困难而发虚秘。

【症状】 神疲气怯,虽有排粪姿势,但努责乏力,排便时间延长。

【脉色】 舌质淡白,苔薄,脉虚无力。

【治则】 益气润肠。

【处方】

(1)黄芪汤

黄芪二两 陈皮二两 火麻仁四两 当归八钱 熟地一两 枳实八钱

茯苓八钱 郁李仁二两

煎水去渣,加蜂蜜四两灌服。

(2)润肠汤

当归二两　甘草五钱　生地二两　桃仁五钱　杏仁五钱　火麻仁四两

共为末,开水冲,加猪油一斤,同调灌之。

【调理】 改喂青嫩多汁的饲草如青草、青菜等,多给饮水,可适当地灌一些清油或蜂蜜以润肠通便。如秘结在直肠,可手涂石蜡油,细心掏出粪便,并用生姜和红糖适量,捣烂塞入直肠,有生津润肠的作用。

四十三、冷泻

本病是寒伤脾经,胃火衰弱,水谷不能运化,致使胃肠清浊不分而作泻的一种疾病,故称冷泻。冷泻者多系久喂冷冻饲料,或过冷饮水伤于脾胃,致使肠中积冷,不能运化,因而发生泄泻,是损伤肠道而发生的泄泻。

【病因】 由于气候突变,夜露风霜,或久卧湿地,外受寒邪,传入脾经,脾传于胃,下注于肠,因而发生冷泻;或饲养失宜,过度喂饮冷冻食物,或久渴失饮,空肠饮水太过,失于降散,以致冷气入胃,寒气伤脾,脾胃合之阴冷,致使脏冷气虚,脾胃失职,水谷不能运化,清浊不分而作泻。

【症状】 精神倦怠,被毛逆立,食欲、反刍减少,头低耳耷,四肢发凉,耳鼻俱冷,肠鸣如雷,小便清短,大便清稀无臭味,同时粪中混有未消化的草料碎块,有时背拱尾夹。

【脉色】 脉象沉迟,口色青白。

【诊断】 以小便清短,大便稀薄,耳、角发冷为主症。宜与热泻鉴别。

【治则】 以温脾健胃、调中止泻为治则。

【处方】

(1)青皮散

青皮五钱　陈皮五钱　白芍八钱　细辛四钱　茴香一两　白术一两

桂花五钱　肉桂七钱　甘草六钱　生姜五钱

共为细末,开水冲,加炒盐半两,候温灌之。

(2)芍术散

炒白芍一两　白术一两　车前子一两　豆蔻一两　盐茴香一两　川厚朴五钱

茯苓一两　益智仁八钱　五味子六钱　陈皮五钱　砂仁三钱　瞿麦六钱

甘草三钱

共为末,引用生姜五钱(切碎),开水冲,候温灌之。

(3)方三

藿香五钱　当归四钱　厚朴七钱　青皮五钱　陈皮七钱　白术八钱

菖蒲五钱　茯苓一两　肉桂四钱

共研细末,加生姜一两,煎水,候温灌之。

(4)香砂散

广木香一两　砂仁一两　草豆蔻一两　焦白术一两　茯苓一两　肉桂一两

厚朴一两　吴茱萸一钱　建曲二两　甘草三钱　引生姜二两

煎汤，分二次喂。

(5)方五

党参二两　白术二两　茯苓三两　砂仁一两　酒白芍二两　台乌四钱
焦白术二两　肉豆蔻一两　陈皮一两　青皮八钱　炙香附二两　焦三仙各一两
元桂八钱　炮姜八钱　炙茴香一两　炙草五钱

共为末，温水调一次服。可服二剂。

【调理】 停止使役，拴于温暖干燥之处，寒夜背上搭毡苫。给以温米泔水自饮，或用少许高粱米煮粥饮之更好。

四十四、热泻

热泻是湿热停积胃肠而发生的泄泻之症。

【病因】 本病多在夏秋两季发生，由于气候炎热，加以剧烈劳役，外热侵入体内，致使口渴难当而过饮冷水，以致冷热相击，阴阳不和，湿热注于肠胃，发生泄泻。其他如炎天季节，牛吃了被太阳暴晒的热草和久卧湿地，湿热熏蒸，侵入胃肠，亦可发生本病。

【症状】 精神委顿，食欲、反刍减少或停止，眼呈红色，鼻镜干燥无汗，口内热燥，呈现赤红。体表发烧，呼吸加快，口渴喜饮冷水，四肢无劲，不愿行走，粪便稀溏呈黄色，微带秽臭，臀部沾满粪便，小便短赤。病重时则卧地不起，肛门失禁，连连泄泻，四肢发冷，神昏如痴，多难治愈。

【脉色】 脉象洪数，口色赤红。

【诊断】 小便短赤，大便泄泻恶臭，耳角均热，口流热涎。口渴喜饮，粪便溏泻呈黄色，微带秽臭。

【鉴别】 冷泻大便稀薄，口、鼻、角根俱冷，腹鸣如雷，小便清短；热泻则口渴喜饮，便溏为黄色，特臭，全身发热；痢疾则多为热毒所致，稀粪中多混有红白相杂的瘀膜，拉粪痛苦。

【治则】 以清热燥湿止泻为治则。

【处方】

(1)香连散

川黄连一两　广木香五钱　白芍二两　黄芩三两　甘草一两

共为细末，开水冲，候温灌之。

(2)地榆散

生地一两　地榆八钱　当归五钱　川芎五钱　木香四钱　栀子一两
木通一两　黄芩一两　黄柏八钱　小茴香三钱　大青五钱　苦参一两
玄参一两　陈皮八钱　甘草五钱

共煎水灌之。

(3)大黄散

酒大黄六两　生地榆三两　生地六两　生栀子四两　生黄芩三两　苦参一两
没药八钱　黄药一两　白药一两　连翘一两　郁金二两　丹皮一两
赤芍一两　胆草四钱　甘草八钱　引清油一斤

共为末，分成三剂，每日一剂，加清油半斤，灌之。

(4)方四

炒白芍二两　炒地榆一两　胶珠两半　陈皮一两　青皮一两　炒乳香八钱
焦香附二两　车前子一两　茯苓二两　土炒白术两半　黄药两半　白药两半
焦大黄二两　焦栀子一两　砂仁八钱　木通一两　炙草八钱　白头翁一两

共为末,加清油四两,一次服,连服三剂。

注:本方适合于治疗虚热泻。

【调理】 多饮清凉水,喂以少量容易消化的草料,并牵至阴凉之处休息,禁喂粗糙坚硬草料。

四十五、痢疾

痢疾是湿邪热毒郁积胃肠引起里急后重、痢下赤白的一种疾病。粪便混有红白瘀膜,有时可传其他牛只。

【病因】 本病一般发生于夏秋两季。由于湿热侵入脾胃,郁积肠内成毒。如常饮污浊脏水,或吃了江边河岸被洪水淹没过的青草,以及霉败的草料,均易招致本病。

【症状】 病初精神不振,食欲、反刍减少,鼻镜干燥无汗,口内发热呈红色,口涎少而黏腻,眼膜红赤,头低背拱,四肢无力,不愿行走,大便稀少,里急后重,小便短赤,常喜饮水。后期在粪便中混有牵缕不断的红白色瘀膜,气味恶腥,排粪痛苦,吼叫不安。重者呼吸短促,身热肌肤颤,最后体表及四肢发冷,眼呈赤紫色,卧地不起。

【脉色】 脉象洪数,口色鲜红。

【诊断】 其主症为肚腹疼痛,呻吟吼叫,里急后重,痢下赤白,粪便中混有红白色牵缕不断的瘀膜,气味腥臭。

【治则】 以清热解毒、止痢固肠为治则。

【处方】

(1)白芍散

白芍八钱　前仁七钱　地榆炭六钱　金银花一两　滑石一两　大黄五钱
黄连八钱　白头翁一两　茯苓七钱　甘草三钱

共研细末,温水调灌。连服二至三剂。

(2)苦参散

苦参二两　黄连一两　川朴一两　甘草一两

共为细末,开水冲,候温一次灌之。

(3)方三

黄连五钱　炒山栀一两　白芍八钱　地榆八钱　天花粉八钱　槟榔五钱
木通一两　茯苓八钱　陈皮一两　乌梅六钱　白头翁一两

共研细末,臭椿根半斤煎水冲服。连服二剂。

【调理】 病牛单独隔离饲养,勤打扫地面粪便,喂以容易消化的食物,亦可用槐树枝或马齿苋煎水自饮。

【预防】 天气炎热时中午不宜放牧,勿饮污浊脏水,忌吃被洪水泛涨浸过的青草以及霉败的草料。

四十六、便血

便血即是粪便带血，是牛常见的一种病。临床上可分为远血和近血两种。先便后血，血色呈暗红色者，称远血；先血后便，血色鲜红者，称近血。

【病因】 本病多发生于夏秋两季。因暑月炎天，剧烈劳役，热毒郁结于胃肠，热盛迫血于肠内，致成其患。另外劳役过度，引起脾虚胃弱，脾虚则不能摄血，亦可引起本病。

【症状】 临床上所见的便血，一般分为实、虚两种。

(1)实证　病发较急，鼻镜干燥，口舌干燥发热而呈红色，口渴而喜饮冷水，食欲、反刍减退或废绝，精神不振，粪便干硬或呈黄色稀粪，一般是先血后便，粪便带血，血色多鲜红，排粪时感有痛苦，小便短少。

(2)虚症　病发较轻，牛体消瘦，毛粗枯灼，精神倦怠，头垂耳低，口舌有涎滑利而呈淡白色，食欲、反刍日益减少，大便溏泻，一般先便后血，或血随粪便同时拉出，血色多为暗红色，四肢无力，不愿行走。

【诊断】 渴而饮水，粪干尿短，先血后便，血色鲜红者，为胃肠郁热之实证；粪稀身瘦，先便后血，血色暗红者，为脾虚寒冷的虚证。

【脉色】 实证脉象洪数，口干舌红；虚症脉象迟细，口舌淡白。

【治则】 实热引起的便血，应以清热解毒止血为主。脾虚寒冷引起的便血，应补虚升阳，引血归经为主。

【处方】

(1)方一(适用于胃肠实热便血)

归尾一两　青皮六钱　苦参一两　厚朴五钱　白术五钱　葛根五钱
茯苓一两　苍术四钱　槟榔四钱　桔梗五钱　桑白皮五钱　黄连四钱
炒槐花一两　炒地榆七钱

共研细末，粘米一撮，煎水冲服。

(2)方二(适用于胃肠实热便血)

滑石四钱　牡丹皮六钱　寸冬八钱　青皮四钱　木通一两　桔梗八钱
生地四钱　石苇八钱　白蜡四钱　侧柏叶二两　棕树叶四两

共煎水灌之。

(3)方三(适用于胃肠实热便血)

川连二钱　条芩六钱　黄柏四钱　麦冬三钱　胆草四钱　二花三钱
白芍三钱　白芷四钱　杭菊三钱　桑白皮五钱

共研细末，加鸡蛋清三个，开水冲服。

(4)补中益气汤(适用于胃肠虚热便血之症)

潞党参四钱　生黄芪四钱　当归身八钱　炙甘草三钱　土白术三钱　陈皮三钱
蜜升麻二钱　蜜柴胡二钱　五味子三钱　乌梅肉七个　诃子七个　槐花一两
车前子二两　生姜三片　大枣五个为引

共煎水灌之。

(5)伏龙止红散(适用于胃肠虚热便血之症)

生地一两　丹皮一两　焦地榆一两　黄芩八钱　炒白术两半　黑附片三钱

甘草五钱

共研细末,伏龙肝一至二斤,煎水澄清后冲服。

(6)方六(适用于胃肠虚热便血之症)

川连五钱　条芩七钱　椿皮一两　当归一两　川芎五钱　槐花一两

白芍五钱　生地六钱　甘草五钱　百草霜二两　焦地榆七钱　乌梅五钱

柯子(煨)五钱

共研末,清油半斤,开水冲服。

【调理】 病牛应拴于安静地方休息,喂以容易消化草料,忌喂粗硬草料。

四十七、脱肛

本病皆因中气不足,元阳衰弱,气虚下陷,肛门松弛,大便秘结,或受风寒,致使肠头突出,时久肿胀,不能收缩,故称脱肛。多见于瘦弱的牛。

【病因】 饲养失调,劳役过度,损伤元气,脏冷气虚,致使肛门失去收缩功能,为其主要原因。其他如排粪困难,负重超力,用力努责,以及产后气血虚弱等因素,亦能引起本病。

【症状】 一般是直肠突然脱出肛门,稍久,风吹膜瘀肿胀如球,甚至粘着草末、灰沙等污物,有时病牛弓腰努责,后脚频移,大便难下,痛苦不安。如系身瘦气虚所致,则肛门松弛,当喂饱或睡卧时,肠头脱出(一般一二寸),当肚饿或起立时,自然缩回。

【脉色】 口色淡红,脉象迟细。

【诊断】 直肠脱出肛门为主症。

【治疗】 中气亏虚、肠头经常脱出自缩者,可内服提肠散,以补中益气;同时外搽冰螺散,使其收缩肛门可愈。若时久不收者,须施行手术送入。送入前,术者将指甲剪尽磨光,用肥皂水洗手,再用嫩树枝和艾叶各一把,或用防风汤煎水,洗净脱出部分,除去瘀膜,涂上油脂,随之轻轻送入。完全整复后,外用布带横遮肛门,布带两端用细绳固定于颈部,注意排便时须稍微移动,一般一日后解去,同时内服方三或方五治之。

【处方】

(1)提肠散

槐花二两　茴香八钱　升麻一两　白术一两二钱　甘草四钱　陈皮八钱

当归一两　黄芪八钱　麻仁二两

共研细末,盐水调灌。每日一剂,连服三至五剂。

注:本方具有补虚健脾、升阳理气、润燥缩肛之效。

(2)冰螺散

冰片五分　大田螺十个(洗净烧灰存性)　蝉蜕壳二钱(焙焦)

共研细末,清油调,擦患部。

(3)方三

黄连五钱　栀子五钱　当归六钱　白术六钱　枳实八钱　干葛六钱

白芷五钱 赤茯苓六钱 黄芪一两

共为末，开水冲，候温灌之。

(4)防风汤

荆芥一两 防风一两 花椒一两 苍术一两 大艾叶一两 薄荷一两

大黄一两 甘草一两 白矾五钱

煎汤冲洗。

洗时去尽瘀膜，用荜拨末调水涂擦患部，再行手术送入，纱布包扎固定。

(5)方五

秦艽五钱 油当归六钱 茅苍术五钱 厚朴四钱 茴香五钱 肉桂三钱

青皮四钱 陈皮四钱 川楝子四钱 郁李仁八钱 麻仁一两

共为细末，引生姜八两、葱白七根、黄酒四两，开水冲，候温灌之。

【调理】 停止使役，拴于静舍，喂以较稀而易消化的饲料，饮以温水，并用适量绿豆浆喂之更好，忌喂粗硬草料。

附：盆神经封闭法及尾骶封闭法

盆神经封闭法及尾骶封闭法可用于治疗子宫脱、阴道脱和直肠脱，或上述各器官的急、慢性炎症及其脱垂的整复手术。

(1)盆神经封闭 在荐椎最高点（第3荐椎棘突）两侧6～8厘米处用长封闭针（10～12厘米）垂直刺破皮肤后，以55°角由外上方向内下方进针，当针尖到达荐椎横突边缘后，将封闭针角度稍加大，针尖向外移，沿荐椎横突侧面穿过荐坐韧带（常有类似刺破硬纸感觉）1～2厘米，即到盆腔神经丛附近。每千克体重注入0.25%～0.5%普鲁卡因溶液1毫升，将总量分二次分别在两侧注射，每隔二至三日一次。

(2)尾骶封闭 病畜站立保定，将尾部提取，刺入点在尾根与肛门形成三角区中央（后海穴或交巢穴）处，其间有腰荐神经丛、阴部神经和直肠后神经。用长15～20厘米针头，垂直刺入皮下，将针头稍上翘并与荐椎呈平行方向刺入，进针10～15厘米时推入药液，然后慢慢抽出针头，先由正中边注边拔针，然后再分别向左、右各注入一次，使药液分布呈一扇形区。牛注入0.25%的盐酸普鲁卡因150毫升，配以160万～240万单位的青霉素，0.25%普鲁卡因溶液150～250毫升。

四十八、胞转

胞转为湿热郁结膀胱而发生小便不通之症。

【病因】 本病多发生于夏秋两季。因夏秋季节天气炎热，牛易受湿热侵袭，加之剧烈劳役，以致心火过旺，心与小肠相表里，故心火过盛则下注小肠，传入膀胱郁结而成尿闭；或饮以污浊热水，热浊积于膀胱，致使膀胱清气不升，浊气不降，遂成此患。如《元亨疗马集》说："胞经无人气通传，分利阴阳似涌泉，清气不升浊气闭，积而盈满不通宣。"

【症状】 病初鼻汗时有时无，口内发热涎少，食欲、反刍减少或停止，站卧不宁，四肢作软，前肢不断扒地，后肢时常张开，蹲腰努责，欲尿不尿，小便闭塞或淋滴而下，排尿时表现疼痛，尿液初呈黄色，后转为黄赤色。严重时后腹部胀急而发生剧烈疼痛，病牛表现站立不安，甚至吼叫呻吟。

【脉色】 脉象沉涩，口色淡红。

【诊断】 前肢扒地，蹲腰努力，欲尿不尿，小便闭塞或淋滴而下，为本病之主症。

【治则】 以泻膀胱湿热，通利水道为主。若是公牛发生本病，可用螺蛳数个、葱白、冰片适量共捣烂敷海门穴处；母牛可用葱和蜂蜜共捣烂塞入阴门的尿道口处。

【处方】

(1)滑石散

滑石八钱　木通七钱　猪苓五钱　泽泻五钱　茵陈一两　酒知母八钱

酒黄柏六钱　前仁六钱　瞿麦二钱　灯芯草二钱为引

共煎水灌之。

(2)利尿散

木通八钱　石苇八钱　滑石一两　赤芍七钱　泽泻八钱　车前子五钱

猪苓五钱　瞿麦五钱　没药四钱　甘草三钱

共研细末，灯芯草一撮，煎水灌之。

【调理】 病牛应牵于阴凉地方休息，新鲜车前草煎水去渣，待冷后加适量童便混合给牛自饮，饮水量不宜过多，在治疗期间忌饮冷水。

四十九、胞虚

胞虚是因身瘦体弱、气血亏虚、引起膀胱麻痹的一种尿闭之症。

【病因】 饲养失调，劳役过度，致使气血衰弱，心主血，血衰即心火不旺，命门相火亦随之不旺，气属阳，气弱则阳气偏低，因而阴盛阳衰，致使膀胱麻痹，无力使尿液排出体外，故发尿闭。此外，内伤阴冷，亦能使阳气虚弱而发生本病。

【症状】 病初精神不振，小便频数，尿量短少；病重时，后肢张开，时作排尿状，尿液淋滴，但无痛苦表现。有时尿液闭塞不通，后腹胀满。

【脉色】 脉象迟涩，口色淡白。

【诊断】 身体消瘦，尿液淋滴，排尿时无痛苦表现为本病的主症。

【治则】 以内服补虚理气利尿药剂为主。

【处方】

(1)补虚利尿饮

黄芪八钱　党参八钱　白芍六钱　赤茯苓八钱　远志六钱　桂圆一两

泽泻八钱　麦门冬六钱　木通二两　炙甘草四钱　生姜为引

共煎灌之。

(2)芍药散

芍药一两　山茱萸五钱　当归二两　细辛三钱　肉桂四钱　龙骨七钱

共研细末，开水冲，待温加酒、葱、油、盐适量灌之。

【调理】 停止使役，增喂精料，经常牵至平坦地方缓慢行走，并宜用炒黄豆加青盐喂之。

五十、尿血

本病乃膀胱积热或肾经受伤而引起排尿带血，故名尿血。

【病因】 多因暑月炎天使役过急，饮喂不调，致使三焦积热，心受其邪而流注小肠，郁积于膀胱，而发生尿血。故《元亨疗马集·牛经》云："热入小肠多尿血。"此外，如负重超力，腰肾挫伤，致使肾经亏损，亦能导致此病。

【症状】 精神不振，食欲、反刍减少，排尿时蹲腰伸头，一般尿呈红色，或淋滴不畅；病重者行动缓慢，多卧少立，毛焦肷吊，体质逐渐瘦弱，同时尿呈暗赤色，且带有血块。

【脉色】 舌色淡红，脉象沉数。

【诊断】 尿带红色为主症。

【治则】 以清内热、利小便为主。

【处方】

(1)加味导赤散

木通一两　瞿麦一两四钱　萹蓄一两四钱　酒知母一两六钱　酒黄柏一两二钱
滑石二两　棕皮炭一两　车前子一两　栀子一两　甘草六钱

共为细末，分二次，温水调灌。

(2)牛膝木通饮

当归二两　赤茯苓二两　牛膝三两　贝母一两　滑石四两　木通二两
陈皮八钱　甘草梢二两　红花一两　青木香一两　栀子二两　赤芍(炒)二两

共煎水，分二次灌之。

(3)秦艽瞿麦散

秦艽三钱　瞿麦三钱　车前子三钱　木通三钱　炒蒲黄三钱　甘草梢三钱
焦栀子三钱　黄连三钱　生地三钱　黄芩四钱　白芍四钱　花粉四钱
大黄四钱　滑石四钱　赤茯苓四钱　连翘四钱　当归八钱

共研为末，引用竹叶一把、灯芯草一根、旧草帽箍一个，煎水冲药，候温灌之。

(4)方四

车前草一斤　侧柏叶(炒焦)半斤　灯芯草四两

共煎水去渣，加童便二碗同调，候温灌之。

【调理】 停止使役，放于清凉安静之处，喂以营养丰富草料，每日用新鲜童尿五至七斤混清水内使之自饮，切忌阳光暴晒。

五十一、砂石淋

砂石淋乃系砂石堵塞尿路引起排尿困难而疼痛的一种疾病。轻症曰砂淋，重症曰石淋，总称为砂石淋。砂石淋多见于公牛。

【病因】 多因牛体肾经虚弱，湿热蕴结膀胱，灼燥津液，凝结成块，阻塞水道不通，尿液难以排出，遂成此病。

【症状】 病初腰部稍硬，尿量减少，排尿时拱腰，感觉困难，公牛阴茎有时伸出。病重时，食欲、反刍减少，鼻镜稍干，汗珠很少，排尿时感觉非常疼痛，拱背蹲腰，站卧不宁，后肢张开，不断摆尾，小便淋漓或带血水，有时呻吟吼叫，此时手顺阴茎腹侧捏摸，可在阴茎或上或下摸到有坚硬淋子。后期则阴茎伸出包皮外，肿大发青，治疗不易。

【脉色】 口红脉数。

【诊断】 小便淋漓，排尿痛苦，手摸阴茎腹侧或上或下有坚硬淋子阻塞尿道为本病的主症。

【治则】 在未结成淋子时，内服利水通淋药剂；结成淋子后，须施手术取出淋子再服药。

【处方】

（1）木通散

木通八钱　海金沙一两　通草五钱　川牛膝五钱　泽泻五钱　盐黄柏六钱
滑石二两　竹叶五钱　黄芩六钱　甘草梢四钱　灯芯草三钱

共研细末，温水调灌。

（2）方二

栀子一两　木通一两　萹蓄一两　瞿麦一两　灯芯草一两　二丑八钱
赤茯苓一两　泻泽一两　荜澄茄五钱　海金沙二两　竹叶一两　滑石一两
甘草四钱　童便一碗为引

共煎水，一次内服，连服二剂。

（3）方三

生茶叶三两　车前草三两　瞿麦二两　萹蓄二两　三白草二两　青木香二两
木通二两　海金沙二两　灯芯草三两

共煎水灌之。一日一剂，连服三剂。

（4）地龙汁汤

将白糖撒在蚯蚓上面，用盖子盖好，待二至三小时后，蚯蚓溶化成水，一次灌之。

手术　病牛横卧保定，术者握住牛的阴茎（以免缩收或左右滚动），寻找阴茎腹侧内淋子肿硬处。淋子部位确定后剪毛消毒，顺着阴茎的纵方向切开皮肤，用钝钩钩开，切开阴茎，取出淋子，用艾叶、金银花煎水洗净创口，拭干，缝合，再用清油调百草霜封涂创口。

【调理】 在治疗期内，不宜饮水过多，手术后增喂精料，防止苍蝇、昆虫及泥沙侵入创口，经常牵至平坦地方缓慢走动。

五十二、尿白浊

本病多发于公牛，母牛亦有发生。因其主要症状是尿液混浊色白，形如米汤，故称尿白浊。

【病因】 多因劳伤过度或外感湿热所致。如使役过重，膀胱积热而又乘热饮以冷水，或被阴雨苦淋，久卧湿地，或为暑气熏蒸，致使湿热郁结，遂成此症。此外，种公牛配种过多，以致肾阳耗损过度，肾气不足，精液不固，混入尿液，亦可引起本病。

【症状】 精神委顿，毛粗焦枯，体瘦肉减，食欲、反刍减少，四肢无力，不愿行走，尿液色白混浊，形似米泔，甚至混有凝结白片，排尿时涩滞，有时表现痛苦。

【脉色】 脉象迟细，口色白黄。

【诊断】 尿液色白混浊似米汤样，为本病的主症。

【治则】 以补虚清热、固脱利尿为主。

【处方】

(1)方一(湿热性尿白浊)

白术二两 土茯苓二两 二花八钱 连翘一两 天冬一两 芡实二两

怀山药四两 熟地二两 瞿麦一两 茱萸两半

共煎水灌之。

(2)方二(肾气不足尿白浊)

萆薢六两 石菖蒲一两 甘草梢六钱 乌药三钱 茯苓二两 益智仁两半

白鸡冠花四两 白葵花盘四两

共煎水灌之。

(3)方三(肾气不足尿白浊)

当归五钱 川芎三钱 白果仁四钱 芡实四钱 牡蛎三钱 阿胶四钱

槟榔四钱 枳壳四钱 白术四钱 青皮四钱 陈皮五钱 茯苓七钱

杭白芍四钱 木香二钱 制香附四钱 大枣七个 黄酒二两

共为末,开水冲,灌之。隔日一剂,连服三剂。

【调理】 停止使役,安静休息,增喂精料,给以温米汤自饮,停止配种,忌喂剧烈辣味料草。

五十三、胎动

胎动是指母牛妊娠期未满、胎犊受病而影响母牛不安之症。一般说来,胎动多发生于妊娠的后期,因此在治疗时,应以安胎为本病的治疗原则,以期达到子安则母宁的目的。

【病因】 本病多发于妊娠后期,由于母畜妊娠期间的饲养管理不当所致。如负重运输,跳沟过涧,奔走过急,前扑后跌,或拉碾磨以及两畜角斗等原因,蹙损孕畜而闪损胎犊,致成此病。

此外,母畜妊娠期间因患肚痛时急起急卧,或过喂冰冻饲料,以及误服刺激性和有毒的药物,亦能引起此病。

【症状】 病初病畜精神表现不安,食欲、反刍减少,有时腹痛起卧,回头观腹,鼻汗不成珠,重时不断起卧,行走不停。有时拱腰努责,频频嘶鸣,气促喘粗,浑身颤抖,肚腹胀满,同时小便频数,阴道流出黄色浊液。

【诊断】 临诊要和正常分娩情况区别:如孕期已满,乃为正常分娩;若孕期未满,则系胎动不安。本病慢者易治,重者往往多形成流产。

【脉色】 脉浮紧,口色青黄。

【治则】 当以安胎顺气止痛为治则。

【处方】

(1)四物安胎散

归身四钱 川芎三钱 白芍三钱 熟地三钱 白术五钱 茯苓三钱

阿胶三钱 苏梗三钱 黄芪五钱 陈皮三钱 糯米五钱

共为细末,引用生姜三钱同调,候温灌之。

加减:羸瘦体虚胎动者,加党参五钱、艾叶三钱、寄生三钱;如血热胎动者,减熟地,加生地四钱、黄芩三钱、焦山栀三钱、莲子肉三钱。

(2)白术散

白术(炒)一两　砂仁六钱　当归一两　川芎六钱　白芍六钱　熟地六钱
党参六钱　陈皮八钱　苏叶八钱　黄芩八钱　阿胶(炒)八钱　甘草三钱
生姜五钱为引

共为细末,开水冲,候温灌之。可连服二三剂。

(3)方三

泡参二两　茯苓二两　白术二两　枯芩二两　当归二两　黄精二两
川芎一两　怀山药二两　陈艾二两　甘草三钱

共合煎水分二次服。

(4)艾叶散

艾叶(酒炒)一两　土白术五钱　当归两半　熟地五钱　白芍七钱
紫苏叶七钱　川芎四钱　砂仁三钱　党参五钱　陈皮五钱　阿胶八钱
酒黄芩四钱　甘草三钱

共为细末,开水冲,加童便四两、黄酒四两灌之。

(5)方五

血当归一两　老艾叶一两　益母草一两　紫苏叶二两　土黄连二两

煎汤一次服。

【调理】 停止使役,拴于暖厩,地上铺以软草,任其自卧。

【预防】 妊娠后期最好不要使役过重,并多喂以富有营养的草料。缰绳不可拴得过短,以免起卧不便,闪损胎犊。寒夜不可外拴。勿饮冷水,勿食冻草料。最好单槽饲喂,以防互相角斗而发生胎动。

五十四、胎气

胎气为妊娠母牛出现的腹下及后肢浮肿之症,多发于产前一月左右,由于气血失调而影响胎气不舒,故名胎气。如《元亨疗马集》说:“夫胎气者,胎中气不顺也。……此谓胎气流行经络也。”

【病因】 由于妊娠期外感风塞,内伤阴冷,劳役过度,以致畜体元气亏损,气血失调,清气不升,浊气不降,致使胎气不舒,而成其患。

【症状】 病初精神食欲无显著变化,腹下(包括乳房及会阴)及四肢发生浮肿,行动迟缓,有时腹胀微喘。一般病轻者,多在分娩后数日内,其浮肿逐渐自行消失。病重者有时表现精神委顿,被毛焦燥,食欲减退,拘行束步,胯靸腰拖,甚至卧地不起等症状。

【诊断】 一般脉色无变化。妊娠后期腹下及四肢浮肿为本病之主症。本病症状与一般黄肿颇有相似,胎气浮肿多发于妊娠末期,且少有发热的症状;但黄肿脉多洪数,口色鲜红,身热困倦,行立无神。故两症脉色不同,症状有别,易于辨识。

【治则】 如病势重者,当以理气养血、安胎健脾为治则。宜内服当归散或方二、方三。若病势轻者不必用药,只要加强护理,改善饲养,适当运动,产后即自愈。

【处方】

(1)当归散

全当归一两　熟地一两　白芍八钱　川芎五钱　枳实三钱　青皮三钱

共为细末,引用红花二钱,开水冲,候温灌之。

(2)方二

当归二两　白芍二两　川芎一两　茯苓二两　黄芪二两　党参二两

枯芩二两　丹皮一两　艾叶二两　甘草三钱

共合煎水,分二次灌之。

(3)方三

老艾叶二两　益母草二两　紫苏叶二两　小茴香一两

煎汤,分二次服。

【调理】　牵于暖厩,增加草料,勿食冷冻草料,勿饮冷水。寒夜不可外拴,忌卧潮湿之地。

按:胎气之病虽应以调经理气安胎为主,但不宜过服破血散瘀之剂。因破血散瘀对孕畜不利,故当归散中用枳实、青皮、红花等理气散瘀消肿之药,其用量很轻,只能起到扶阳健脾活血之功,而无破血损胎之力。

五十五、胎风(产后风)

胎风是由于产犊后外感风寒而引起四肢瘫痪的一种疾病,故名胎风,又名产后风。如《元亨疗马集》说:"胎风者,产后外感风也。"

【病因】　多因孕畜在妊娠期使役太过,饮喂失调,遂使畜体衰弱。或产期经过时间较长,气血衰弱,而又外感风寒,内伤阴冷,风邪乘虚而入皮肤,继传经络,致成其症。

【症状】　病牛多于产后一二周内发病,病初精神短少,食欲、反刍减少,鼻汗时有时无,被毛逆立,有时颤抖,四肢不灵活,行动迟缓。继之四肢背腰发硬,行步困难,卧多立少。病重时,精神委顿,头垂耳低,食欲、反刍逐日减少,口内流涎,有时磨齿,四肢及腰胯麻痹,卧地难起。

【诊断】　脉象迟涩,口色如绵。本病多因产后气血虚弱,外感风寒所致,故以四肢特别是后肢瘫痪、卧地难起为主症。

【治则】　以活血理气、祛风止痛为治则。如内服加味麒麟散或方二、方三,同时用醋炒热麸装于口袋内,热熨腰胯(以酒或醋糟热熨更好),熨后麸袋不取下,仍放于腰部,候冷再去掉。

【处方】

(1)加味麒麟散

麒麟竭五钱　胡芦巴一两　当归一两　没药八钱　白术八钱　木通六钱

川楝子五钱　巴戟八钱　牵牛六钱　补骨脂一两　茴香八钱　藁本八钱

秦艽一两　木瓜一两　明天麻八钱　甜瓜子(捣碎去油)两半

上药水煎取汁,候温灌之。或为末开水冲,候温灌之。

(2)方二

荆芥(炒黑二两)　赤芍二两　桃仁一两　红花五钱　防风二两　藁本二两

白芷一两　归尾一两　粉葛二两　甘草三钱　益母草三两

共合煎水，加童便一碗喂服。

(3)方三

当归一两　红花六钱　桃仁六钱　元胡六钱　香附子六钱　熟地八钱
赤芍六钱　荆芥六钱　防风六钱　羌活六钱　僵蚕四钱　全蝎四钱
肉桂四钱　天麻四钱　甘草三钱

共合一处，加砂糖四两同调，煎汤灌之。

【调理】 圈宜温暖干燥，最好用软草铺地，并解去缰绳任其自卧，阴雨寒天应于病畜腰部盖以麻袋，喂以富有营养的词料。

五十六、流产

母牛在怀孕期发生胎病，致使胎儿死亡或不足月即产者，称为流产。流产不仅可使胎儿夭折，而且能影响母畜健康，往往由于流产造成母畜难妊，甚至引起其他产科疾病而死亡。

【病因】 多因孕期饲养不良或使役不当所致。如孕畜劳役过度，气血亏损而不能养胎，或因跌扑闪挫损伤胎元，或因饲养失调久食冷冻草料，过饮冷水，以及草料不佳，缺乏营养，误食毒物毒药等原因，均能引起发生本病。

【症状】 病初精神不安，还微腹痛；随之右肷出现波动，气促喘粗，起卧不宁，蹲腰努责，后肢开张如排尿状，阴户潮红微肿，并有浊液及血水流出；最后从阴户排出孕期未满的胎儿。

【治则】 在未流产前，出现症状者，治以安胎为主，可试用四物安胎散或白术散，或茵陈汤、保产无忧方；若已流产者，当以补气养血、调和血脉为治则，可内服方五；若流产后身休瘦弱者宜内服十全大补散或加减安胎保孕散，以扶正气之不足。

【处方】

(1)四物安胎散

归身四钱　川芎三钱　白芍三钱　熟地三钱　白术五钱　茯苓三钱
阿胶三钱　苏梗三钱　黄芪五钱　陈皮三钱　糯米五钱

共为细末，引用生姜三钱同调，候温灌之。

加减： 羸瘦体虚胎动者，加党参五钱、艾叶三钱、寄生三钱；如血热胎动者，减熟地，加生地四钱、黄芩三钱、焦山栀三钱、莲子肉三钱。

(2)白术散

白术一两　当归一两　川芎一两　白芍一两　熟地一两　甘草一两
阿胶一两　陈皮一两　寄生一两　紫苏一两　党参一两

共合一处，引用生姜七片，煎水候温灌之。

(3)茵陈汤

茵陈二两　川黄柏五钱　苍术八钱　银花一两　防己八钱　红花三钱
姜黄四钱　黄连八钱　当归一两　木通五钱　陈皮五钱　泽泻四钱
甘草三钱

共为末，拌于饲料中自吃。隔日服一剂，必要时可连续喂服五至七剂。

(4)保产无忧方

川朴四钱　酒当归一两　炒川芎四钱　生黄芪一两　芥穗(炒黑)四钱

川贝母六钱　菟丝子(酒泡)六钱　甘草三钱　羌活三钱　枳壳四钱
酒白芍四钱　生姜三钱　大艾叶四钱
服法同茵陈汤。

(5)方五

归尾一两　红花五钱　川芎一两　荆芥(炒黑)二两　陈皮一两　秦艽一两
甘草三钱　乌药五钱　益母草二两
共合煎水，加白酒八两，同服。

注：此方用于流产后，有散瘀生新之功。

(6)十全大补散

人参四钱　茯苓六钱　白术八钱　甘草四钱　当归六钱　川芎五钱
熟地五钱　白芍六钱　黄芪八钱　肉桂四钱
共为细末，开水冲，候温灌之。

(7)加减安胎保孕散

熟地二两　党参一两　沙参一两　阿胶珠一两　焦山栀八钱　玄参二两
归身一两　川芎五钱　砂仁一两　炙草一两　续断二两　酒白芍一两
鹿角霜两二　炙黄芪二两　益智一两　酒黄芩一两　白术(土炒)二两
枸杞一两　台乌一两　菟丝子一两
共为末，童便为引，开水冲服。

【调理】 孕期不宜使役太过，加强护理，增加营养，喂以富有营养的草料，温水或熟米汤一日二次饮之。

【预防】 孕期轻度使役，冬日暖圈，夏季凉棚，勿食冷冻草料，勿饮冷水太过，妊娠后期最好单槽饲养，防止角斗拥挤，致发流产。

五十七、难产

孕畜分娩发生困难，不能顺利地将胎儿产出，即为难产。本病是产科的一种重要疾病，如治疗方法不当，特别是施行手术疗法，往往易引起子宫肿胀化脓、外脱等症，甚至造成胎儿或母畜的死亡。

【病因】 由于妊娠期间劳役过重，饮喂失调，以致体质虚弱，气血亏损，致使临产时交骨不开，胎儿难下。或因母畜初产胎儿过大，胎位不正等，均能发生难产之症。

【症状】 孕畜表现不安，腹痛起卧，不时拱腰努责，回头顾腹，气促喘粗，阴户肿胀，阴道流浆水，但胎儿难下。

【诊断】 孕畜腹痛不安，拱腰努责，并从阴道流浆水，胎儿难下，为本病的主症。若时久胎儿不下，可用手入阴道检查，即可判断胎儿位置是否正常和死生等情况。

【治疗】 初宜内服下列催产之剂。然后还可施行取犊手术法，兹叙述如下：

首先将病牛保定好，做好准备工作，用绒绳三条(黄蜡涂过、每条长约一丈、粗约二分)，清油一至二斤，术者将手指甲剪光磨圆，用肥皂水洗净，以油涂手臂，将右手伸入阴道，检查胎位。如系顺生，胎位不正而犊腿伸出者，须先送回其腿，再拨正胎位；胎儿头抵于骨盆腔壁者，亦须送回移正。同时亦可探明胎儿的死活，用手伸入犊口或肛门内，胎儿动者尚活，不动者胎多死亡。胎活者必须母子兼顾，胎死者照顾母畜。胎位归正后（即将两腿和头摆正），用手握住犊牛两前腿，随母牛努责，用力向外徐徐拉之，或将绳双折圈套，带于指上，随手伸入阴道，一个套于头部耳后，另一个套于嘴内，其余两条绳照前手法带入阴道，套于蹄腕上，三绳套稳后，随母牛努责用力向外徐徐拉出。

若倒生者须将两后肢摆正伸直，同上手法将绳套系于蹄腕和尾部，徐徐拉出。如脐带缠头，须用手将脐带扯断，方可用力外拉。若以上手术法仍然不能取出，可酌情用刀截法细心取之。

【处方】

（1）方一

丹参一两　穿山甲一两　滑石二两　桃仁一两　大戟五钱　皂角四钱

共合一处，加水煎之，新米汤一碗为引同调，候温灌之。

（2）方二

当归一两　川芎五钱　龟板一两　血余炭二钱

共合一处煎汤，候温灌之。

（3）方三

桃仁二两　红花五钱　归尾二两　龟板二两　急性子（即指甲花子）一两

炮姜一两　芡实叶二片　香附一两

共合煎水，加白酒八两，分二次灌。

（4）催生散

急性子一两　麻仁子四两　车前子一两　木通八钱　炙香附二两　全当归一两

川芎六钱　羌活八钱　陈皮五钱　炙龟板一两　元桂八钱　蝉蜕八钱

炒没药五钱　连翘六钱　丹参两半　茯苓一两　炙草五钱

共为细末，每日一剂，连服三剂。

【调理】 拴于暖圈，用软草铺地，喂以富有营养的草料，熟米汤或温水一日二次饮之。

五十八、胎衣不下

胎衣不下是母牛分娩后经过一定时间（十二小时）胎衣不能正常排出之症，又名胎盘滞留。以奶牛多见。

【病因】 多因在妊娠期运动不足，饮喂失调，以致畜体衰弱，真气不足，或畜体素虚，气血不足，使胞宫功能减弱；分娩时经过时间过长，畜体过度疲倦而引起；或胎儿过大，胎水过多，长期压迫致宫壁松缓；或临产时受风寒侵袭，气血凝滞，宫颈过早收缩关闭，均可导致胎衣滞留。此外，产后血入胞衣，致使胞衣胀大，胞宫壁和胎盘病理性粘连，以及早产、流产、子宫病变等，也可继发本病。

【症状】 产后胎衣的一部或全部停滞于子宫内，或胎衣的一部分或大部分露出于阴道外。病牛站立不安，多卧少立，回头顾腹，弓腰努责，时有腹痛。如滞留过久，多腐败溃烂，从阴道流出褐红色并杂有胎衣碎片的液体，极腥臭。病畜精神萎靡，食欲、反刍减少，奶量大减，口色淡白，脉象沉迟。

【治则】 本病初期宜补气养血、散寒祛瘀,应内服理气散瘀下胎衣之剂。经过治疗后(三日)仍不能排出者,须施手术。在手术时先用荆防汤洗之,然后小心剥离胎衣取出。

【处方】

(1)加味生化散

当归二两 川芎八钱 桃仁八钱 炮姜八钱 炙草五钱 党参一两

黄芪一两 引用黄酒四两 童便一碗

加减:寒凝者加肉桂、附子;气滞者加木香、香附;瘀血化热者,酌加金银花、连翘、紫花地丁、蒲公英、黄柏。

以上各药共为细末,开水冲,候温入黄酒、童便,一次灌之。

共煎水分二次内服。

(2)荆防汤

荆芥三钱 防风三钱 白矾三钱 艾叶三钱 蛇床子三钱

共合一处,煎水滤渣澄清,候温用静脉输液管或导尿管插入子宫灌之,然后将皮管口下垂,则水即流出。

(3)手术疗法 牛的胎衣剥离时,先将牛放于保定栏内站立保定,用消毒药液将外阴周围洗净,或用荆防汤将阴道及胎衣洗净。然后术者将手指甲剪短磨光,洗净涂油,自阴道入手,左手握住垂于阴户外的胎衣,右手伸入子宫内胎衣与子宫黏膜之间找到胎盘,徐徐地向里伸进,检查胎衣是否与子宫粘连,如无粘连时即可用手慢慢地将胎衣拖出;若有粘连时,用拇、食、中三指配合把胎儿胎盘由后向前逐个从母体胎盘上剥离,待全部剥离,胎衣即可完整地取出。切忌猛拉,以防损伤子宫或引起脱出。最后,向子宫内送入防腐、抗菌药物。手术中,严格消毒,细心操作,切勿损伤子宫。

【调理】 母畜在妊娠期间,应适当运动,劳役有节,增加营养。对病畜要加强护理,搞好环境卫生,防止胎衣露出部分污染。严防风寒侵袭,圈宜温暖清洁,寒夜不可外拴,忌饮冷水。每日米汤水二次饮之。

五十九、产后血虚

产后血虚是母畜产后体质虚弱的一种疾病,多见于体质瘦弱者。

【病因】 一般母牛产后体质多现虚弱,加以在孕期使役太过,饮喂失调,以及临产经过时间过长,疲劳过度,出血太多,致使元气亏伤,阴液耗损,则易发生血虚之症。

【症状】 头垂耳低,两目无神,食欲、反刍减少,精神渐减,体瘦毛焦,四肢无力,行动迟缓,卧多立少。

【诊断】 以产后精神短少,水草迟细,日渐消瘦为主症。

【脉色】 脉象浮而无力,口色淡红。

【治则】 以理气补血健脾为治则。下列各方可酌情选用。

【处方】

(1)方一

当归五钱 陈皮五钱 茯苓七钱 白术五钱 山药五钱 党参四钱

砂仁三钱 五味三钱 炙黄芪四钱 阿胶五钱 大腹皮三钱 南苏叶三钱

甘草三钱　干姜三钱

共为细末，开水冲，候温灌之。

(2)八珍散

当归一两　地黄一两　白芍八钱　川芎六钱　党参一两　茯苓一两

白术一两　甘草五钱

共为细末，开水冲，一次灌之，连服二至五剂。

(3)补中益气汤

党参四钱　白术三钱　炙黄芪一两　陈皮三钱　炙甘草三钱　蜜升麻二钱

蜜柴胡二钱　归身八钱　熟地三钱　生姜三片　枣四枚为引

共为细末，开水冲，候温灌之。

(4)补血壮元散

当归身二两　老川芎六钱　沙参一两　党参一两　炙黄芪三两　焦白术一两

熟地二两　肉苁蓉一两　五味八钱　麦冬一两　肉桂七钱　炒枣仁八钱

炒柏仁八钱　断续二两　炮姜一两　茯神一两　炙百合一两　炙香附一两

炙草八钱　大枣(去核)二十个为引

共为细末，开水冲调服，二日一剂，可服五剂。

【调理】 增加丰富饲料，按时饮喂，停止使役，寒夜不可外拴，切忌阴雨浇淋。

六十、产后恶露不尽

产后恶露不尽又称恶露不绝。分娩后，子宫内残留的羊水、瘀血、脱落的黏膜等混合化为暗红色血水，从阴道向外排出，称为恶露。在正常情况下，经二至五日即可排尽。如果分娩一周以后，阴户仍流出恶露，称为恶露不尽。不及时治疗，可导致子宫内膜炎、阴道炎等，甚至造成不孕症。

【病因】 多因产前使役过度，饮喂失调，畜体虚弱，加之分娩时间过长，气血消耗过多，气虚失摄，宫体未能复原，余血未尽，淋漓不断。或因助产及剥离胎衣，损伤胞宫，引起感染；或产后失于护理，风寒乘虚侵袭，寒凝血滞；或胎衣滞留，血瘀胞宫所致。

【症状】

(1)气虚型　证见产后从阴道流出淡红色污浊液体，量多而稀薄，无特殊气味，病畜精神倦怠，四肢无力，食欲减退，口色淡白，舌质较绵，脉象细弱，有时表现形寒肢冷，耳鼻欠温。

(2)血瘀型　证见阴道内流出暗红色浊液，或带黑色血凝块，有时表现轻度腹痛。如血瘀化热，则恶露量减少，色暗红，质浓稠，味腥臭，全身发热，食欲、反刍减少或停止。口色赤红，脉数。

【治则】

(1)气虚型　治宜补气摄血。

①加味补中益气汤

黄芪一两　党参二两　甘草(炙)一两　白术一两　当归一两　陈皮一两

升麻三钱　柴胡三钱　生地黄八钱　天花粉八钱

煎水灌之。形寒肢冷加肉桂、干姜；恶露日久不止加龙骨、牡蛎。

②归脾汤加减

党参二两 黄芪二两 白术两半 茯苓两半 当归两半 大枣两半

益母草二两半 炒艾叶两半

水煎服。泄泻者,去当归,加怀山药、车前子(布包)。

(2)血瘀型 治宜活血祛瘀。

①生化汤加减

当归二两 川芎一两 桃仁一两 炮姜七钱 益母草三两 甘草五钱

水煎取汁兑童便灌之。食欲减少者加神曲、山楂;兼有腹痛、恶露紫红夹血者,加五灵脂、延胡索;体热口色红赤者,加丹皮、金银花、蒲公英、黄柏,去炮姜;小便淋漓不畅者,加滑石、木通、灯芯草。

②加减当归红花散

当归八钱 川芎五钱 桃仁五钱 红花二钱 蒲黄四钱 五灵脂五钱

王不留行五钱 牛膝五钱 黄芪八钱 党参一两 滑石五钱 益母草一两

煎服。

【调理】 母畜在妊娠期间,应劳役有节,增加营养。对病畜加强护理,搞好厩舍卫生,勿受风寒侵袭。

六十一、产后发热

母畜产后数日内持续发热的病证,又称产褥热。

【病因】 在风道巷口分娩,时间延长;或助产不当,损伤气血,元气受损,腠理疏泄,寒风乘虚而入,邪正交争而发热;或因胎儿腐败,胞衣残留胞宫,致使瘀血停滞胞宫内,瘀久化热而致病;或因久卧湿地,阴道子宫脱出,产程失血过多,阴血大亏,阴虚阳亢而发热。

【症状】

(1)外感风寒型 证见恶寒发热,呼吸不畅,肢体疼痛,拘紧束步,时有恶露。口色淡白,舌苔薄白,脉象浮数。

(2)胞宫热毒型 证见高热口渴,烦躁不安,行走僵硬,回头顾腹,恶露较多,其色赤红,秽臭难闻。粪便燥结,尿短赤。舌苔黄燥,脉象洪数。

(3)阴虚发热型 证见身热不甚,午后略高,心悸少食,粪便干燥。口干舌红,脉细弦数。

【治则】

(1)外感风寒型 治宜解表和营。选用桂枝汤合生化汤加减。

桂枝八钱 白芍八钱 当归两半 益母草二两 川芎六钱 生姜七钱

大枣十二枚 甘草八钱

共为末,开水冲,灌之。

(2)胞宫热毒型 治宜清热解毒,活血散瘀。选用银翘红酱解毒汤。

银花一两 连翘一两 红藤一两 败酱草一两 丹皮三钱 山栀四钱

赤芍四钱 桃仁四钱 薏苡仁四钱 延胡索三钱 川楝子三钱 乳药二钱

没药二钱

共为末,开水冲,灌之。

(3)阴虚发热型　治宜滋阴降火,选用青蒿鳖甲汤。

青蒿鳖甲汤

青蒿一两　鳖甲二两　生地二两　知母一两　丹皮两半

【调理】　产后护理对本病的防治甚为重要。厩舍要保温、清洁,防止外感风寒。

六十二、宫脱

宫脱是指母畜的子宫向外侧翻转一部分或全部脱出于阴道内或阴道之外的一种疾病。一般多在分娩后不久发生,但亦有非产期而外脱者。牛较为常见。

【病因】　本病多由于妊娠期营养失调,营养不良,使役过度,以致产前畜体瘦弱,气血亏虚,导致中气下陷;或因肾气不足,冲任不固,胞宫无收缩力;或因分娩时胎儿过大,分娩时间过长;或人工助产牵拉胎儿力量过大、过于粗暴;或在胎衣不下时,强力向外牵引胎衣等,致使胞宫脉络松弛,脱垂于外。此外,子宫与胎衣粘连时亦能引起发生本病。

【症状】

根据病畜体质及发病原因,临床常将本病分为中气下陷型和肾气不足型两类。

(1)中气下陷型　子宫脱垂于外,虽频频努责,但努责的时间多而且无力。伴有体质虚弱,食欲减退,精神沉郁,尿频数。问诊中多能发现早期妊娠期间,曾有阴道不全脱出的病史。粪便多为稀薄,舌质淡白,脉虚无力。因过劳或营养不良,气血虚衰导致中气下陷,缺失固摄升提之力,当胎儿出后,气血更虚,胞宫无力收缩复原,而随胎儿娩出之后,子宫的部分或全部脱垂于外。其他证候皆为中气下陷之象。

(2)肾气不足型　子宫脱垂于外,四肢末端发凉,腰肢软弱无力,排尿不畅或排尿失禁。舌质淡红,脉沉弱。肾主纳气、固摄。肾气不足,冲任不固,故胞宫收缩无力而脱垂于外。阳气不足不能通达于外,故四肢末端发凉,腰肢软弱无力。其他舌脉证候,皆示肾气不足之证。

【治则】

(1)中气下陷型　补中益气,升提收摄。宜服补中益气汤或补气散、加减收宫养脏散,以提补中气。外用蛇床子散煎汤洗涤。

①补中益气汤

党参四钱　白术三钱　炙黄芪一两　陈皮三钱　炙甘草三钱　蜜升麻二钱
蜜柴胡二钱　归身八钱　熟地三钱　生姜三片　枣四枚为引

共为细末,开水冲,候温灌之。

②补气散

全当归二两　大党参两半　黄芪二两　陈皮八钱　土白术七钱　川升麻一两
茯神八钱　炒枳壳三钱　阿胶一两　引黄酒四两

共煎汤灌下。

③加减收宫养脏散

炙黄芪四两　党参二两　沙参二两　丹参二两　蛇床子两半　焦香附一两
煅龙骨一两　锁阳八钱　熟地三两　续断二两　骨碎补二两　焦白术一两
伏龙肝二两　炒没药八钱　黄精一两　白药子八钱　黄药子八钱　白芍一两
酒升麻一两　砂仁七钱　炙草五钱

为细末,开水冲服,可服五至八剂。

④蛇床子散

蛇床子五钱 艾叶一两 白矾一两 防风五钱 苍术五钱 花椒五钱 荆芥穗一两

共合一处,煎汤滤过候温洗患部。

(2)肾气不足型 补肾养血,温阳益气。

①方一

党参一两 山药五钱 熟地五钱 杜仲五钱 当归五钱 山茱萸五钱

枸杞五钱 升麻三钱 鹿角胶三钱 炙甘草二钱 陈皮三钱

水煎去渣取汁,候温灌之。(此方为人用剂量)

加减:元气不足,命火虚衰,寒象明显者,加附子、肉桂、炮姜。

②方二

黄芪二两 枳壳三至八钱

共为细末,开水冲闷,候温,一次灌之。

手术治疗:子宫脱出主要以手术整复为主。

牢固保定病畜,用2%～3%的白矾花椒水,洗净脱出的子宫部分,用手指刮去子宫的腐烂瘀肉,再用小宽针乱刺子宫的瘀血水肿处,边刺边用手挤压出水肿液,继则用白矾花椒水冲洗,直至水肿消散,坏死组织完全除净为止。趁病畜不努责时,将脱出部分从子宫角尖端按顺序内翻送入,最后用新砖烧热,以醋布垫于阴门上,温敷片刻,以促使病畜子宫收缩。若病畜不停地努责,用上法整复无效时,也可在子宫送回后,立即在其阴道内填塞一个猪膀胱或足球内胎,在其开口处插一硬胶管或导尿管,用线扎牢,然后向硬管内打气(或向里灌注温水),结扎管口,这样可迫使子宫复位,不会再随努责而脱出。经过一天的时间,病畜不再用力努责时,即开始逐渐放气,最后全部放完气并取出。应用此法如仍不见效(子宫还能随努责而出),可在阴唇两侧采用圆枕减张缝合,或再配合马蹄形烟包缝合,可固定得更牢。

当子宫脱出时间过久,子宫污染而大面积损伤坏死时,不能再整复回去。此时,可施行子宫部分或全部切除术。在切除前,先在脱出部分的尖端切一小口,伸手进去探摸有无肠管、膀胱或肠系膜在内,如确无肠管等器官在内,即可在阴门外环形结扎脱出的子宫体,并穿针固定于结扎线后,在结扎线后方1.5～3.0厘米处切除脱出的子宫,切口处可做烧烙处理,最后送回复位。术中应严格消毒,术后做常规治疗至痊愈。

【调理】 手术整复后五至七日内宜完全休息,要避免起卧,尽量减少活动,忌上高坡,以防努责而复脱出。喂给柔软饲料,饮喂小米汤或含糖、盐的温水。

平时应加强饲养管理,在妊娠期间要适当运动,以增强子宫的收缩力。助产时严禁暴力助产。

六十三、带下

带下是指母畜阴门中流出一种黏稠而腥臭的白色或赤白相杂的液体,其形如带,绵绵不断,故名带下。在临床上多见于乳牛,往往因本病而影响受胎,甚至形成难妊。

【病因】 多因外感风寒,内伤阴冷,劳役过度,饮喂失调,以致气血衰弱,阳气虚损,致使脾胃衰败运化失常,因而湿浊停滞而成其患。此外,久卧湿地,湿热熏蒸或产后瘀血未尽,或助产时损伤子宫,以及胎衣残留胞宫等,均能引起本病。

【症状】 阴道流出白色或赤白相杂的黏稠液体，味兼腥臭，其形似带，绵绵不断，有时精神短少，四肢无力，小便频数。重者兼见水草迟细，体表微热等症状。

【诊断】 脉象沉迟，口色淡白者多现白带；如脉滑数、口色鲜红者，多见赤白相杂带下。一般说来，白带多属寒，赤白相杂多属湿热，临诊宜仔细辨别。

【治则】 如系白带者，当以理气健脾、祛寒壮阳为治则，内服加味四君子汤或方二。如带下赤白相杂，口干烦躁者，当以清热散瘀为治则，内服方三。

【处方】

(1)加味四君子汤

党参五钱　白术三钱　茯苓三钱　干姜二钱　桂枝二钱　甘草二钱

(2)方二

当归两半　白芍八钱　茯苓八钱　泽泻一两　首乌八钱　白术六钱
牡蛎一两　苁蓉一两　荜澄茄四钱　陈艾一两　益母草一两　甘草三钱

引童便半碗。共为细末，一次服。

每日用棉花籽三斤炒黄，喷上食盐水，连喂三至五日。

(3)方三

茯苓六钱　泽泻四钱　木通四钱　车前子四钱　黄柏四钱　知母四钱
川芎四钱　元胡四钱　当归五钱　红花三钱　杭白芍四钱　甘草三钱

共为末，开水冲，候温灌之。

【调理】 减轻使役，改善饲养，加草料，厩舍要温暖干燥。

六十四、缺乳

产后缺乳是指母畜产后乳汁缺少或全无的病证，又称少乳或乳汁不行。

【病因】 多因产前使役过度，饮喂失调，营养缺乏，以致母畜体质日趋瘦弱，气血亏虚；或老龄体弱及难产、出血过多，气随血耗，气血两亏。乳汁为血所化生，赖气以运行，血虚则化生无源，气虚则难以运行。或因喂养太盛，缺乏运动，气机不畅，经脉壅滞，乳络运行受阻。或因泌乳期受惊吓，挤乳技术不良，致使肝失条达，气机不畅，乳络涩滞所致。此外产后遭受风寒，血凝气滞，亦可引起乳汁不畅。

【症状】 母畜体质瘦弱，精神不振，水草迟细，少乳或无乳。

(1)气血虚弱　证见身瘦体弱，乳房萎缩小而柔软，没有皱褶，不胀大，触诊无热无疼，捏之无汁，犊牛吃奶次数多，咂之有声，久吸不放，用嘴频频顶撞乳房，不见下咽，因吃不饱多见发育不良。母畜拒哺幼仔，舌淡如绵，脉象细弱。

(2)气血瘀滞　证见精神沉郁，食欲减少，乳房胀痛，触之稍硬或有肿块。乳汁涩少，口色正常或偏红，脉弦而数。

【治则】 气血虚弱者治宜补血益气，佐以通乳，方用四物汤加味；气血瘀滞者治宜活血、行气、通络，选用下乳涌泉汤等。

【处方】

(1)四物汤加味

当归二两　川芎两半　熟地二两　白芍二两　炒王不留行两半　木通两半

先用猪蹄一个加水煮烂去骨，再将上药研末，加入猪蹄汤内煎煮，连汤带药渣候温灌之。外用葱白打烂纱布包频擦乳房。

加减：气血双虚者，加党参、黄芪，去白芍；外感风寒者，加桂枝、桔梗。

(2)下乳涌泉汤

当归四钱 川芎三钱 炮甲三钱 王不留行五钱 白芍五钱 桔梗三钱
甘草二钱 通草三钱 青皮三钱 柴胡三钱 花粉五钱 白芷四钱
白术三钱

水煎灌之。

(3)通乳散

黄芪一两 党参一两 当归二两 通草一两 川芎一两 白术一两
断续一两 阿胶一两 木通八钱 杜仲八钱 王不留行二两 穿山甲一两
炙草八钱

共为细末，引用黄酒二两，开水冲，候温灌之。

【调理】 加强对怀孕牛的饲养管理，产仔后增加青绿、多汁、富含蛋白质的饲料；注意防寒保暖，合理使役。

六十五、乳痈

乳痈乃瘀血毒气凝结于乳房而成痈肿的一种疾病，又称奶肿、奶黄、乳房炎。是奶牛的常见病，其他母畜也可发生。患病乳房红、肿、热、痛，泌乳异常。

【病因】 多因邪毒内侵，流注于乳房；或因久卧湿地，产后外感风寒热邪；或因乳头、乳房损伤，邪毒乘虚而入；或因劳役过重，饲养管理失宜，精料过多，胃热壅盛，湿热浊气蕴结，气滞血瘀；或肝气郁结，气机不畅，乳房经络阻塞；或乳孔闭塞，积乳郁结，乳房胀满，气血郁滞而成患。

【症状】 病初乳房部分发生硬肿，皮肤变红，发热疼痛，不让小牛吃乳，病重时肿胀蔓延到整个乳房，站立时后肢张开，行走迟缓，后腿不敢高抬，卧时前肢跪下，后身迟迟不敢落地，精神倦怠，草料迟细，久则溃破流脓。

(1)热毒壅盛型 证见乳房红、肿、热、痛，拒绝犊牛吮乳，不愿卧地、走动，两后肢张开站立。重者精神不振，食欲减少，体温升高，口干舌燥，尿短赤，乳量减少，乳质变性，呈淡棕色或黄褐色，混有凝乳块或血丝，疼痛加剧。若化脓触之较软，日久破溃脓出，症状逐渐消失。

(2)气血瘀滞型 证见乳房内有大小不等的硬块，皮色不变，触之不热或微热，乳汁排出不畅。若迁延不愈，肿块往往溃烂。

(3)气血两虚型 病畜体弱，热毒瘀滞，久治不愈，气血亏损，病程转为慢性所致。证见乳房局部肿硬经久不消，乳汁变性长期不得改善。身体虚弱，倦怠无力。

【诊断】 乳房肿胀、疼痛发热为主症。

【脉色】 热毒壅盛型脉象洪大；气血瘀滞型口色黄，舌苔黄，脉弦数；气血两虚型舌淡苔薄，脉沉细缓。

【治疗】

1. 热毒壅盛

(1)初期　治宜清热解毒、消肿散瘀。选用公英散或瓜蒌牛蒡汤加减。

①公英散

蒲公英二两　金银花二两　连翘二两　丝瓜络一两　通草八钱　芙蓉叶八钱
浙贝母一两

水煎灌之。

②瓜蒌牛蒡汤加减

软柴胡六钱　花粉六钱　连翘六钱　二花六钱　牛蒡子六钱　全瓜蒌八钱
蒲公英八钱　青皮三钱　陈皮三钱　连翘六钱　丝瓜络三钱　甘草三钱

水煎灌之。

加减:发热恶寒加荆芥、防风;乳汁壅滞加漏芦、王不留行、木通、路路通;新产母畜恶露未尽,加当归、川芎、益母草;有肿块硬结,加桃仁、当归、赤芍或三棱、莪术。同时轻揉乳房,挤尽乳汁,外敷金黄散。

(2)成脓期　脓成而不溃,宜穿刺排脓。选用透脓散。

黄芪二两　当归二两　川芎一两　皂角刺八钱　山甲珠一两　甘草五钱

黄酒四两为引,共为末,开水冲,候温灌之。

(3)溃破期　痈肿已溃,脓汁清稀,但排出不畅,日久不愈而伤正气,宜补养气血、扶正排脓。选用托里消毒散加减。

党参一两　川芎一两　白芍一两　黄芪一两　白术一两　茯苓一两
当归一两　金银花一两　白芷五钱　甘草五钱　桔梗五钱　皂角刺五钱

水煎灌之。

2. 气血瘀滞

治宜舒肝解郁、清热散结。选用逍遥散加减。

甘草五钱　当归一两　茯苓一两　白芍一两　白术一两　柴胡一两
枳壳八钱　香附一两　陈皮八钱

水煎灌之。

外敷冲和膏(赤芍二两　白芷一两　防风一两　独活三两　冰片三钱　石菖蒲两半)共研末,用葱汤或酒调敷患处。

3. 气血两虚

治宜补益气血。选用八珍汤。

党参二两　白术一两　白茯苓一两　当归一两　川芎一两　白芍一两
熟地黄一两　甘草(炙)一两

水煎灌之。

痈肿未溃破者,选用以下外用药:

(1)艾叶煎水患部温洗,再用芙蓉花及叶(干品),打烂为细末,四倍量凡士林与药末调成药膏,外敷痈肿部。

(2)牛膝、吴茱萸、大黄各等份,共研细末,装瓶备用。临用时取药末适量,以鸡蛋清调匀,洗净患部后涂敷,每日一或二次。

【调理】　经常挤奶,以排除乳房内毒素并减轻乳房的压力。厩舍宜保持清洁卫生,减少污物污染乳房。同一牛舍内挤奶,先挤健康牛,后挤病牛,防止疾病传播。避免乳房和乳头外伤,以防外邪从伤口而入,引起乳腺感染。喂以青草,并用忍冬藤或丝瓜络煎水饮,忌放于污泥脏地。

六十六、不孕证

不孕证是成年母牛暂时或较长时期不发情或发情后经多次配种而不能受孕的疾病。分先天性缺陷和后天性病变两种,前者难治。本篇所述主要指后天性不孕。

【病因】 不孕证的原因很多,饲养管理不良,使役过度,饮喂失调,利用过度,体质虚弱,气血双亏,先天后天(肾、脾)受损。脾胃气虚,运化失司,不能化营血为精气。肾阳不足,冲任不固,卵巢功能低下,长期不发情;或肾阳虚亏,下元火衰,阴盛宫寒,胞冷不育;或肾阴亏虚,阴虚火旺,内热血枯,血不养胞而不孕;或脾气偏盛,食欲过旺,并缺乏运动,身体肥胖,脂肪壅积,致使痰湿滞塞胞宫,不能受精而不孕。配种不当,母畜患有生殖器疾病或其他疾病均能引起本病。临床常见于体质衰弱、营养不良的母畜,但亦有体质肥胖而患此病者。

【症状】 一般脉色无变化,精神食欲正常,惟发情期不准,或发情不明显,或有子宫病等症状。

(1)体虚不孕　病牛发情迟缓或不发情,屡配不孕。证见形体消瘦,精神倦怠,四肢无力,食欲减少。

(2)宫寒不孕　病牛不发情,或发情周期不正常,发情表现不明显,屡配不孕。证见精神沉郁,喜热恶寒,体温偏低,耳鼻四肢末端、腰后欠温。肠鸣或大便溏薄,或出现五更泻,阴户流白色黏液,性欲低,尿清长,或发情期有轻微腹痛。

(3)肥胖不孕　膘肥肉满,肢体沉重,四肢乏力,不愿行走,不耐劳役,役则喘气、出汗。口有黏液,口色微黄,发情分泌物黏浊。

【脉色】 体虚不孕者,口色淡白,脉象沉迟;宫寒不孕者,口色淡,脉沉弱;肥胖不孕者口色微黄,脉滑。

【治则】 体虚不孕以益气补血、健脾温肾为治则;宫寒不孕以温宫祛寒为治则;肥胖不孕以燥湿化痰为治则。本病难治。一般须长期服药。如系子宫疾病所致者,可先治其原发病。

【处方】

(1)方一(体虚不孕)

党参三钱　白术三钱　茯苓三钱　炙草三钱　山药三钱　芡实三钱
莲子三钱　陈皮三钱　车前三钱　巴戟三钱　归身三钱　补骨脂三钱
小茴香三钱　炙黄芪一两　杜仲一两　砂仁三钱　白鸡冠花一朵

共为细末,引黄酒半盅、生姜一两、大枣五个、酒谷米一盅,同调候温灌之。

(2)艾附暖宫丸(宫寒不孕)

艾叶(炭)八钱　香附(醋制)两半　山茱萸(制)两半　肉桂二钱　当归八钱　川芎五钱
白芍(酒炒)五钱　地黄三钱　黄芪(蜜炙)五钱　续断四钱

水煎,草前淡醋汤灌之。

(3)苍附导痰丸加减(肥胖不孕)

茯苓一两　苍术八钱　香附八钱　半夏八钱　陈皮八钱　枳实八钱

当归八钱　胆南星六钱　神曲六钱　川芎六钱　生姜六钱

水煎服。日服一剂,连用三至五剂。

【调理】 平时应加强饲养管理,合理使役(奶牛合理利用);体虚瘦弱者减轻使役,增加营养;肥胖者适当使役或增加运动。

六十七、犊牛乳泻

初生幼犊食了母畜血热之乳,往往引起腹泻,故称乳泻。

【病因】 多因母畜产后瘀血未尽、乳热或外感热邪,以致热毒注入血脉,因血可化乳,幼犊食后湿热积于胃肠,遂发生乳泻。

【症状】 病初精神倦怠,泻粪如浆,多呈黄白色,或带血液,腥臭难出,腹痛起卧,顾腹回头。严重时则出现呼吸促迫,鼻镜干燥,卧地不起等症状。

【治则】 母畜与幼犊须兼顾治疗。幼畜体质娇嫩,不耐克伐,故应固涩与祛邪并用。母畜以调理血气、清热散瘀为主。

处方

(1)当归散(母牛)

当归一两　荷叶八钱　红花五钱　海带一两　赤芍八钱　青皮八钱

连翘八钱　天花粉八钱

共为末,开水冲,候温入童便一碗,灌之。

加减:热甚者可酌加凉血泻火药,如生地、黄芩、栀子、知母、黄柏、木通等,若体质较弱者,加山药、寸冬、白术、茯苓等。

(2)方二(母牛)

黄连四钱　枯芩一两　白芍一两　黄柏一两　土茯苓二两　石斛一两

花粉一两　甘草三钱　陈艾叶一两　红糖四两

水煎分二次喂。

(3)乌梅散(犊牛)

乌梅三钱(去核)　干柿三钱　黄连一钱　姜黄二钱　诃子肉二钱

水煎取汁灌之,或让其自饮。

注:为避免闭门留寇,粪便恶臭或带脓血者慎用。

【调理】 母畜停止使役,喂青草,多拴于清凉之处,防止为烈日所晒,一切生料暂忌。防止牛犊过食,少量多次地喂以软饲料,如青草、米粥等,忌受风寒,卧地不起时,应铺以软草。

六十八、口蹄疫

口蹄疫是由口蹄疫病毒引起的牛等偶蹄兽的一种急性、热性、高度接触性传染病。病牛的临床特征为口腔黏膜、鼻镜、蹄部和乳房皮肤发生水疱和烂斑、流涎、跛行。中兽医称为“口疮”“蹄癀”。本病的致死率不高但传染性极强，发病率非常高，往往一牛患病，即可引起同槽、同养殖区的牛均患同样的疾病，不易消灭和控制，常带来很大的经济损失。

【病因】 多因时令不正，气候反常，疫疠之气流行，感染口蹄疫病毒所致。或由于未按免疫程序进行免疫，或免疫失败，使畜体对本病病原不具有特异性免疫能力。易感牛直接或间接接触疫毒即可引起发病。

【症状】 潜伏期平均二至四日，最长可达一周左右，病牛体温升高达40～41℃，精神委顿，食欲减退，闭口，流涎，开口时有吸吮声。经一至二日，在唇内面、齿龈、舌面和颊部黏膜发生蚕豆至核桃大的水疱。口温高，此时口角流涎增多，呈白色泡沫状，常常挂满嘴边，采食、反刍完全停止。水疱约经一昼夜破裂形成浅表的、边缘整齐的红色溃烂。以后体温降至正常，溃烂逐渐愈合，全身状况逐渐好转。如有细菌感染，则溃烂加深，发生溃疡，愈合后形成瘢痕。有时继发纤维性坏死性口膜炎、咽炎和胃肠炎，有时在鼻咽部形成水疱，引起呼吸障碍和咳嗽。

在口腔发生水疱的同时或稍后，趾间及蹄冠的柔软皮肤表现红、肿、痛，迅速发生水疱，并很快破溃，出现溃烂，以后干燥结痂，逐渐愈合。若病牛衰弱，或饲养管理不当，溃烂部位可能发生化脓性感染，化脓坏死，病畜站立不稳，有跛行，甚至蹄匣脱落。有时乳房皮肤也可出现水疱和烂斑。如波及乳腺引起乳房炎，则泌乳量显著减少，甚至停止泌乳。

良性口蹄疫经一至三周可愈。恶性口蹄疫常于恢复期突然恶化，因心脏麻痹而死亡，病死率可达20%～50%。哺乳犊牛患病时，一般见不到明显水疱，主要表现为出血性肠炎和心肌炎，最后因心脏衰竭死亡，病死率较高。

【脉色】 脉象洪数，口色赤红，口温较高。

【治则】 目前对该病尚无特异的治疗方法，主要是扑杀处理，严格消毒，封锁疫区。治宜清热解毒敛疮。

局部处理用0.1%～0.2%高锰酸钾液或1%～2%明矾水冲洗口腔，再涂龙胆紫或5%碘甘油。或吹冰硼散。对蹄叉患部可用鱼石脂软膏涂擦。或放涌泉血。

【处方】

(1)方一

青黛、明矾、黄连、地榆、冰片、黄柏、儿茶各三钱。

共为末，局部用高锰酸钾溶液洗涤后撒布本药。一日二次，直到创伤愈合。

(2)贯众散

贯众七钱　山豆根七钱　甘草五钱　桔梗七钱　赤芍三钱　生地三钱

花粉三钱　大黄五钱　荆芥三钱　连翘五钱　木通三钱

共为末，加蜂蜜六两、绿豆粉七钱，开水冲服。一日一剂，连用三至五剂。

(3)方三

生地六钱　玄参六钱　桔梗七钱　赤芍六钱　二花六钱　山豆根六钱

黄芩六钱　连翘七钱　栀子六钱　甘草三钱　花粉六钱　黄连三钱

大黄五钱

共为细末，应用蜂蜜三两，同调灌之。

(4)冰硼散

麝香五分　青黛一钱　雄黄二钱　硼砂五钱　枯矾三钱　冰片三钱

共为细末，用竹管装药，每日数次口内吹之。

【预防】 此病一经发现，应迅速向有关部门报告疫情，并立即在发病村或地区严密封锁，禁止一切家畜、饲料、畜产品转移和运出，外地家畜亦不能进入。村内或养殖区内牛只，必须隔离，专人饲养。病牛厩舍和用具、场地等都要彻底消毒，解除封锁要在最后一头病畜死亡或痊愈后十五日经彻底消毒后即可解除封锁。

【调理】 停止使役，进行隔离，分槽饲养，喂以柔软而富有营养易消化的草料，米汤一日二次饮之。

六十九、牛流行热

牛流行热是由牛流行热病毒引起的一种急性热性传染病。其临床特征是高热，呼吸促迫，流泪，流涎，流涕及跛行。大部分病牛经二至三日即恢复正常，故又称为三日热或暂时热。本病常为良性经过，但也有部分病牛可出现瘫痪而被淘汰。

【病因】 由于未按程序免疫或免疫失败，对本病特异病原失去抵抗力，若遇带毒蚊虫叮咬即可引发本病。病邪在表则见恶寒战栗，体温升高，精神委顿，眼膜红肿，流泪，流涕等；病邪入里则见食欲、反刍废绝，粪便先干后稀或见呼吸促迫，支气管音粗粝。

【症状】 潜伏期三至七日。病牛恶寒战栗，继则突然高热 40 ℃以上，并维持二至三日。此时病牛精神高度委顿，皮温不整；眼膜肿赤，羞明流泪；鼻镜干燥，流鼻涕；口角大量垂涎；食欲废绝，反刍停止，常有轻度臌胀，粪便初干硬后变软，有的发生腹泻；尿量减少，尿液混浊；病牛呆立不动，强迫行走，步态不稳，并可因关节软肿和肌肉疼痛而引起跛行，甚至卧地不能起立。奶牛产奶量迅速下降或完全停止。妊娠母牛可发生流产、死胎。

病牛呼吸促迫(可达 80 次/分以上)，肺泡音高亢、支气管音粗粝，呻吟，个别重剧者形成全身性皮下气肿。

【治则】 治宜辛凉解表、清热解毒。

【处方】

(1)方一

金银花两半　连翘两半　芦根两半　桔梗一两　薄荷一两　竹叶一两

荆芥一两　牛蒡子一两　淡豆豉一两　甘草一两

水煎候温一次灌之。一日一次，连用三剂。

(2)方二

羌活二两　防风二两　苍术二两　细辛一两　川芎两半　白芷两半

黄芩两半　甘草两半　生姜两半

水煎候温一次灌之。一日一次，连用三剂。

(3)板蓝根注射液 20毫升

肌内注射。一日二次,连用三日。

七十、牛巴氏杆菌病

牛巴氏杆菌病又称为牛出血性败血症,是由多杀性巴氏杆菌引起的牛的一种急性热性病。本病中医叫"结喉风""内喉黄"。常以高热,呼吸道及肺部炎症,间或呈现急性胃肠炎以及内脏器官广泛性出血为特征。本病多发生于夏秋二季、一至十岁的壮牛。

【病因】 因吃了被洪水泛涨后的污物泥草,毒邪乘机而入,热泻凝于喉内,继则侵于肺经而发此病。或由于气候剧变,闷热,潮湿,多雨,或饲料突变,营养不良,缺奶,长途运输,寄生虫病等不良因素的影响,致使畜体正气虚弱,卫外能力下降,体内潜伏毒邪或外部毒邪经口鼻入侵而致本病发生。

【症状】 病畜精神短少,耳奋头低,背拱起。继而浑身发热,水草难咽,喉内响声如抽锯。少数在气管外侧略有硬肿,有的头、颈、咽、胸部迅速出现黄肿;有的出现咳嗽、气喘或腹痛下痢,轻的死亡率不高,重的顷刻倒毙。《福寿全集》歌曰"结喉风乃热毒成,邪风外侵入肺经,热壅不散上冲咽,结滞喉间气不通,喉内气响如抽锯,水草难咽外无肿"。

【治则】 治宜清热凉血、止痢、清肺利咽、平喘。

【处方】

(1)方一

荆芥三钱 瓜蒌仁一两 川芎三钱 牙硝三钱 芒硝三钱 白矾三钱

蝉蜕三钱 黄连三钱 桔梗三钱 山栀子三钱 牛子三钱 连翘四钱

蜂蜜四钱 鸡蛋清四个 童便一盅 绿豆一合为引

共为细末,开水冲,候温灌之。

(2)方二

豆根一两 防风八钱 麦冬八钱 牛子八钱 元参一两 苦参八钱

桔梗八钱 射干一两 石斛八钱 甘草五钱 蜂蜜六两为引

煎水,加蜂蜜灌之。

(3)方三

麝香一分 冰片二分 硼砂四份

共研细末,吹入喉内少许。

(4)青霉素或链霉素 每千克体重5万单位

注射用水 15毫升

一次肌内注射。

(5)内服长效磺胺。

【调理】 病畜隔离饲养,给以青嫩饲草,饮以绿豆汤。厩舍宜清理干净,病畜的粪便、垫草、污染的用具应彻底消毒处理。

七十一、牛肺疫

本病是一种疫毒侵入肺经所引起的疫病，往往由一牛发病而传染全群。多发生于夏末秋初。

【病因】 多由暑湿熏蒸，疫毒侵入肺内，以致气滞血瘀，痰涎上壅，致成其病；或吃了污染疫毒的水草，进入胃肠后，随着气血循环而至肺内，亦可发生本病。

【症状】 病初精神迟钝，食欲不振，反刍次数减少，身上发烧，短声干咳，尤其早晨或饮水时更加明显，触按胸部感痛，日久�嗽逐渐加重，鼻孔流涕，胸肋疼痛严重，被毛逆立，体质日渐消瘦，前肢张立。不愿行走，呼吸喘粗，食欲废绝，反刍停止，有时呻吟，甚至喉部、胸前及四肢出现浮肿，并有便秘或泄泻等症状。

【脉色】 脉象洪数无力，口色微红带青。

【治则】 以清热解毒、化痰止咳为治则。

【处方】

(1)银翘马勃散

银花二两　连翘二两　马勃一两　豆根一两　射干一两　黄连五钱
黄芩二两　大黄一两　寸冬二两　石膏二两　僵蚕一两　蝉蜕一两
韭白二两　甘草三钱　皂角(烧灰)二两

上药煎汤去渣，分二次内服。

(2)方二

连翘三两　川贝七钱　桔梗二两　当归一两　冬花两半　茯苓七钱
百合八钱　赤芍两半　滑石一两　木通三钱　蛤蚧一对

共为末，开水冲，候温灌之。

(3)新胂凡纳明

按牛体重100千克用药1克，以蒸馏水或生理盐水10毫升稀释。一次静脉注射。如未好转，可经六七日再用同剂量重复注射，但一般不宜超过三次。注射液应现配现用，注射时防止漏入皮下。

(4)盐酸土霉素，每千克体重5～10毫克

肌内注射。每日一次，连用七日。

【调理】 放于清净之处，单槽饲养，以免发生传染。喂以富有营养的饲料。

七十二、牛传染性胸膜肺炎

牛传染性胸膜肺炎又称牛肺疫，是由丝状支原体丝状亚种引起的牛的一种高度接触性传染病。临床特征是呈现纤维素性肺炎和胸膜炎症状。本病一年四季都可发生，但以冬季及早春多见。且发病较急，夏秋季节发病少症状轻。

【病因】 由于冬季和早春气候寒冷，加之枯草季节营养不良，如若再遇圈舍拥挤，寒冷潮

湿或畜群迁移，可导致畜体正气虚弱，卫外能力下降，外界疫邪经鼻而入引发本病。疫邪在表则见病畜被毛逆立，精神不振，食欲减少或停止，遇寒冷刺激或运动时有干咳；病邪由表入里则见体温升高，稽留不退，呼吸困难，喹嗽，流鼻；邪入营血则见可视黏膜发绀，鼻流铁锈色鼻液，心跳快而弱或窒息而死亡。

【症状】 潜伏期一般为二至四周，短则一周，长可达四个月。通常本病症状发展徐缓，间或也有发展迅速的。发展徐缓者，常在清晨冷空气，冷饮刺激或运动时，发生短干喹嗽，以后逐渐加重，相继出现食欲减退，反刍迟缓，泌乳减少等症状；发展迅速者，常以体温升高 0.5～1 ℃开始。本病按其经过不同，可分为急性和慢性两型。

(1)急性型　主要呈急性胸膜肺炎的症状。病牛体温升高到 40～42 ℃，呈稽留热。鼻孔扩大，前肢开张，呼吸困难，往往发"吭"声，按压肋间，有疼痛表现，病牛不愿卧下，呈腹式呼吸，常发痛咳。有时流浆液性或脓性鼻涕。如果肺的病变面积较大，或有大量的胸水时，胸部叩诊，呈浊音或水平浊音，患部听诊，肺泡音减弱或消失，可听到啰音、支气管呼吸音，常有胸膜摩擦音。病的后期，心脏衰弱，胸前、腹下和垂肉发生水肿，可视黏膜呈蓝紫色。消化机能障碍，反刍迟缓或停止，常有慢性臌胀，或腹胀、便秘交替发生，乳牛则完全停止泌乳。病牛迅速消瘦，多因窒息而死亡。

(2)慢性型　大多数由急性转来，少数病例一开始就取慢性经过。病牛消瘦，常发生短咳，胸部听诊、叩诊变化不如急性明显。免疫能力降低，食欲时好时坏。这种病畜日益衰竭，预后不良。

【治则】 治宜清热宣肺、祛痰、止咳。

【处方】

(1)方一

郁金八钱　当归八钱　连翘八钱　黄芩六钱　丹皮六钱　花粉六钱

贝母六钱　青皮六钱　白芍六钱　乳香六钱　没药六钱　延胡索六钱

柴胡四钱、甘草三钱

共为末，每次 200～300 克，开水冲调，候温灌之。每日一次，连用五至六剂。

(2)方二

紫花地丁三两　黄芩二两　苦参二两　生石膏二两　甘草六钱

共为末，每次半斤至六两，开水冲，候温灌之。每日二次，连用三至五剂。

【预防】 坚持自繁自养，不从疫区引进牛只，必须引进时，对引进牛要进行检疫。做补体结合反应二次，证明为阴性者，接种疫苗，经四周后启运，到达后隔离观察三个月，确证无病时，才能与原有牛群合群。原牛群也应事先接种疫苗。

七十三、牛气肿疽

本病多发生于身体较肥的牛，多在肌肉肥厚部位发生黄肿，病重时患部肌肉呈乌紫色，故又叫黑腿病。是感染了气肿疽梭菌所致。

【病因】 主要因疫毒传染所致。本病在夏秋之际多发，由于暑湿之季，湿热熏蒸，外受疫疠侵袭，内食污染毒气之草料或饮水，以致内外合邪，毒传脏腑，积于筋肉而发生气肿之症。

【症状】 一般发病较快，初期精神不好，身上微热，水草迟细，在肩膊、腰胯等肌肉肥厚处发生肿胀。初期发热疼痛，逐渐肿大，手按患部有捻发音，以后因患部肌肉坏死而无热痛，切开则流出乌紫色的瘀液，味兼恶臭。如肿胀在腿上，则病畜跛行，病势严重者食欲废绝，气促喘粗，卧地不起。

【脉色】 脉象洪数，口色赤红。

【治则】 以清热解毒、消肿为治则。

【处方】

(1)方一

当归一两　赤芍一两　连翘一两　二花二两　甘草三钱　蒲公英四两

共研末，温水调服。

(2)方二

茵陈二两　山栀一两　红花五钱　当归一两　皂角刺三钱　二花二两

蒲公英四两

共为末，温水调服。

(3)紫草散

老紫草二两　黄连六钱　升麻四钱　干蟾(烙焦)四钱　白芷一两　黄柏一两

黄芩一两　栀子一两　甘草一两

共研细末，温水调灌。

(4)青霉素　每千克体重5万单位

注射用水　10毫升

一次肌内注射，一日三次。

(5)10%磺胺嘧啶钠　100～200毫升

一次静脉注射，一日二次。

【调理】 拴于清凉安静处，单槽饲养，用忍冬藤适量，煎水饮之。

【预防】 发现此病时，将好牛隔离饲养，以免传染。病畜尸体不可剥皮利用，尸体、垫草、残余饲料等应烧毁深埋，禁止任意丢弃，病畜和尸体接触过的地方应严格消毒。

七十四、牛放线菌病

本病是一种慢性传染病。以局部发生硬肿为特征。

【病因】 是感染了放线菌所致。炎热天气中午放牧多吃了热草；或热天关在栏舍时不放，热气入心内；或吃了有毒草料、污水而引起。

【症状】 突出症状有两种：一种是上、下颌骨肿大，肿势进度很慢，界限明显；肿部初期疼痛，后期无知觉，有时破溃流脓，形成瘘管，经久不愈。另一种是舌体肿胀，坚硬粗大，形似木杆，触之发热疼痛，故称“木舌”。常流涎不止，咀嚼、吞咽、呼吸等均表现困难，正如《元亨疗马集》说“木舌塞口似铁条，肚中饥饿如水漂”。后期伸头直颈，气促喘粗，舌吊露口外，因不能吃草喝水而死亡。

【诊断】 脉象洪大，口舌青紫，舌体肿硬，口流涎沫，采食困难，粪干尿黄，为本病之主症。

【治疗】

1. 下颌放线菌肿

(1)对脓肿应切开排脓，并挖去增生物，用5%的碘酊纱布塞入创口，隔一二日更换一次。对肿胀部可用2%卢戈氏液分点注射。颌骨硬肿者，可将肿块凿开，排出脓液，配合碘剂治疗。

(2)碘化钾，大牛4～6克，犊牛1～3克。

加温水适量，一次灌之。每日二次，连用至肿胀消除为止。

(3)中药

(1)方一

白砒半两　明矾二两　明雄黄二钱四分　乳香一钱二分

将砒、矾二物研成细末，放入小罐内，煅至青烟尽白烟起片时，约上下通红，住火，放置一宿，取出研末，约可得净末一两，再加雄黄、乳香二药，共研成细末，用飞罗打糊，和药成团，搓如香附子形的药丸20个，阴干备用。

用法：根据肿胀部位的大小，可在肿胀周围距离相等的割开3～4个小口，每口各掺入药丸一枚，再缝好切口以防外露，十日左右，肿胀部可因药物腐蚀而溃破脱落。

(2)方二

川芎五钱　黄柏五钱　黄芩八钱　连翘一两　昆布一两　海藻一两

夏枯草八钱　法半夏五钱　南星五钱　元参八钱　花粉八钱　贝母五钱

桔梗八钱　甘草五钱

共研末，开水冲，候温灌之。

2. 木舌症

舌为心之苗，故舌病与心经有关，在治疗中宜清心火。

本病属实热症，应以退心火、解热毒为主。治时先用大葱叶半斤，切细捣碎，置于舌上，用手揉擦，以舌软为主，然后再服方一，继用清热解毒之剂啥之，疗效较好。其他如针刺知甘、胸堂，并用青冰散涂擦舌上亦好。

(1)方一

黄连五钱　郁金一两　山栀一两　连翘八钱　玄参一两　大黄一两

黄芩八钱　牛子一两　桔梗五钱　赤芍五钱　银花一两　薄荷四钱

甘草三钱

引蜂蜜四两，鸡蛋清四个。

共为末，开水冲调，候温灌之。

注：此方结合下述口噙剂治疗本病，对初期舌体肿硬者，一次有效，若舌部吊出者，须连服二三剂。

(2)方二

黄柏四钱　黄连二钱　白及一两　白蔹一两　白矾三钱

共为细末，开水调和，装入布袋，两端用绳系于头上，使袋啥于口中。

(3)方三　青冰散

青黛三钱　冰片五分

共研极细末,每次取少许擦于舌上,一日三次。

【调理】 喂以新鲜青草或富营养的饲草料,饮绿豆汤,隔离病畜,拴于清凉之处,做好消毒工作。

七十五、牛破伤风

破伤风又名强直症、锁口风,是由破伤风梭菌经创伤感染后,产生外毒素而引起的一种急性中毒性传染病。其临床表现主要是骨骼肌持续性痉挛和病畜对外界刺激的敏感性增高。各种动物和人都有易感性,其中马属动物和人最易感,牛、羊次之,猫、犬少见。

【病因】 由于本病病原广泛存在于自然界,特别是园土、尘埃中,手术、分娩或外伤造成的创口被污染即有可能造成本病发生。病邪经伤口(尤其是深层创伤)乘隙而入腠理,经脉聚邪成毒,正邪相搏、卫气被郁、营卫不调,经脉失荣,风毒之邪流窜经络,内犯肝脏,引起肝风,筋脉失荣则拘急,肝风内动则肌肉痉挛,强拘,牙关紧闭,四肢僵硬。

【症状】 瘤胃臌气,兴奋不安。行走时步态僵硬,转弯困难,腰背拱起,四肢广踏,卧地或跌倒后不易起立。两耳向后竖起,双眼圆睁,露出闪骨。头向前伸,鼻孔外翻似喇叭口,尾根上举,牙关紧闭。吞咽障碍,流涎。呼吸困难,脉细弱、节律不齐。对外界刺激如声音、飞虫的骚扰、人的接近等敏感性增强。大多数病牛死于呼吸衰竭,或跌倒后引发的股骨骨折或髋关节脱臼。

【治则】 治宜解毒祛风止痉。

用3%双氧水、2%高锰酸钾等清洗伤口,排出脓汁、异物、坏死组织。同时,在创口上撒上青霉素、消炎粉等药物。

药物治疗可根据病程发展不同阶段,采取中和毒素、镇静解痉等对症的方法。

①破伤风抗毒素20万～30万单位,2%乌洛托品100～200 mL,25%硫酸镁50～100 mL,5%葡萄糖2 000 mL,一次静注,以后3～5天注射一次。

②若开口困难,可用3%普鲁卡因10 mL或0.1%肾上腺素1～2 mL混合注入咬肌。无法开口时,应每天补糖、补液二次。

【处方】

(1)追风散(初期)

防风一两　荆芥一两　白芷八钱　胆南星五钱　薄荷一两　蝉蜕一两

升麻八钱　葛根六钱　天麻五钱　僵蚕八钱

水煎灌之。

(2)防风散(中期)

防风八钱　羌活八钱　天麻六钱　炒僵蚕六钱　蝉蜕一两　全蝎四钱

川椒四钱　细辛四钱　白芷七钱　红花三钱　姜半夏六钱　胆南星六钱

水煎去渣,候温加黄酒200毫升,灌之。

(3)天麻散(后期)

党参一两 黄芪一两 当归一两 玄参八钱 金银花一两 连翘一两

天麻一两 僵蚕七钱 乌蛇四钱 胆南星四钱 蝉蜕四钱 全蝎三钱

蜈蚣三条

水煎灌之。

【调理】 加强护理,将病牛置于光线较暗、通风良好、干燥清洁的栏舍,环境保持安静,避免音响刺激,喂给易消化的饲料。

七十六、布鲁氏菌病

布鲁氏菌病简称布病,是由布鲁氏菌引起的急性或慢性的人兽共患传染病。动物发病的特征是流产、不育、睾丸炎及各种组织的局部病变。

【病因】 由于易感牛直接或间接接触本病疫邪,病从口入或通过皮肤黏膜或交配进入体内潜伏,当机体遇到不良刺激而正气虚弱时,疫邪乘虚大量繁殖进入易感脏器引起发病。本病主要侵害生殖系统,故见妊娠母畜流产和公畜睾丸发炎。

【症状】 潜伏期二周至六个月。缺乏明显的全身症状,母牛最明显的症状是流产,通常发生于妊娠后的五至七个月。流产前阴道黏膜潮红肿胀,有粟粒大红色的结节,阴唇及乳房肿胀,不久即发生流产。流产胎儿多为死胎,有时产下弱犊,往往存活不久。大多数母牛流产后伴发胎衣滞留和子宫内膜炎,从阴道内流出污秽不洁的红褐色恶臭的分泌物,可持续二至三周,有的病例长期不愈,不能妊娠。非妊娠牛,常常发生关节炎和局部肿胀,多见于膝关节。病公牛往往发生睾丸炎或附睾肿胀、关节炎及局部肿胀,配种能力降低。牛布鲁氏菌病的病程为慢性经过,可延续数年之久。在明显症状消失后,如不伴发慢性子宫炎,常可以自愈。否则长期不妊而淘汰。患病种公牛,一般均应淘汰。

【治则】 本病尚无特效疗法,对一般病牛应淘汰,无治疗价值。对价值较昂贵的种牛可在隔离条件下进行治疗。可试用下法治疗。

(1)保胎法 胎儿尚活,仅有流产先兆,但还没有发生明显的流产症状的可试行。

①孕酮 50~100 毫克

一次肌内注射。

②炒白术一两 当归一两 砂仁七钱 川芎七钱 白芍七钱 熟地七钱

炒阿胶八钱 党参七钱 陈皮八钱 苏叶八钱 黄芩八钱 甘草三钱

生姜五钱为引

共为末,开水冲调,候温一次灌之。每日一剂。

(2)胎儿已死或已发生明显的流产症状,应让其将胎儿产出,可用药物催产堕胎。

①催产素 25~100 单位

一次肌内注射。

②桃仁八钱 红花七钱 当归二两 川芎七钱 白芍七钱 熟地一两

益母草两半 炙甘草五钱 党参一两 牛膝八钱

共为末，开水冲调，候温一次灌之。

(3)已流产母畜应采取活血祛瘀，解毒治疗。

益母草二两　黄芩一两　川芎八钱　当归八钱　熟地八钱　白术八钱

金银花八钱　连翘八钱　白芍各八钱

共为细末，开水冲服。一日一剂，连用三至五剂。

【预防】 应坚持自繁自养，加强饲养卫生管理，搞好杀虫、杀鼠，定期检疫(每年至少1～2次)；严禁到疫区买牛。必须买牛时，一定要隔离观察30日以上，并用凝集反应等方法做2次检疫，确认健康后方可合群。免疫预防方面，布鲁氏菌病疫苗有布鲁氏菌羊5号病菌苗、布鲁氏菌猪Ⅱ号病菌苗和布鲁氏菌19号菌苗，使用方法按说明书规定。接种过菌苗的牛，不再进行检疫。发生布鲁氏菌病后，如牛群头数不多，以全群淘汰为好；如牛群很大，可通过检疫淘汰牛，或者将病母牛严格隔离饲养，暂时利用它们培育健康犊牛，其余牛坚持每年定期预防注射。流产胎儿、胎衣、羊水和阴道分泌物应深埋，被污染的牛舍、用具等3%～5%来苏儿消毒。同时，要确实做好个人防护，如戴好手套、口罩，工作服经常消毒等。

七十七、牛伊氏锥虫病

本病是由锥体属的伊氏锥虫寄生于牛的血液和造血器官中引起的黄牛和水牛的一种慢性原虫病，又称苏拉病。

【病因】 牛对锥虫的易感性比马属动物、犬等弱，虽有少数在本病流行初期因急性发作而死亡，但多数呈带虫状态而不发病。气候变冷，枯草季节，畜体抵抗力降低时，则开始发病。多为慢性经过，最后陷于恶病质而死亡。传染来源是各种带虫动物。

本病流行于热带和亚热带地区。发病季节与吸血昆虫的出现时间有关，如华南地区，吸血昆虫活动时间长，本病流行时间就长一些。

锥虫在生活过程中，产生大量有毒代谢产物，宿主产生溶解锥虫的抗体，使锥虫溶解死亡，释放出毒素。这些毒素，作用于中枢神经系统，引起机能障碍，体温升高，运动失调，继而侵害造血器官，使红细胞溶解，导致红细胞数减少出现贫血；毒素对血管壁渗透作用的损伤，导致皮下水肿。虫体对糖的大量消耗，可引起低血糖症和酸中毒现象。后期由于氧化不全的产物蓄积，使中枢神经系统遭到抑制，引起精神沉郁，以致昏迷等症状。

【症状】 发病时体温升高，数日后又恢复正常。经一定时间间隔后，体温再次升高。病牛逐渐消瘦。发生水肿时，皮肤常出现龟裂，流出黄色或血色液体，后结成痂皮，而后脱落，脱毛，出现无毛皮肤。精神沉郁，四肢无力，走路摇晃，伏卧昏睡。结膜有出血点或出血斑；体淋巴结肿大。耳、尾干枯，严重时，部分或全部干僵脱落(俗称焦尾症)。病牛流产或死胎。经胎盘感染，犊牛于产下后二至三周死亡。

【治则】 治宜解毒、杀虫。

【处方】

(1)方一

当归一两　白芍八钱　白术七钱　防风三钱　大腹皮一两　泽泻八钱

槟榔一两　川楝子八钱　金银花八钱

加水煎服。连服五剂，早期有效。

(2)贝尼尔(血虫净，三氮脒)，每千克体重5毫克，每日一次。

肌肉深部分点注射。

同时用夏枯草、鱼腥草、蒲公英、野菊花根、棉葛根各三两，皂角刺八钱，灯芯草、车前草、薄荷、苦参根、土大黄各二两。

煎水服。每日一剂，连服七至十剂。

七十八、牛焦虫病

牛焦虫病是由于血孢子虫——焦虫寄生于家畜红细胞内，引起以发热、贫血、黄疸、血尿为特征的一种原虫病。多发生于夏秋两季，我国南方各省区有此病，西北、华北、东北各省也有本病发生。发病率高，死亡率高，各种年龄的牛都易感。牛双芽巴贝斯焦虫病主要发生于黄牛和水牛。牛环形泰勒焦虫病多见于黄牛、山羊和绵羊。

【病因】 本病必须通过中间宿主蜱的传播，因而本病的流行具有明显的地区性和季节性。本病的发生，多因长途运输，饥饿缺食，产后体虚，使役过度，管理不善。在家畜抵抗力降低时，中间宿主蜱将病牛体内血液中的焦虫传播给健康牛体，牛受到侵袭而发病。主要病原体为牛双芽巴贝斯焦虫和环形泰勒焦虫。前者寄生于牛的红细胞内而致病，称牛双芽巴贝斯焦虫病或牛焦虫病，2岁以内的犊牛发病率高，死亡率低。后者主要寄生于牛的红细胞和网状内皮系统淋巴细胞和组织内形成石榴体(柯赫氏蓝体)，随后进入红细胞内寄生，称为牛环形泰勒焦虫病。

【症状】

(1)牛双芽巴贝斯焦虫病　证见高热不退，气促喘粗，精神沉郁，食欲减退，反刍停止，血尿，消瘦，黄疸，下泻或便秘。镜检从红细胞内发现虫体即可确诊。

(2)牛环形泰勒焦虫病　证见高热不退(39～41.8℃)，心跳、呼吸加快，体表淋巴结肿大，有压痛，头低耳耷，精神不振，食欲不佳，反刍迟缓，肷部下陷，拱腰收腹；先便秘后腹泻，粪便常带有黏液和血液。眼结膜充血，眼睑下有粟粒大小的出血点，流泪，角膜变为灰色，视力受损，血尿，黄疸不明显。镜检从红细胞中发现虫体或从淋巴细胞内发现石榴体即可确诊。

【脉色】 牛双芽巴贝斯焦虫病，初期口色红燥，脉洪数，后期口色苍白，脉细数；牛环形泰勒焦虫病病初口色红黄，脉洪数，后期口色苍白，脉细数。

【治则】 治宜清热杀虫。

【处方】

(1)方一

新鲜黄花蒿2～4千克

捣碎，冷水浸泡半小时至一小时，连渣灌之。每日二次，连用三至五剂。

(2)方二

常山、黄花蒿各三两，炒鸦胆子、柴胡、雄黄、乌梅各二两共为末，开水冲调，候温一次灌之。每日一次，连用三至五剂。

(3)贝尼尔(血虫净)　每千克体重5～7毫克。

用注射用水配成7%溶液臀部深层肌肉1次分点注射。隔日一次，连用二或三次。

(4)方四

贯众二两　槟榔两半　木通两半　泽泻两半　茯苓一两　龙胆草一两

鹤虱两半　厚朴一两　甘草五钱

水煎一次灌之。每日一剂，连用二或三剂。先用方三一次，后续用本方效果更好。

(4)黄色素　每千克体重3～4毫克

用生理盐水配成0.5%～1%溶液，一次静脉注射。必要时隔一至二日再重复一次。

Chapter 2

Chapter 2

第二篇

其他疾病分类介绍

Chapter 2

Chapter 2

第三章 中毒病

一、概述

中毒病是因为家畜误食有毒物质而产生的一类疾病。引起家畜中毒的物质很多，如霉烂的草料、农药、毒草、虫兽以及药物等。

家畜对草料是有辨别能力的，但在饥饿过甚，或毒物没有特殊气味时，可能因误食而致发病。因此毒物进入畜体的途径主要是吃草、饮水时由口而入；亦有从鼻孔或皮毛而入的。

(一)中毒的诊断

中毒的诊断必须根据病史、发病情况、病畜症状、尸体剖检变化以及毒物化验结果等进行综合分析，力争早期确诊。

【病史】 主要了解病畜和毒物的接触史，特别要注意饲料的种类、品种、来源、保管、加工过程和饮水等有无被农药、化肥以及其他有毒物质沾污等情况。

【发病情况】 如果家畜突然发病或死亡，特别是在食后突然或成群发病，病畜症状相似，而且是平时食欲最旺盛的发病较多，症状也较严重。

【症状】 主要表现为神经症状，消化紊乱和严重的全身症状。急性经过的病畜，突然高度兴奋或昏迷、痉挛或麻痹；流涎、吐白沫、腹痛、下痢、呼吸困难，心跳加快或变慢，心跳节律不整齐；体温不高，甚或低于常温(据此可与急性传染病相区别)，有的病畜战栗，全身出汗，尿带血色。慢性经过的病畜，病情发展较慢，出现消化障碍，便秘或下痢，消瘦、贫血，四肢不灵活，失明等。

【病理变化】 中毒死亡的家畜一般都有病变存在。对疑似中毒死亡的家畜，必须迅速进行尸体剖检。剖检时应注意呕吐物和胃肠内容物是否含有毒物的残片、茎叶和种子等。如为刺激性毒物，消化道的黏膜多有炎症或腐蚀性变化，如充血、肿胀、出血、黏膜脱落、溃疡或穿孔等。其他脏器的变化因毒物的性质、毒量的大小而异。如器官的脂肪变性、混浊肿胀，肾脏和膀胱发炎，急性脑水肿、脊髓水肿，各种脏器出血等。血液的颜色也有变化，如亚硝酸盐中毒时呈棕紫色等。但也有些毒物中毒却没有明显病变，如麻醉剂中毒。

毒物化验　一般经过上述调查研究，即可做出诊断。在有条件或有必要的情况下，可采取病畜的胃肠内容物、血液、尿液以及肝、脾、心、肾等脏器，连同可疑饲料、病畜的呕吐物和初步诊断所得的材料,送交有资质的化验单位或相关部门进行化验,以帮助确诊。化学诊断对于重金属如砷、汞、铜、铅等中毒及其他无机物中毒特别重要。一般用胃肠内容物、血液、尿、肝、肾、脾、脑等以及可疑饲料和饮水做化验。送检时必须注意病料的采取、包装、保存和运送。

由于毒物测定的难易和含量的多少差别很大,因此应尽量多取材料。胃或肠的内容物和脏器组织要分开。如疑为饲料中毒,应连同饲料样品一起送检。所采集的材料必须装在清洁的玻璃瓶内,用石蜡封口,忌用金属容器。此外,如条件许可还可作动物试验。

(二)常规解毒治疗方法

治疗家畜中毒,必须采取综合疗法。发现中毒症状,应迅速采取措施。常规治疗方法主要包括对因治疗、对症治疗和全身治疗。

1. 对因治疗

(1)除去毒物　当中毒刚发生后,估计毒物在胃肠时,用催吐法或泻下法,洗胃或灌肠,使毒物迅速吐出或泻下;当中毒时间较长时,估计大部分毒物已经吸收进入血液,则采用放血、利尿、发汗等方法,使毒物尽快排出。

①催吐——常用的口服催吐药物为吐根末、酒石酸锑钾、硫酸铜。如无催吐剂时,用胶皮管或木棒轻拭舌根及咽部黏膜,也可引起呕吐。

②洗胃——中毒初期,可用胃管灌之温水等洗胃。给家畜洗胃比较困难,因此最好同时并用适当的解毒剂或吸附剂。但对腐蚀性药物中毒,不宜洗胃,以免引起胃穿孔。

③泻下——对急性中毒最好用峻泻剂。一般用盐类泻剂,如硫酸钠、硫酸镁,而不用油类泻剂,因为许多毒物能溶解于油,会增加毒物的吸收。但升汞等重金属中毒时则不能用盐类泻剂。

④灌肠——常用于中毒时间较长的病畜。可用清水或肥皂水灌肠。如同时使用适当的解毒剂和吸附剂,效果更好。

⑤利尿——使毒物迅速从尿液中排出。常用的利尿剂有速尿、乌洛托品等,同时静脉注射葡萄糖生理盐水、复方氯化钠溶液。

⑥放血——中毒初期,病畜体况尚好,可剪尾尖、耳尖或从静脉放血。放血较多时,应同时静脉注射复方氯化钠溶液补充血量。

⑦发汗——常用发汗剂解除汞、碘的中毒;心脏机能良好时,也可皮下注射毛果芸香碱。

⑧瘤胃切开术——如牛黑斑病甘薯中毒或重金属、有机磷中毒的初期,病畜体况良好,可进行瘤胃切开术。

(2)化学解毒法　应用化学药品使中毒家畜体内的毒物分解、化合、氧化或沉淀,变成无害或使其毒力减轻,如酸性中毒时用碱性药物,碱性中毒时用酸性药物;或用高锰酸钾内服或双氧水洗胃,以达氧化解毒。常用解毒药见表1。

表1　常见毒物及解毒药

毒物	解毒药
有机磷(敌百虫、敌敌畏、二嗪农等)	解磷定(或氯解磷定、双复磷)、阿托品
磷(灭鼠药、黄磷等)	硫酸铜
氰化物(发芽马铃薯、高粱幼苗、亚麻饼等)	亚甲蓝、硫代硫酸钠

续表1

毒物	解毒药
亚硝酸盐(烂白菜、烂萝卜叶等)	亚甲蓝
马钱子、番木鳖(士的宁等)	高锰酸钾、过氧化氢、药用炭
阿托品、颠茄、莨菪、曼陀罗	硫酸铜(内服催吐)、0.1%溶液高锰酸钾(洗胃)、毛果芸香碱(皮下注射)
砷、汞、酒石酸锑钾	二巯基丙醇(或二巯基丙磺酸钠)
石炭酸	硫酸钠或硫酸镁(3%～5%溶液,洗胃)
铜(硫酸铜等)	黄血盐(0.2%～0.3%溶液,洗胃)、内服氧化镁和鸡蛋清
铅	依地酸钙钠(解铅乐)
碘、碘仿	溴化钾、淀粉
强酸(硫酸、硝酸、盐酸)	损伤局部用稀碱液(如2%～5%碳酸氢钠溶液)洗涤,内服氧化镁(或碳酸镁、氢氧化铝、稀肥皂水)。禁服碳酸氢钠
强碱(氢氧化钠、氢氧化钾、生石灰)	损伤局部用稀酸液(如1%～2%醋酸等)洗涤,内服0.3%稀醋酸或0.5%盐酸
生物碱、糖苷、重金属盐类和酸类	通用解毒剂:药用炭50份、氧化镁25份、鞣酸25份、白陶土25份,混合均匀即成。马、牛每次口服100～160克
蛇毒	季德胜蛇药

(3)生理解毒法　这是对抗毒物作用的解毒法,如阿托品可解毛果芸香碱及毒扁豆碱中毒,溴化钾、水合氯醛等可解番木鳖中毒,咖啡因可解酒精及一般麻醉药中毒。

(4)物理解毒法　以黏滑剂使毒物被包埋,防止吸收或损伤消化道黏膜。

①黏浆剂——使毒物包埋,防止吸收和损伤消化道黏膜。主要是用淀粉、阿拉伯树胶、鸡蛋清、牛奶、豆浆等内服。

②吸附剂——可以使毒物吸附,防止吸收。在给吸附剂以后最好给予泻剂,使吸附的毒物迅速排出。吸附剂主要是药用炭、白陶土、木炭末、百草霜等。

2. 对症治疗

对中毒症状严重的,必须同时针对病畜的临床症状采取对症疗法。

(1)心脏衰弱的,用咖啡因、樟脑油等皮下或肌内注射。

(2)低温病畜,施行躯体保温,或用樟脑酒精涂擦四肢等。

(3)兴奋呼吸中枢,可用尼可刹米、樟脑油。

(4)病畜兴奋不安、狂躁,可用溴化物等镇静剂;痉挛时可用水合氯醛灌肠。

(5)剧烈疝痛时,可皮下注射安乃近等镇痛剂。

(6)脑充血,可用冷敷法或放血。

3. 全身治疗

常用葡萄糖溶液或复方氯化钠溶液大量注射,一方面稀释毒物,加速排出;另一方面可以调整全身机能,特别是肝脏的生理解毒机能。注射胰岛素可增强肝脏机能,对中毒病畜甚为有益。

(三)预防措施

(1)禁喂霉败的和有植物病的饲料。

(2)在牲畜容易舔到的部位涂擦外用药时,应给牲畜戴上嘴兜或口网。

(3)不在毒草多的草地放牧。

(4)施用农药地区应划出范围,禁止家畜在该地区放牧;对农药、化学肥料等要严格保管。

二、常见中毒病

(一)霉玉米中毒

霉玉米中毒主要是家畜进食发霉玉米或玉米面所致。霉变的玉米中有镰刀菌属与黄曲霉菌所释放的毒素,动物不慎食用后会引起中毒症状。

【病因】 本病是由于吃了发霉玉米或其他霉败饲料引起。

玉米在生长时有几种镰刀菌寄生,在霉玉米粒表面或粒内长有白色、黑色、褐色或红色的绒毛。本病有一定季节性,九十月间发生较多,以后转为散发,在玉米产区可能发生地方性流行。

【症状】 主要为神经症状。

(1)初期(沉郁型) 头低耳耷,浑身无力,四肢动作不协调,甚至牵拉不动,嗜睡;双唇麻痹下垂,唇舌肿胀,口鼻发凉;食欲减少,流涎,吞咽困难;双目无神,视力减退或消失,眼有眵泪;小便赤黄,口色暗黄。

(2)中期(兴奋型或沉郁兴奋混合型) 形如酒醉,四肢散乱,东倒西歪,只向前走,不向后退,或转圈,或狂闹,或沉郁;耳耷下耷,眼目失明,双唇下垂,口鼻转热,少饮不食,或吐痰沫,流黏液。唇色土黄,舌色暗紫。

(3)后期 猛闹几次,卧地不起,四肢乱蹬,归于死亡。口色暗紫,体温无变化。

一般病例常为兴奋和沉郁交替出现,病的后期一眼或两眼失明,步态摇晃不稳。最后躺卧地下,四肢划动,拖延至死。体温一般不升高。较轻的病例可见腹泻。剖检可见脑膜及脑实质充血、出血、液化和坏死。口黏膜糜烂或溃疡。胃肠黏膜、浆膜和肠系膜有出血斑。

【鉴别】 应与传染性脑脊髓炎区别。脑脊髓炎体温升高且胃肠炎症状很轻,发病季节为蚊蝇活跃时期,较本病要早,没有食霉玉米的病史。

【治疗】 到目前为止,本病尚无特效解毒剂,也仅限于对症处理并加强肝脏解毒机能。

(1)发现中毒立即停喂霉玉米。

(2)内服硫酸钠等轻泻剂,排除毒物。

(3)马可放血 500～1 000 毫升(驴酌减),然后静脉输入 40%乌洛托品 50 毫升、生理盐水 1 000～1 500 毫升及 25%～50%高渗葡萄糖溶液 500 毫升。每日一次,连续五至七日。

(4)兴奋时,可深层肌内注射盐酸氯丙嗪 300 毫克或静脉注射水合氯醛硫酸镁 100 毫升,一日二次,使之镇静。

【处方】

(1)茯神散

茯神两半　远志八钱　黄芪一两　酒黄芩一两　酒黄柏一两　酒知母一两

姜栀子一两　连翘两半　炒郁金两半　木通五钱　金银花二两　酒大黄二两
芒硝四两　粉甘草五钱

共为末，开水冲调，候温灌之。

加减：若眼发蓝者，加菊花两半、青葙子五钱、决明子五钱；若耳聋者，加泽泻一两、元参二两；火盛者，加石膏一两；狂暴兴奋者，加朱砂三钱；不食、唇麻痹者，加厚朴两半、黄药子一两、白术一两，减芒硝。

(2)方二(用于沉郁型)

石决明一两　决明子一两　蔓荆子一两　菊花两半　青葙子一两　黄连五钱
石菖蒲一两　金银花两半　连翘七钱　党参一两　白术一两　茯神一两
甘草七钱　川大黄二两　远志七钱

共为末，开水冲调，候温灌之。

【防治】 妥善保管，防止玉米发霉，已经发霉的玉米不能用作饲料。

(二)马铃薯中毒

大量饲喂马铃薯发芽、腐烂的块根或其开花、结果期茎叶所致的一种中毒病。引起马铃薯中毒的有毒物质包括全植株的生物碱马铃薯素即龙癸素，茎叶的硝酸盐及腐烂变质块根的腐败素。

【病因】 由于吃了过多的马铃薯以致中毒。马铃薯内含有龙葵素，特别是发芽、皮发绿的马铃薯内龙葵素含量特别高，发霉、腐败的马铃薯内主要是腐败毒素。

【症状】 急性病例，初期表现兴奋、腹痛不安，呕吐；以后精神不振，步态不稳，虚弱无力，甚至在二至三日内出现后躯麻痹，以致死亡。发病较慢的，表现腹痛、腹胀、腹泻，并呈现食欲减退，虚弱等。

【诊断】 误食发芽马铃薯病史，以胃肠炎和神经症状为主症。

【治疗】

(1)初期可灌服清油泻下，以排除毒物。

(2)10%～25%葡萄糖液　500～1 000 毫升

静脉注射。

病畜虚弱时可加安钠咖 20 毫升。

【处方】

(1)方一

黄连五钱　白矾半两　黑豆四两　甘草两半　盐一两

共为末，喂之(猪分二次)。

(2)方二

白矾五钱　郁金五钱　黄芩三钱　大黄一两　黄连三钱　葶苈子五钱
车前子三钱　知母五钱　绿豆二两

研末，水冲内服。

【防治】 生马铃薯必须经加工熟透方能饲喂；发芽的马铃薯应切去幼芽后加水煮熟再喂，煮过的水也不能饮喂牲畜。

(三)亚硝酸盐中毒(饱潲病)

饱潲病是猪摄入富含硝酸盐、亚硝酸盐过多的饲料或饮水,引起高铁血红蛋白症,导致组织缺氧的一种急性、亚急性中毒性疾病。

【病因】 蔬菜中的叶菜类(白菜、甜菜、萝卜、甘蓝、包心菜)含有多量硝酸盐,如发生腐烂,或焖煮搅拌不充分,煮后放置过久,硝酸盐就转变成亚硝酸盐容易引起中毒。叶菜长期堆放发热也可产生大量的亚硝酸盐引起本病。本病多见于猪和牛,多为急性,常在二至四小时发病,甚至十分钟内死亡。

【症状】 在进食后半小时内突然发病,病畜发抖、痉挛,唇变黑,口吐白沫,呼吸迫促,走路摇摆,歪斜或转圈。牛常发臌胀,重者倒地,痉挛,四肢不断划地。

【诊断】 有采食富含硝酸盐的植物的病史。以呼吸困难及急性缺氧为特征。

【治疗】

1%～2%亚甲蓝溶液　每千克体重1毫升

或亚甲蓝酒精溶液　每千克体重1毫升

迅速静脉注射或肌内注射。

注:亚甲蓝酒精溶液:亚甲蓝2克,酒精10毫升,生理盐水90毫升。

【处方】

(1)方一

白矾五钱　明雄四钱　甘草二钱　大蒜一两

共为末,水调内服。

(2)方二

萝卜籽五钱　苏合香四钱　明雄三钱　白矾三钱　甘草三钱　苍术五钱

贯仲五钱

共为末,水调。分三次内服。

【防治】 不要饲喂腐烂、久置、发热的菜叶,煮时要敞开锅盖,并不断搅拌,使毒物挥发。

(四)菜籽饼中毒

牛、猪采食未经处理的菜籽饼后,由其所含黑芥子苷在芥子水解酶作用下产生挥发性芥子油而致病。

【病因】 菜籽饼营养丰富,但含有黑芥子苷,食入后在胃肠中转变为芥子油,强烈刺激胃肠。中毒主要见于牛和猪。

【症状】 初期排尿增加,有时尿血,呼吸加快和困难。食欲废绝、不反刍,腹胀、腹痛、腹泻或粪中带血。后期虚弱,体温下降,最后虚脱而死亡。

【诊断】 以胃肠炎为主症。临床表现为结膜发绀,腹痛,下痢,粪中带血,咳嗽,呼吸加快,流有泡沫状鼻液。

【治疗】

(1)发病急者,可内服面糊或豆浆水。也可洗胃或泻下。

(2)中药处方

川大黄一两　元明粉三两　柴胡七钱　黄芩一两　焦三仙三两　枳壳一两
槟榔一两　胆草一两　二花一两　连翘七钱　甘草五钱　防风七钱
郁金一两

共为末，分二次，开水冲灌服。

【预防】 用菜籽饼作饲料，应进行脱毒加工处理。打碎后用清水泡软并蒸煮一小时，时时翻搅，使毒物蒸发和破坏，饲喂时和其他饲料搭配。

(五)有机磷中毒

有机磷中毒是指机体在短时间内食用、吸入或接触大量有机磷后出现的一系列急性中毒的症状和体征。

【病因】 有机磷中毒多通过食入、吸入及皮肤接触而引起。如采食了刚喷洒过有机磷农药的农作物或饲草，舔食未经洗净的有机磷农药用具，饮用被有机磷农药污染的水以及吸入了风吹来的农药等。亦有过量使用有机磷类驱虫药物引起的中毒。

【症状】 中毒后，轻症的表现为出汗、流涎、吐白沫(猪常呕吐)、腹泻、颤抖、呼吸困难、瞳孔缩小；重症的表现为心跳极度衰弱、运动障碍、呼吸高度困难、昏迷、肌肉痉挛、粪尿失禁，甚至很快呼吸、心跳减慢，心脏麻痹而死亡。

【诊断】 中枢神经症状和胆碱能神经过度兴奋为特征。

【治疗】

(1)经皮肤中毒的，立即清水冲洗皮肤。

(2)对症解毒　1%硫酸阿托品注射液

皮下注射(大家畜200～300毫克，小家畜2～4毫克)。

(3)特效解毒　解磷定

按每千克体重15～30毫克计算，将解磷定溶于灭菌生理盐水或葡萄糖盐水内，配成10%溶液缓慢静注，每隔二至三小时注射一次。

【防治】 不要在喷洒过农药的草地放牧。

(六)含氮化学肥料中毒

牛等家畜误食含氮化学肥料或补饲过量尿素引起的中毒性疾病。常见的含氮化学肥料主要有氨水、尿素、硝酸铵和硫酸铵。

【病因】 由于家畜误食含氮化学肥料或饲料中添加过量尿素所致。

【症状】 初期兴奋不安，流涎，口角有多量白色泡沫，口腔发炎，口黏膜脱落、糜烂，咽喉肿胀，吞咽困难。急性者常有反复发作的强直性痉挛，而且程度不断地加深。眼球颤动，呼吸困难，结膜发绀，心跳亢进，脉搏快而弱。出汗，皮温不均，末梢部位冰凉。严重时病畜昏迷，瞳孔散大，体温下降，全身痉挛，最后窒息而亡。

(1)尿素中毒　牛表现不安，发抖，呻吟，步态不稳。出现强直痉挛，眼球颤动，呼吸困难，心音增强，出汗，口流泡沫，肛门松弛，瘤胃臌胀，腹痛，食欲、反刍停止。

(2)硝酸铵中毒　初期腹痛，呻吟，流涎，口腔发炎，口黏膜脱落、糜烂，咽喉肿胀，肚胀，多尿。逐渐衰弱无力，步态不稳，颤抖，跌倒，体温下降，心音增强，昏睡，常突然死亡。

(3)硫酸铵中毒　基本和硝酸铵中毒相同。表现食欲废绝，口腔发炎，轻度臌胀，水泻，体温高达 40 ℃左右,肌肉颤抖。

【治疗】

(1)尿素中毒　可静脉注射葡萄糖或葡萄糖酸钙,或 20%硫代硫酸钠溶液,或 5%碳酸氢钠溶液,效果较好。还可内服硫酸镁泻剂。

(2)硝酸铵与硫酸铵中毒　可内服黏浆剂或油类与大量清水混合灌之。

(3)对症疗法。

【预防】 防止牛羊误食含氮化学肥料。在饲用各种含氮补饲物时,应必须将补饲物同饲料充分混合均匀,必须使牛羊有一个逐渐习惯于采食补饲物的过程,于十至十五日内达到标准规定量,不能单纯喂给含氮补饲物(粉末或颗粒),也不能混于饮水中给予。

第四章 疮黄疔毒

疮、黄、疔、毒是皮肤与肌肉组织发生肿胀和化脓性感染的一类病证，简称疮黄。

一、疮

疮是一种体表局部的化脓性感染的总称。多由六淫之气侵入经络，气血运行受阳，致使气血凝滞而成。《元亨疗马集·疮黄论》说："疮者，气之衰也，气衰而血涩，血涩而血凝经络侵于肉理，肉理淹留而肉腐，肉腐者乃化为脓，故曰疮也。"

本病发无定处，遍体都可以发生，形状、大小也不一样。因其发生的部位不同，而有各种名称。如发生在脊背的叫"背疮"，发生在耳朵的叫"耳疮"，发生在头顶的叫"顶门疮"等。虽病因不同而治法相同，故合在一起介绍。

【病因】 多因损伤皮毛、肌肉而感六淫之气或疫疠之气，致使气血凝结，经络不通，而发生局部组织腐烂化脓之症。体虚体瘦家畜，体质衰弱，血液循行缓慢，致使瘀血蓄积于肌腠，形成肿胀，时久则溃破化脓成疮。此外，由于外伤亦能引起发生本病。《内经·痈疽篇》说："寒邪停于经络之中则血泣，血泣则不通，不通则卫气归之，不得复返，故痛肿。寒气化为热，热胜则肉腐，肉腐则为脓。"或因劳役过度，饮喂失调，久之畜体衰弱，营卫不和，气血凝滞而成。

【症状】 疮势局限硬肿，顶尖根束，推之活动，发热，疼痛，化脓迅速。溃后流稠脓，脓肿尽消，生肌收口者，属于顺症，易治。若疮势满肿无头，日久不成脓，或成脓不溃，或溃后不收口，常流血水或豆色汁者，属于逆症，难治。

【治则】

(1)初期毒气初结者，治以解毒消肿为主。内服连翘败毒散，外敷鱼石脂酒精。

①连翘败毒散

连翘一两　金银花一两　天花粉一两　紫花地丁一两　赤芍八钱　黄药子一两
白药子一两　牛蒡子八钱　乳香五钱　没药五钱　丹参八钱　菊花八钱
黄芪一两　荆芥五钱　防风八钱　甘草五钱

共为末，开水冲，灌之。

②鱼石脂酒精

鱼石脂软膏 20～30 克加入 95%酒精 70～80 毫升，溶解后装入广口瓶内备用。用时涂肿处。

(2)中疮期已成脓,防毒内攻,治以托里解毒为主。内服托里透脓散,并切开排脓。

托里透脓散

黄芪二两　党参二两　当归二两　白芍八钱　茯苓一两　金银花一两

皂角刺八钱　山甲珠一两　乳香一两　没药一两　甘草五钱　黄酒四两为引

共为末,开水冲,灌之。

(3)后期疮已破溃,脓毒排出而气血两虚,宜内服大补气血之剂,外用生肌收口药。

①气血双补散

黄芪二两　党参二两　当归二两　白术一两　茯苓一两　白芍一两

陈皮八钱　肉桂五钱　制乳香一两　制没药一两　炙甘草五钱　烧枣十枚为引

共为末,开水冲,灌之。

②去腐生肌散

轻粉五钱　乳香五钱　没药五钱　儿茶三钱　煅龙骨三钱　卤砂二钱

共碾极细末,装入瓶中。每用少许撒在创口上。

另外,不论初、中、后期,可选用抗生素、磺胺类药物进行治疗。

【调理】 疮口周围应保持清洁,防止污物感染和牲畜啃咬。加强饲养管理,多给营养丰富的草料。

(一)背疮

本病多因硬物的撞打和压迫,致使背部肿胀,久则溃烂成疮。

【病因】 背部遭受硬物撞打,或驮物压迫,损伤背部皮肤,致使破皮肿胀,溃烂而成疮。

【症状】 病初背部或其两侧发生破皮肿胀,发热疼痛,肿部大小不一,手触按患部疼痛剧烈。数日后身体或有发烧,肿部溃烂化脓流出脓血。甚者患部腐烂逐渐扩大加深。

【脉色】 口红脉数。

【诊断】 背部肿胀发热,溃烂后疮内脓汁积蓄为本病的主症。

【治疗】 初期未化脓前,用适量的陈石灰、大黄末,混合稠醋或童便敷患部。化脓溃烂后,先排尽脓液,次用艾叶、金银花、葱适量,共煎水洗净疮面,去掉腐肉,再撒生肌拔毒散,内服连翘败毒散。

【处方】

(1)生肌拔毒散

龙骨二钱　黄丹三钱　炉甘石二钱　赤石脂三钱　轻粉二钱　红粉一钱

寒水石一钱　海螵蛸五钱　冰片五分

共研细末,撒在疮面内。

(2)连翘败毒散

连翘一两　金银花一两　天花粉一两　紫花地丁一两　赤芍八钱　黄药子一两

白药子一两　牛蒡子八钱　乳香五钱　没药五钱　丹参八钱　菊花八钱

黄芪一两　荆芥五钱　防风八钱　甘草五钱

共为末,开水冲,灌之。

【调理】 停止驮运,增喂精料,注意排出脓汁,防止苍蝇等污染疮口。

(二)肩胛痛

本病是临床常见的疾患,为挽具磨伤肩胛,致使瘀血积聚而成肿痛的一种疾病。

【病因】 由于使役时挽具不适,套以粗糙不平的肩枷,以致压迫摩擦损伤肩胛,瘀血积聚不散而成痛,久则溃破化脓成疮。

【症状】 病初肿胀,发热疼痛微硬,肿胀界限明显,拒绝手触患部;几日后,瘀血多化成脓液,难以穿溃排出脓血,因而痛部呈现软肿,时久肿胀增大,终致溃烂化脓。病畜表现疼痛不安,食欲、反刍减少。

【脉色】 口红脉数。

【诊断】 发热疼痛剧烈,终致溃烂化脓为其主症。手按硬肿痛甚者,为瘀血凝积,按之边硬而中间有软处者,即内脓已成。

【治疗】 初肿无脓时,用烧酒涂擦后,以针漫刺患部周围,使之流出瘀血,可减轻肿胀,同时外用消痛止痛散或方二涂敷,必要时内服荆防败毒散。若日久内脓已成则必须开刀,并用艾叶、野菊花煎水洗净脓血,然后用生肌散,或血余膏搽于疮口。

【处方】

(1)消痛止痛散

川大黄二两　制乳没各二钱　白芷五钱　天南星五钱　黄柏八钱

共研极细,鸡蛋清一个、淡醋适量,混合调成糊状,涂患部,一日二三次,其肿即消。

(2)方二

生南星一两　生半夏一两　黄柏一两　红花五钱　山杏仁二两　滑石二两

乳香一两　生甘草一两

研细,调清油涂敷。

(3)荆防败毒散

金银花八钱　五加皮八钱　秦艽八钱　防风六钱　荆芥六钱　茯苓六钱

白术六钱　薄荷六钱　牛膝六钱　当归六钱　甘草四钱

共研细末,酒为引,开水冲,候温灌之。

(4)生肌散

刺猬皮(焙存性)一两　飞甘石五钱　川黄连五钱　冰片五分　朱砂五分

共研细末,干撒或清油调搽疮面。

(5)血余膏

清油一斤　血余五钱　白芷一两　黄柏一两　血竭五钱　白蜡二两　冰片一钱

先将清油熬开,下诸药,煎枯去渣,再下白蜡,文火熬黑为度,用黄丹纸一层下油内浸透,量患之大小剪贴。

【调理】 停止使役,放于清凉处,加强饲养,须用清油涂搽患部周围,防止昆虫叮咬。

【预防】 使役时,应对挽具仔细检查,见有粗糙不平或大小不当者必须修理后再用。

二、黄

黄是皮肤完整性未被破坏的软组织肿胀。多因饲养失调,劳役过度,外感病邪,正邪相搏于肌肤；卫气受阻，经络郁塞，气血凝滞而成。如《元亨疗马集·疮黄论》说："黄者，气之壮也；气壮者，血洪也；血洪者，血离经络也。是故血离经络，溢于肤腠，肤腠郁结，而成瘀血；瘀血者，化为黄水，故曰黄也。"又说："热积三焦流不散，气壮生黄衰患疮。"这说明牲畜受到外因和内因的影响后，致使血液循行失调，瘀血积于肤腠而成黄肿。

对于疮黄的鉴别，前人的经验是"硬而痛者为疮，软而不痛者为黄"。

黄症多发生在夏季。初起患部肿硬，间有疼痛或局部发热，继则面积扩大而变软，有的出现波动，刺之流出黄水。因黄的部位和名称不同，具体主证也有所不同，而有不同的名称，如滴水黄、腮颊黄、胸黄、肷黄、肘黄、奶黄、肚黄、袖口黄、膝黄、腕黄、蹄黄等。临床上常见的几种分述于后。

(一)滴水黄

滴水黄是湿热侵于食槽，引起黄肿的一种疾病。常因溃后毒水淋漓，犹如水滴，故名。

【病因】 本病多见于瘦弱牛。常因暑热炎天，外感湿热，加以劳伤过度，脾胃虚弱，不能运转，积于上焦，传于食槽，引起黄肿。

【症状】 初期食欲、反刍、脉色多无大变化，精神不振，食槽下肿胀，软而不痛，用针刺破多流黄水。以后食欲、反刍均减少，有时出现腹泻现象。

【治则】 本病易治，一般在软肿时，可用新鲜石灰调小便外敷，若未消散，再针患部、放出清水，同时内服下列利湿解热的方剂。

【处方】

(1)方一

黄芪一两　当归六钱　白芍八钱　桔梗五钱　茯苓六钱　木通一两
白术六钱　枳壳六钱　川朴五钱　陈皮六钱　青皮六钱　豆根八钱
茵陈五钱　甘草四钱　车前子一两

共为细末，调水一次服。

(2)方二

金银花一两　白芷一两　赤芍一两　生地一两　丹皮一两　花粉一两
青蒿一两　苦参一两　雄黄八钱　首乌一两　黄连六钱　黄柏一两
蒲公英一两　皂角刺一两　甘草四钱

煎汤分三次服，一日服完。

(3)方三

党参一两　当归一两　白术一两　大腹皮一两半　茯苓二两　泽泻两半
益智仁一两　茵陈一两　甘草一两

共为细末，调水灌之。

【调理】 喂以富有营养的饲料，宜适当运动。

(二)锁口黄

本病多发于夏秋两季，乃热毒外应于口角而引起黄肿的一种疾病。

【病因】 多因天气炎热，使役过重，以致热毒郁结于口角而发生肿胀。

【症状】 病初口角发生肿胀，硬而多痛，同时口角内侧多为赤色发热，咀嚼困难，水草迟细。病重时口角肿大，食欲、反刍停止，头垂口紧，口内流涎。

【脉色】 脉象洪大。

【诊断】 口角肿胀，发热疼痛，并流涎沫，为本病主症。

【治则】 本病初期易治，病重难医。如口角肿胀，除内服黄连解毒汤、方二外，同时可用针刺破患部，再用古矿灰散调敷之。

【处方】

(1)黄连解毒汤

黄连五钱　大黄二两　黄柏二两　知母两半　石膏二两　僵蚕一两
豆根一两　马勃一两　蜈蚣三条　白芷一两　银花二两　明雄二两(另包)
夏枯草半斤引

共合熬浓汁，分三次灌之。

(2)方二

黄连五钱　大黄二两　山豆根二两　金银花一两　连翘一两　二丑一两
紫花地丁二两　蒲公英二两　甘草五钱

共研细末，一次和温水调灌。

(3)古矿灰散

陈石灰半斤　皮硝二两　冰片五钱

共为细面，醋调搽患部，连敷数次。

【调理】 拴于清凉之处，水浸青草喂之，停止使役，一切生料暂忌。

(三)肚底黄

本病乃毒气侵于腹下部，使血离经络，肚底下边发生黄肿之症，故称肚底黄，又名锅底黄。

【病因】 本病夏秋两季发生较多。皆因气候炎热，劳役过重，以致气血瘀滞，热毒凝结于肚底部而发生黄肿。脾脏运化功能失常，心肾疾病，跌打损伤，缺乏运动等都能引起本病。

【症状】 病初肚底发生肿胀，有时发热疼痛，继则肿胀部逐渐扩大，病牛精神倦怠，食欲、反刍减少，行走迟缓，小便短少，若肿至前胸及会阴部则难医治。腹下有大小不等的圆形肿胀，无热无痛，指压呈面团样，可留下指印，渐渐扩大，边缘增厚。发展迅速，肿胀界限不明，初如碗口，后逐渐增大，布满肚底。重者肿胀可蔓延至前胸和会阴部，不热不痛，或稍有痛感，指压成坑。患病动物精神不振，水草减少，行走困难，不能卧地，站立时四肢开张。

【诊断】 以肚下黄肿、口红脉数为主症。

【治疗】 用针刺穿肿胀部中心和周围的皮肤，放出毒水；并彻带脉血，外用醋调陈石灰敷患部，一日敷数次，同时可选用下列药方内服。

【治则】 以渗湿利水、消瘀消肿为主。

【处方】

(1)茵陈散

茵陈两半　青木香四钱　制香附五钱　酒知母五钱　酒黄柏四钱　黄芩四钱
黄连三钱　甘草三钱

共研细末，开水冲，候温灌之。

(2)方二

黄柏一两　连翘一两　防风六钱　荆芥六钱　苦参一两　二丑八钱

银花一两　甘草三钱　茵陈二两　山豆根八钱　灯芯草为引

共煎水，候冷灌之。

(3)方三

二花一两　连翘八钱　茯苓八钱　泽泻一两　白术六钱　黄柏五钱

荆芥四钱　防风五钱　木通一两　防己六钱　二丑一两　茵陈一两

黄芩六钱　蒲公英一两　甘草五钱

共研细末，水调灌之。

(4)加减胃苓散

苍术八钱　厚朴五钱　陈皮八钱　猪苓七钱　泽泻五钱　茯苓皮七钱

白术一两　桂枝四钱　桑白皮五钱　大腹皮五钱　生姜皮五钱　甘草五钱

共研细末，水调灌之。

(5)用鱼石脂酒精涂擦。

(6)如经过治疗几日不消的，可用大宽针在肿处乱刺，使储水流出，渐渐可愈。

【调理】 放清凉处休养，喂以青草，并宜用车前草、薄荷叶煎水饮之，不可拴于污泥湿地。

(四)膝黄

膝黄为膝部腕关节处(俗名膝盖)发生黄肿的一种疾病。

【病因】 多因奔跑过急，前肢失足，或跳跃沟渠，闪伤或扭伤腕关节，致使气滞血凝，瘀血不散，发生肿胀亦成此病；栏舍泥泞，久卧湿地，以致湿毒相侵，气血凝滞于膝关节亦可形成黄肿。

【症状】 膝盖硬肿，病初热疼，久则热退，走动点头跛行，起卧困难，饮食正常，脉色无变化。日久患部溃破流出血水。

【治则】 以散瘀消肿为主。病初彻膝脉血，若肿胀发软时，用针刺放出黄水。

硬肿不消时，用生石灰小块(如鸽子蛋大)十来块，装入布袋内，捆在肿处，另外用水浇石灰(注意不要烧伤)，使灰发热，促使硬肿软化，用针放黄水，再用压迫绷带促进吸收。

或用川乌、草乌、当归、红花各五钱，透骨草一两，共为细末，用醋调成糊状，抹在布上，包在肿处，再用烙铁烙之，将干时再浇醋，边烙边浇醋，烙至病畜躁动不止。

【处方】

(1)当归活血散

当归五钱　川芎八钱　红花八钱　山甲珠五钱　自然铜(醋炙)五钱

血竭五钱　制乳香一两　制没药一两　连翘八钱　牛膝五钱　天花粉一两

桂枝五钱　甘草四钱

共为末，水调灌之。

(2)方二

牛膝一两　二花一两　连翘一两　大活血一两　木瓜一两　苍术一两

防风八钱　荆芥八钱　桔梗八钱　枳壳八钱　前胡八钱　川芎八钱

羌活八钱　独活八钱　茯苓八钱

共研细末，加白酒四两，温水调灌。

(3)方三

独活一两　防风一两　土茯苓二两　草薢二两　薏苡仁一两　续断二两

木瓜二两　黄柏二两　大黄二两　伸筋草二两

共合煎水，分二次喂。

【调理】 将病牛拴于清洁平坦处休养，适当牵遛，停止使役。喂以较好的草料，忌放于湿栏。

(五)串皮黄

串皮黄是湿热毒气侵及肌表之症，多生于皮肤肌肉较松软之处，由于黄肿部位多无固定，故称串皮黄。

【病因】 多发于夏秋季节。由于厩舍潮湿，粪便堆积，湿气温熏成毒，侵入皮肤；或劳役后忽受阴雨浇淋，久卧湿地，湿热内积，化成毒气流注皮下，均为引起本病的原因。

【症状】 发病缓慢，体表出现肿胀，常见于皮肤肌肉松软处，如颈、胸及腹下等部，或硬或软，大小不一，肿处不定，有的几处同时肿起。重者发热疼痛，破皮流出毒水。

【诊断】 口色一般少变化，以肿胀缓慢、肿处不定为主症。

【治疗】 针刺患部周围，放出毒水，用苦参或紫花地丁研末，桐油或清油调搽，选用下列处方服之。

【处方】

(1)方一

苦参二两　连翘二两　黄柏二两　二花三两　防风一两　荆芥一两

茯苓二两　泽泻一两二钱　大黄二两

共研细末，分二次温水调灌。

(2)方二

白芷一两　二花一两　川贝六钱　薄荷八钱　荆芥八钱　连翘八钱

甲珠六钱　牛膝八钱　羌活六钱　蜈蚣四条　全蝎五钱　生甘草四钱

共研细末，灯芯草煎水，冲服。

(3)方三

黄连六钱　黄柏八钱　黄芩八钱　黄药子一两　栀子二两　苦参一两

连翘一两半　二花一两半　山慈菇一两　青木香二两

共研细末，加蜂蜜四两，温水调灌。

【调理】 病牛放于清凉干燥处喂养，用薄荷、鲜芦根煎水饮之。

(六)大头黄

此症乃湿热之毒气侵注于颜面，使头部肿胀，故称大头黄。

【病因】 本病多发生于夏秋两季，特别是暑月炎天，由于气候多变，乍雨乍晴，地气熏蒸，以致牛受湿热毒气之侵袭，使头面蓄积瘀血而突然发肿。

【症状】 病初多起自鼻部的左右，或眼、耳部，发生肿胀，继之头面肿大，发热稍硬，精神委顿，食欲、反刍减少。若肿至颈部，病牛拱背低头，尾不摆动，口流涎水，呼吸困难，食欲废绝，即为危候。

【诊断】 口色鲜红，脉象浮数，头面部肿大为本病之主症。

【治疗】 首先针刺知甘、大脉、过梁、血印等穴，放出毒血，减轻肿胀。外用生石膏、薄荷、马齿苋混合捣细，加童便调敷患部，或用鲜菖蒲四两、陈艾叶三两、食盐半斤煎水浸湿纱布外敷亦可。并选用下方治之。

【处方】

(1)方一

防风一两　荆芥一两　连翘一两　二花一两　柴胡一两　花粉一两
白术一两　厚朴一两　枳实一两　天麻一两　升麻两半　栀子二两
菊花二两　大黄三两

共研细末，加蜂蜜四两，温水调灌。

(2)方二

甲珠五钱　天丁五钱　黄芪五钱　连翘五钱　紫苏五钱　生地五钱
薄荷五钱　栀子一两　荆芥一两　防风一两　土茯苓一两　二花一两
当归一两　枳壳一两　川芎一两　桔梗六钱　甘草三钱

共煎水，灌之。

(3)方三

白芷一两　大黄二两　菊花二两　黄柏一两　荆芥一两　防风一两
僵蚕一两　石膏二两　苍耳一两　甘草四钱　夏枯草四两

共煎水，分二次服。

【调理】　放于清凉安静处，水浸青草喂之，并宜用生石膏、薄荷或绿豆煎汤饮之，勿拴于热处。

(七)锁喉黄

锁喉黄是心肺热毒上冲咽喉而发生黄肿的一种疾病。此乃急卒危险之症，若外肿毒轻者，则水草难咽，呼吸促迫；内肿毒甚者，则食欲废绝，呼吸困难，多窒息死亡。

【病因】　本病多发于夏秋两季。由于气候炎热，使役过累，热积于心肺，以致热毒上冲咽喉发生肿胀。其他如长期喂以霉败的草料或误食其他有毒物质，亦能引起此病。

【症状】　病初精神沉郁，头垂耳低，体表发热，尿呈黄色，大便干燥，咽喉肿胀、发热疼痛，吞咽困难；继之咽喉肿大，伸头直颈，咳嗽发喘，呼吸带有鼾声，口流涎沫；严重时口中发烧，张口吐舌，呼吸困难，站立不安。

【诊断】　一般口色赤红，脉象洪数，以咽喉肿胀为主症。外喉黄肿病势较轻，发展较慢，虽肿甚可治；内喉黄肿虽外表不很明显，但病势重笃，发展较快，症候危急，不易治愈。

【治则】　治宜清热解毒、祛痰消肿为主。内服方一、方二。如内肿甚者，用冰硼散吹入喉中；外肿甚者，吊黄引毒外出，以减缩喉部肿胀。

【处方】

(1)方一

二花一两　蝉蜕七钱　僵蚕七钱　薄荷一两　射干一两　豆根一两
黄连七钱　玄参一两　桔梗一两　荆芥七钱　花粉八钱　地骨皮一两
大青一两　黄芩八钱　甘草三钱

共研细末，温水调服。

(2)方二

连翘二两　二花三两　牛蒡子一两　山豆根一两　射干一两　川贝八钱

百合一两　花粉一两　防风一两　白芷八钱　甘草五钱

共研为末,香油半斤,混合温水调灌。

(3)冰硼散

冰片五分　元明粉五分　硼砂五分　朱砂六分

共研细面,分数次用斜口竹筒吹入病牛喉中。

(八)胸黄

胸黄乃热毒积聚于胸部而发生黄肿的一种疾病。

【病因】 胸黄是由于心肺壅极,热毒郁结,致使胸前发生黄肿之症。多因劳役过度,外感热邪,以致热毒积于胸膈,气血妄行经络,溢于肤腠而成此症。

【症状】 病初胸前发生黄肿,摸之发硬,有热痛感,继之扩大而软,甚至布满胸臆,摸之无痛,内储黄水,针刺流出黄水。

【诊断】 舌色赤红,脉象洪数,胸部肿大为本病主症。

【治则】 以清热解毒为主。穿刺黄肿放出黄水。针彻胸堂、通关血。

【处方】

(1)加味消黄散

大黄一两　黄芩八钱　郁金八钱　连翘八钱　知母八钱　黄柏八钱

浙贝一两　黄药子八钱　白药子八钱　栀子八钱　赤芍八钱　黄连三钱

薄荷五钱　马兜铃六钱　桔梗一两　木通六钱　芒硝一两　生地八钱

甘草五钱　鸡蛋清四个为引。

共为末,水调灌之。

(2)大黄末二两　芒硝末二两　大蒜两头捣烂,涝池黑泥半碗,陈醋半斤

混合后涂抹肿处,干后洗去再涂,每日涂三次。

注意事项:如用针刺黄肿后,不能用此法。

(3)必要时可用抗生素或磺胺类药物治疗。

【调理】 病牛放于清凉之处,喂以青草,同时可用鲜芦根、灯芯草、忍冬藤煎水,候凉使之自饮。

(九)腮颊黄

一侧或双侧腮部发生肿胀,初期肿胀较小且硬,随后逐渐扩大,可向前肿至食槽,引起口内流涎,水草难进,咀嚼困难;或向颈部蔓延,导致颈部肿胀,影响颈部活动;若波及咽喉,则出现呼吸困难,严重时可引起窒息。

【病因】 多因热毒侵入畜体,郁热不能外泄,热积化毒,或内伤谷料,料热化毒,热积胃肠,上侵于腮颊部,而郁结成黄肿。

【症状】 初期腮部或颊部一侧或两侧逐渐肿胀、发热、疼痛。因咀嚼时更加疼痛,所以草料减少,舌质多红,舌苔黄腻,重症脉多滑数。

【治则】 以清热解毒为主。可内服下方：

【处方】

蒲公英一两 大青叶一两 板蓝根一两 连翘八钱 牛子五钱 柴胡五钱

桔梗七钱 薄荷五钱 蛇蜕五钱 甘草五钱

共为末，开水冲，候温灌之。

患部用鱼石脂酒精涂擦。也可用白矾一两研末，与鸡蛋清同调，敷患处。

另外，可配合抗生素和磺胺类药物治疗。

【调理】 在早治疗期间，停止使役，喂给软草。

（十）偏次黄与后膘黄

【病因】 多因饲养太盛，膘肥体壮，致使气血壅盛，流行太过，溢于胸凫或肷部而生黄肿。或因感受暑热之气，邪热伏于心、肾，疫毒侵害畜体而生黄肿。

【症状】

（1）偏次黄 初期，表现不安，时吃时停，或退槽呆立，前腿好歇。饮水时表现惊慌，见水后退。行走时前腿不欲高抬，有痛感。水草迟细，粪干尿红。中期，胸凫一侧有拳头大或碗大浮肿，摸之烫手，疼痛。行走时前腿不敢高抬，不能大步行走。后期，精神昏迷，气促喘粗，行如酒醉，目瞪唇垂。胸前多汗，头低如痴，并有起卧表现。口色青紫，舌有黄腻苔。

（2）后腰黄 肷部有碗口大小的扁平浮肿，腰胯疼痛，后腿难移。后期精神昏迷，呆立如痴，鼻咋喘粗，行如酒醉，口色黑污。

【治则】 以泻火解毒、消黄散肿为主。

【处方】

（1）姜黄散

姜黄四两 白矾二两

共为末，开水冲，加黄蜡四两(化开)，猪胆汁两个，陈醋半碗，调匀，候温灌之。

加减：生在胸前左边的，加生地一两；生在右边的，加天花粉一两；喉部肿胀加元参一两；后肷黄加盐知母、盐黄柏、茵陈各一两。

（2）解毒连翘散

知母一两 黄柏一两 茵陈两半 白矾二两 大黄八钱 山栀子八钱

连翘八钱 薄荷八钱 防风五钱 姜黄两半

蜂蜜四两为引，共为末，开水冲，候温灌之。

（3）麝香一分 冰片八分 白胡椒五分 雄黄五分 石膏二两

共为极细末，炼蜜为丸，如桐子大。

在病畜汗沟穴处切开皮肤，埋入大蒜和药丸各一粒，缝合伤口，牵引病畜行走，使其出汗为止，病愈后取出蒜和药，洗净伤口，涂上软膏，适于后肷黄。

（4）如确诊为炭疽杆菌的，可用抗炭疽血清治疗，并配合抗生素或磺胺类药物治疗。

【调理】 拴在清凉处，忌拴暖棚及日光下，应于健康家畜隔离喂养，注意消毒。家畜尸体及粪便血水等深埋或焚烧，严禁剥皮吃肉。被病畜污染的一切器具及棚圈等，都应严格消毒。

(十一)肘黄

初期肘部肿胀无痛,后肿胀渐大,时有发热疼痛。站立时前肢前伸,运步时呈现跛行,口色鲜红,脉洪大。

【病因】 常因外物刺激所引起。亦有因道路不平,奔走太急,失脚扭闪,气血瘀滞,积久化毒而成本症。

【症状】 肘部肿胀,行走困难,一般饮食如常,脉色无变化。

【治则】 以散瘀消肿、清热解毒为主。

【处方】

(1)解毒消肿散

连翘八钱 金银花一两 当归八钱 赤芍五钱 木瓜八钱 桂枝五钱
天花粉八钱 红花四钱 丹皮五钱 羌活五钱 乳香五钱 没药五钱
郁金五钱 甘草五钱

共为末,开水冲,候温灌之。

(2)用鱼石脂酒精或樟脑酒精涂擦患部。

(3)放胸堂血或眉针点刺肿处。

【调理】 停止使役,喂于冬暖夏凉之处。

(十二)袖口黄

袖口黄是发生在公畜阴茎包皮的水肿之症。

【病因】 脾经虚弱,肾阳不足,脾的运化和肾的气化功能失常,水道欠通,致使部分水液溢而为肿,而成本症。亦有因感受风寒而引起的。

【症状】 袖口水肿,不热不疼,排尿正常。使役后见消,不使役就肿起。因感风寒而得的袖口黄,饮食稍减。

【治则】 以温脾除湿,通利水道为主。

【处方】

(1)渗湿白术散(脾虚用)

炒白术一两 茯苓一两 车前子八钱 大腹皮八钱 炒二丑一两 茵陈一两
泽泻八钱 木通五钱 桑白皮七钱 槟榔四钱 陈皮五钱 甘草五钱

共为末,开水冲,候温灌之。

(2)解表利湿散(感受风寒用)

蝉蜕一两 连翘八钱 荆芥八钱 防风七钱 秦艽五钱 当归八钱
白芷五钱 陈皮五钱 羌活五钱 独活五钱 赤芍七钱 木通五钱
茯苓八钱 酒知母五钱 酒黄柏五钱 甘草五钱

共为末,开水冲,生姜三钱为引,候温灌之。

(3)方三

煅牡蛎 砂仁 天南星 大别子各等量。

共为细末,用醋调成糊状,涂在肿处。

(4)初病时可骑着跑,至颈部出汗为止,牵遛至汗干,亦可治愈。

【调理】 在治疗期间可负轻役，加强饲养管理，喂给易消化、营养丰富的草料，冬在暖圈，夏在凉棚内饲养。

（十三）腕黄

【病因】 多因久卧湿地，厩舍泥泞，湿气蒸发而上冲，致使湿热邪气郁结于腕部，发生黄肿。或穿掌不正，急行闪伤，气血瘀滞，而发黄肿。

【症状】 病初一侧或两侧腕部微肿发热，稍有疼痛，亦有软肿而不发热者，行走时蹄敢抬不敢踏地，站立时患蹄伸向前方，不敢负重，频频踢踏换肢，以后肿胀渐大，疼痛加剧，屈伸不利，起卧困难，行走迟缓，走时跛行，病势重者则多卧少起。

【治则】 以消肿止痛、活血散瘀、舒筋活络为主。针蹄头、劳堂血。局部消毒后，用大宽针散刺，以排出黄水。

【处方】

（1）止痛消肿散

忍冬藤六钱　萆薢六钱　薏苡仁七钱　郁李仁六钱　何首乌一两　白鲜皮一两
汉防己六钱　木瓜六钱　牛膝五钱　甘草四钱

共为末，开水冲，候温灌之。

（2）山栀散

山栀子一两　乳香五钱　没药五钱　松香三钱　大黄四钱

共为细末，加上面粉，凉水调成糊状，外敷肿处，用纱布带固定。

【调理】 针刺后，病畜不能过水，拴行平地，在治疗期间，停止使役。

（十四）蹄黄

蹄黄是血瘀下注蹄胎引起蹄甲焦枯、蹄壁坚硬的慢性蹄病，又叫败血凝蹄。

【病因】 饲料过于单一或患结症及肠黄后期；因长途运输及穿掌不适等引起本症；长期伫立，恶血流注蹄内，亦能导致本病。

【症状】 蹄壳发热疼痛，行动小心，虚行下地，步幅缩短，严重时头低腰弓，四肢如攒，肌肉发抖，体温升高，鼻咋毛粗，后期卧地难起。

【治则】 以清热解毒、活血消肿为主。放蹄头血。

【处方】

当归活血散

当归一两　生地八钱　天花粉一两　连翘一两　丹皮五钱　红花五钱
牛膝七钱　赤芍六钱　麦冬五钱　金银花一两　没药八钱　大黄八钱
山栀子六钱　甘草五钱

共为末，开水冲，候温灌之。

也可使病畜站立冷水内浸泡，泡的时间越长疗效越好。

（十五）其他

（1）鼻黄　单侧或双侧鼻部肿胀，软而不痛，久之破溃流出黄水，呼吸稍粗，口色鲜红，脉洪数。

（2）耳黄 单侧或双侧耳根肿胀，患耳下重。一般软而无痛者易消，硬肿而痛者则溃破成脓。如《司牧安骥集》："马患耳黄有单双，双少单多是寻常；耳肿耳硬生脓血，内有脓囊似宿肠。"

（3）背黄 病初背部热痛肿硬，日久软化，触之有波动感，内有黄水。

三、疔

疔属于鞍伤感染，因其坚硬、根深、形状如钉而得名。多因乘骑负重过久，鞍具未及解卸，瘀汗积于毛窍，败血凝于皮肤；或鞍具不适当，磨伤体表，邪毒侵入所致。如《元亨疗马集》说："疔毒者，疮黄之异名，虽形殊名异，其理一也。"

【症状】 根据鞍伤感染后发展的阶段不同，所受损害的程度不同，可分为黑疔、血疔、筋疔、气疔、水疔五种。若经久不愈，则可能形成瘘管。

（1）黑疔 皮肤浅层组织受伤，疮面覆盖有血样分泌物，变干后形成黑色痂皮，形似钉盖，坚硬色黑，不红不肿，无血无脓。如《元亨疗马集》说："干壳而不肿者伤其皮，曰黑疔也。"

（2）筋疔 脊间皮肤组织破溃，疮面溃烂无痂，显露出灰白色而略带黄色的肌膜，流出淡黄色水。

（3）气疔 疮面溃烂，局部色白；或因坏死组织分解，排出带有泡沫的脓汁或黄白色的渗出物。

（4）水疔 鞍伤初期伤浅，患部红肿疼痛，渗出物光亮似水。

（5）血疔 皮肤组织破溃，久不结痂，色赤常流脓血。

【治则】 以外治为主。未溃者，可针其周围，以防走窜；已溃者，用防风汤洗，然后根据情况用药，干则润之，湿则燥之，肿则消之，腐则脱之，毒则解之。如形成瘘管，则以拔毒去腐之药腐蚀之。

（1）黑疔 可先揭去盖，以防风汤洗后，外敷防腐生肌散。

（2）筋疔 可外用丹矾散（诃子、黄丹、枯矾）。

（3）气疔 可按疮治疗，必要时可内服真人活命饮，外敷防腐生肌散。

（4）水疔 必要时可内服消黄散，外敷雄黄拔毒散（雄黄、龙骨、大黄、白矾、黄柏、透骨草、樟脑）。

（5）血疔 外用葶苈散（草乌、穿山甲、葶苈子、龙骨）。

（6）瘘管 可用五五丹（石膏、升丹各等份）撒布，或以纱布条裹药塞入瘘管。

四、痈

痈是发生于皮肤、肌肉之间的急性化脓性疾病。局部具有红肿热痛的特征。多生在容易摩擦的部位，如肩部、背部。其特点是：肿面大，疼痛剧烈，易向深部和周围组织扩散，易脓、易溃、易敛。溃后脓头多状如蜂窝。大多属于急性阳证。

【病因】 多由正气虚弱，感受毒邪，蕴结于肌肉之间，致使营卫不和，气血凝滞，经络瘀阻不通，致成本病。

【症状】 初期局部硬肿，继则肿胀范围扩大，成脓后，中间变软形成多个脓头，溃后脓汁外泄,形似蜂窝,周围组织仍坚硬肿胀,疼痛剧烈,体温升高。严重的则脓毒内陷,精神不振,寒战,食欲减少,舌色晦暗青紫,脉搏洪数,呼吸急促,行如酒醉等全身中毒症状。

【治则】

1. 初期

初期以清热解毒、散瘀消肿为主。方用清热解毒散内服。或用抗生素或磺胺类药物治疗。

【处方】

(1)清热解毒散

金银花二两　紫花地丁一两　山甲珠八钱　当归一两　丹参八钱　黄芩八钱
天花粉一两　皂角刺六钱　白芷六钱　土茯苓一两　土贝母六钱　甘草五钱

共为末,开水冲,候凉灌之。

加减:生在前部者,加桑叶五钱、牛蒡子八钱、菊花八钱、荆芥六钱;生在中部者,加山栀子五钱、龙胆草五钱;生在后部者,加牛膝七钱、草薢七钱、苍术七钱。

(2)青霉素每千克体重3～5单位,肌内注射;

或10%磺胺嘧啶钠150毫升,静脉注射。

局部可涂碘酊。

2. 成脓期

若脓肿已成熟,可切开排脓,并用0.3%高锰酸钾液冲洗创腔,洗后在疮口内填入红糖阿胶粉(红糖二份、阿胶一份配成)。对脓汁稀薄的,可用精制樟脑一份半、白冰糖二份、大黄末半份,共研极细末,撒在伤口处。可内服托里透脓散。

(1)热偏重者　舌苔黄腻,局部红肿高突,疼痛剧烈,可用下方:

连翘七钱　金银花二两　黄芩八钱　山栀子六钱　薏苡仁两半　天花粉一两
白芷五钱　乳香五钱　没药五钱　皂角刺八钱　甘草五钱。

共为末,开水冲,候凉灌之。

加减:口渴者加生地一两、生石膏一两;粪干者加瓜蒌一两、大黄七钱;尿红者加木通七钱、滑石八钱、茯苓一两。

(2)湿偏重者　舌苔白腻,食欲减少,大便稀软,疼痛不甚剧烈,可用下方:

连翘八钱　金银花两半　皂角刺八钱　天花粉八钱　黄芪一两　山甲珠六钱
半夏八钱　茯苓一两　羌活五钱　甘草节五钱

共为末,开水冲,候凉灌之。

(3)病情恶化而有全身中毒症状者　以凉血解毒为主,可用下方:

生地一两　犀角五钱　丹皮八钱　元参一两　花粉一两　连翘八钱
二花一两　绿豆二两　防风一两　赤芍八钱　木通五钱　蒲公英一两
紫花地丁一两　甘草五钱

共为末,开水冲,候凉灌之。

或用大剂量抗生素或磺胺类药物进行治疗。同时静脉注射高渗葡萄糖液,以加强解毒作用。

【调理】　每日冲洗疮口,除去脓汁,撒以去腐生肌药粉。在治疗期间,停止使役,加强饲养管理,喂给营养丰富易消化的草料。

五、毒

气聚而为肿，气结而为毒。前人认为“夫毒者亦疮也，乃六腑之中毒气血而凝也”。毒的特点硬而多疼，是脏腑毒气积聚，反映于体表的病证，有阴毒、阳毒、脾毒之分。

（一）阴毒

阴毒是指感受阴邪疫毒（水毒、湿毒、脂毒、痰毒、瘀毒、气毒）之证。

【病因】 阴毒发生于三阴经的部位。乃阴邪结毒，阴火挟痰而成，故又称“痰核”。不红、不热、不痛、不肿者，亦称“阴毒”。

【症状】 四肢厥冷、咽喉疼痛，以及身痛、运步不良、颈背僵硬、短气呕逆等。多在前胸、腹底或四肢内侧发生瘰疬结核，累累相连，如算盘珠子一样，肿硬如石、如冰，此证缠绵难愈，不易破溃，难敛，或敛后复溃。这是毒气伏留难解的现象。《元亨疗马集》中说“阴毒浑身生瘰疬”。

【脉色】 脉沉细而疾。

【治则】 以通阳解毒消肿为主。

（1）阳和散

熟地一两 白芥子八钱 鹿角胶一两 麻黄四钱 肉桂五钱 炮姜五钱 炙甘草二钱

共为末，开水冲，候凉灌之。

（2）雄黄散

雄黄二两 白及一两 白蔹一两 煅龙骨一两 大黄一两

共为极细末，醋调涂患处。

另外，用火针穿刺硬核。

【调理】 棚圈保持清洁卫生，喂以青草。隔离饲养。

内服土茯苓散（土茯苓、白鲜皮、川萆薢、海桐皮、茵陈、蒲公英、金银花、苦参、昆布、海藻、苍术、荆芥、防风、花椒）。慢性虚弱性阴毒，可内服阳和汤加黄芪、忍冬藤、苍术，外用斑蝥酒（斑蝥十个，研末，加白酒30毫升）涂擦，每日一次，擦三至五次。

（二）阳毒

阳毒是感受疫毒，内蕴咽喉，侵入血分的阳热至极之证。

【病因】 阳毒多因温疫毒邪内盛，侵犯血分，血热妄行，发为肌肤所致。阳毒发生在三阳经的部位。

【症状】 在肩胸、鬐甲、脊背、后胯及四肢外侧，发生小疖，破后有脓，溃烂不结痂。前人说“阳毒遍身生疮痍”，既是此症而言。

【脉色】 脉数弦洪。

【治则】 以滋阴解毒为主。

（1）济阴散

当归一两 白芍八钱 生地八钱 防风五钱 金银花一两 蒲公英一两

连翘一两　知母五钱　黄柏五钱　黄芪二两　陈皮八钱　香附子八钱
浙贝五钱　甘草节五钱

共为末，开水冲，候凉灌之。

(2)未溃的用鱼石脂酒精涂擦于患部。已溃的用定痛生肌散(石膏一两　甘草五钱　朱砂一钱　硼砂二钱　轻粉三钱　冰片一钱)贴之。

【调理】 加强喂养，棚圈内保持卫生，勿使污物污染疮口，影响治愈。

(三)脾毒

脾喜燥而恶湿，脾毒多由湿(湿热、寒湿等)引起脾功能降低。

【病因】 脾经素有郁热，又外感风热之邪，不得外散，积久化为毒。唇为脾之窍，毒邪流注上唇而肿胀，致成本病。

【症状】 初期上唇发热，渐渐积液而肿胀，或大小不等的疙瘩，穿刺后流出蛋清样浆液，常影响饮食。

【脉色】 口色发红，粪干尿黄。

【治疗】

(1)将上唇翻起，用三棱针或小宽针避开血管刺入，使黄水或鸡蛋清样液体排出，并用消毒药水冲洗疮内。如针后又肿起的，还可用上法针刺。

(2)清热解毒散

当归一两　陈皮八钱　茯苓八钱　白芍七钱　枳壳五钱　山楂一两
麦芽一两　神曲一两　厚朴八钱　木通五钱　黄药子五钱　白药子五钱
香附子八钱　紫苏叶五钱　天花粉七钱　甘草五钱

共为末，开水冲，候凉灌之。

【调理】 经常注意上唇是否继续肿胀。喂给铡短的青草或软草。可负轻役，如消化障碍严重者可停止使役。

六、瘘

疮疡溃后经久不愈，并继续向深处腐烂化脓，因而形成瘘管，不易收口的恶疮，就叫“瘘疮”。

鬐甲瘘

【病因】 由于鞍具压迫，或摩擦鬐甲部所致。有时因咬伤、或其他器械刺伤所引起。总之，都因外伤所致的，毒邪侵入伤口，而患此病。

【症状】 鬐甲部疮口较小，经久不愈合，常有脓液流出，伤口皮肤向外卷，形成凹陷，若插入探针，能知其深度、方向及瘘底，如果已溃至骨骼，其疼痛更为剧烈。

【治疗】

(1)如瘘管形成得不深，可用白降散。

山甲珠七钱　猪鬃灰七钱　白角七钱　白砒七钱　大枣七个　铜铝七钱　轻粉七钱

大枣去核，把白砒装入枣内捆好，放锅内炒成炭，为末，然后再将其他药为末，混合后做成药捻，插入伤口内腐蚀瘘管。每次换药时，先用0.1%高锰酸钾洗净伤口内的污物，再插入新药捻，直至彻底破坏瘘管为止。另用定痛生肌散（见阳毒）才可渐渐生肌收口。

（2）对于管道深而弯曲的，或有细小分支者，可采用手术疗法，彻底摘除全部瘘管。

【调理】　注意患部清洁，喂养在避风无尘土圈内，患部忌污物侵入。

七、瘤

畜体部分组织发生病理性增生，而形成无生理功能性的、多余的新生凸起组织，就叫作肿瘤。

肿瘤的种类很多，常见的有筋瘤、骨瘤、气瘤、血瘤、肉瘤、粉瘤。

【症状】

（1）筋瘤　多生在骨节及筋脉之上，大小不一致，变化不明显，触之软中有硬。

（2）骨瘤　生在骨上，坚硬如石，推之不动。

（3）气瘤　多生在肌腠之间，软而不硬，日久化脓。

（4）血瘤　多发生在脉络上，大小不一，触之较软，疮破流血不止。

（5）肉瘤　多生在肌肉之间，初肿如馒头后期如绵，如肿势较快，切开流黑血水者，多属危症。

（6）粉瘤　生无定处，软硬两兼。

以上各瘤，凡生长慢的，无热不走窜的，不影响色脉及精神食欲的，一般属于良性。凡肿胀快的，发热，走窜，色脉及精神异常的，属于恶性，必须及时慎重治疗。否则会造成严重后果。

【治则】　对于良性瘤，可以任其存在，不必治疗。对恶性肿瘤，可施行手术摘除。

（1）结扎法　用于有蒂的瘤体，即用外科手术线紧扎在茎蒂的基部，数日后瘤体自行脱落。结扎前首先要把结扎线和结扎部用5%碘酊消毒。

（2）烧烙法　用于茎蒂粗短的瘤体（血瘤），把烙铁烧红，由基部烙掉，烧烙前先用木板夹住，以免烧伤健康皮肤。

（3）切除法　多用于根大弥散无蒂的瘤体。

【调理】　如经手术切除的，其切口必须保持清洁，勿染污物。凡在治疗期间，都应使病畜休息，俟伤口愈合后，再行使役。

第五章 外科病

一、外伤

凡受外来暴力或尖锐器具以及过冷过热的刺激，使家畜皮肤、肌肉、筋骨遭受损伤而引起的局部肿胀疼痛、出血、骨折等的伤害，都属于外伤一类。

外伤是家畜常见的外科病，其中破伤比较多。俗话说"破伤中了风，十有九不生"。这就说明了破伤感染了毒邪，又没有及时医治，也能引起严重的后果。因此，对破伤必须高度的重视，及时医治，以绝后患。

（一）创伤

【病因】 多由金属锐器或其他物体刺伤引起创口及皮破流血。此外，由于动物斗架尖角觝伤及野兽咬伤或压碰跌挫等原因，亦能引起本病。

【症状】 根据创伤程度的不同，分为下列几种症状，分别叙述。

（1）轻度创伤　仅肢体局部肌肉破损，流血疼痛；移时流血自止。

（2）重度创伤　创口面积较大，筋肉撕扯，血出不止，甚至引起虚脱，或肿痛发热，或见有骨折筋断的症状。

（3）创伤化脓　伤口经久不愈，发生腐烂化脓，有时出现全身症状，如精神委顿，食欲减少等现象。

【诊断】 本病以出血、疼痛、皮肤破裂以及大小、程度不等的伤口为主症。

【治疗】 根据不同症状分别治之。如出血不止者，应迅速使用方一、方二止血，或烧烙止血；如伤口内残存异物溃烂化脓者，先取除异物，排脓，再用艾叶、葱白煎水洗净拭干，然后在创口撒以方三；身体瘦弱而伤重病牛服方四。

【处方】

（1）方一

乌贼骨二两　枯矾一两　五倍子一两

共研细末，撒于伤口。

（2）方二

龙骨三钱　寒水石三钱　白及三钱　血竭三钱　乳香（炒）三钱　没药（炒）三钱

断续六钱

共研细末，撒入伤口。

(3)方三

黑铅五分　水银二钱五分　月石一钱　乳香钱半　没药钱半　覆盆子二钱

煅石膏三钱五分

共研细末，敷患部。

(4)方四

当归一两　熟地八钱　川芎六钱　白芍八钱　党参一两　白术六钱

茯苓八钱　炙甘草六钱

共煎水，灌之。

【调理】 保持清洁干爽，防止伤口污染，未愈时减料或停止使役。

(二)烫火伤

烫火伤是动物体受高温刺激而引起皮肉损伤的总称。其中由湿热引起的叫烫伤；火焰引起的叫火伤，也叫烧伤。

【病因】 多因高热刺激，引起皮毛肌肉损伤。由一切高热的气体、液体、固体、火焰及灼热的金属器具等伤害畜体所引起的。如热气、热汤的刺激、火药爆发、棚圈失火以及用火烙、针刺治疗时因操作不当等，都可以引起烫伤或火伤。

【症状】 根据致伤的热度、接触时间的长短，可分为以下的三种情况。

(1)轻症　伤害程度较轻，患部皮毛焦枯，轻微浮肿，稍有灼痛，数日后症状消失，不留瘢痕，有时脱落一层表皮。烫伤时能使患部脱毛。

(2)重症　伤害程度较重，患部肿胀，在皮肤表面形成水泡，初烫时很小，以后慢慢扩大。水泡内为黄色透明液体，或混有血液，破后干燥结痂。如破口被污染，则溃烂化脓，治愈较慢。

(3)最重症　伤害程度严重，由于强热的刺激，皮肤焦黑，或皮肉凝固发白，继则皮肉坏死，一俟坏死的皮肉脱落，皮肤才能从周围开始生长，所以愈合后必遗留瘢痕。

【治疗】 可按受伤的程度分别医治。

(1)轻症　可涂油类制剂，以减轻患部的紧张疼痛，可用生地面、榆树皮面涂撒在患处(也可用油调)或用生桐油一两，生石膏五钱，将石膏为末，用桐油调成膏状，涂于患处，一日二次。或用玉糊膏、清凉油等涂抹。

①玉糊膏(解毒、止痛、防腐)

用风化石灰在清水中浸泡，泡时不断地搅拌，再等澄清后，吹去水面上的浮衣，用中间的水，每灰水一杯加清油一杯(芝麻油更好)，搅调成蛋白样，涂抹患处。

②清凉油(消肿、止痛、解毒、防腐)

清油(芝麻油更好)2千克，大黄片500克，入砂锅内熬制焦黑，用瓷罐连药渣装入备用。用毛笔或棉花蘸油涂抹患部。

(2)重症　可将水泡刺破，放出毒水，同时用消过毒的刀剪切除水泡的残皮，用清凉油或黄连膏等剂涂抹。

黄连膏

黄连三钱　当归五钱　黄柏三钱　姜黄三钱　生地一两

用清油（香油更好）十二两将药炸枯，去渣滤过，加黄蜡四两熔化后加入药油内，不断搅动，成膏后摊在纸上贴患处。

（3）最重症　为了防止火毒入内，可内服四顺清凉散或托里清凉散，达到通便解毒的目的。

①四顺清凉散（防火毒内攻，清血解毒，通利二便）

防风一两　山栀一两　连翘一两　甘草一两　当归一两　赤芍一两

羌活一两　大黄一两　芒硝二两　灯芯草三钱

共为末，开水冲，候温灌之。

②托里清凉散（护里攻毒，去腐生肌）

黄芪一两　当归八钱　生地八钱　赤芍五钱　制乳香五钱　紫草五钱

花粉八钱　连翘八钱　栀子五钱　黄芩五钱　甘草五钱

共为末，开水冲，候温灌之。

【调理】　自始至终禁用冷水，池塘泥浸涂伤处，以防热毒伏于内，寒气滞束于外，致使皮肉坏死，神昏等症，造成病势恶化。把病牛放于清凉处，安静休养，最好用绿豆磨浆和适量清油喂之。

（三）扭伤

【病因】　扭伤多由猝然跌扑因挫而成，如跳沟跃涧，滑跌斜倒，猛转回身，突然打击等。扭伤的部位，则以肩部、腰部及四肢的各部骨节较多，尤以三寸骨的骨节，最为常见。

【症状】

（1）肩部扭伤　由于患处疼痛，首先影响前肢屈伸，行走时前肢运步困难，不敢负重，触诊时压痛点显著，肩胛肌肉肿胀，牵引患肢时，疼痛加剧。

（2）腰部扭伤　行走时背筋疼痛，腰曲头低，步行困难，触诊患处有痛感，严重时难卧难起或卧地不起。

（3）四肢扭伤　患肢疼痛，行走不敢着力，有时腕筋弛缓或肿粗，用手转动或弯曲时疼痛加剧。

【诊断】　扭伤后，一般是突然出现跛行，患部疼痛拒按，并随运动而加重。

【治疗】　先用针在患部有关穴位浅刺，后用温酒推擦。若是四肢关节肿胀，一般以小扁针刺肿胀部放出液体，减轻肿痛。必要时还可运用如下方剂内服或外敷。

【处方】

（1）疗伤散

泽兰叶一两　白芷五钱　自然铜（醋淬）一两　当归一两　续断七钱　乳香五钱

血竭四钱　红花四钱　牛膝八钱　防风五钱　没药五钱

共研细末，加烧酒二两、童便半斤，温水调服。

（2）方二

生川乌　生草乌　生南星　生半夏各等份。

研成细末，酒调敷患部。

（3）方三

白及　朴硝　木鳖子　芸苔子　苦葶苈　白芥子　川大黄　白蔹各等份。

共研细末，调敷患部。

【调理】　单槽喂养，防止挤伤踢伤，系绳时须放长些，使畜能自行起卧，卧地多垫草，天晴时应于早、午、晚牵至平坦地方运动十分钟左右。

(四)脱膊

本病乃系肩胛部受剧烈的闪伤,致使肩胛骨上端脱离原来的位置,故名脱膊。

【病因】 因负载过重,上下坡行走太急,猛然闪扑,致使肩部闪伤。其他如道路崎岖、过水过桥、闪扑跌倒等也易引起本病。

【症状】 患肢肩胛下脱形成凹陷,抢风骨节向前突出,站立时,患肢弯曲,不能负重,仅蹄尖着地,且行步时困难,仅仅三肢用力。患肢较健肢稍长。

【诊断】 脉色多无变化。本病的特点是肩胛上部凹陷,抢风骨节突出,患肢蹄尖着地,运步抬举困难。宜与脱臼和骨折区别。

【治疗】 以手术整复为主,若结合下列方剂治疗,可提高疗效。

1. 整复法

先将病畜健肢向下倒卧保定,将脱下的肩胛骨由下方向上矫正,至恢复原来位置后,再在肩胛骨四角用火针沿由下向上的方向,按图中次序连续施针,每处针一次,扎一寸深左右,扎针后用酒灸。酒灸法是用草纸五张浸酒,酒纸贴在患处,用灸烧着约半分钟,然后用光滑鞋底由下而上揉擦五分钟即可。

2. 摧膊术

(1)器材准备　柔软麻绳两条,各长约二丈五尺,粗如大拇指(供保定时用);铁锤一个,重约 9 千克(平面形);摧板一个,长约五尺,上头宽约二寸五分,厚约八分,下头宽约三寸五分,厚约一寸五分。要做瓦棱形,里平外凸;白布一丈五尺;绷带一条,长约一丈五尺;白酒一至二斤;平搭绳或麻辫子三条,约各长五尺、宽三寸;垫布条,长约五尺(旧口袋亦可);草枕头一个(旧棉褥亦可,倒卧时垫头部用)。

(2)操作法　将病畜倒卧保定,两后肢与健前肢,用绳一起捆紧,使患肢向上,一人站在病畜背后,将保定绳拉住,再用一条平搭绳把后肢轻轻斜拉,以防挣扎动摇。然后用白酒徐徐洒于患部,边洒边用力按摩,并将患肢前后摇动,同时上下拉二三次,促使血脉通畅。擦洗完了,即用垫布(或旧口袋)折成五分厚,垫在患肢上,次将摧板放在垫布上(摧板的平面向里,下头放于蹄部,并要露出蹄外约五寸),随用麻辫.上下捆绑两道,然后扶平。另外二人用绷带包缠患肢和摧板,同时术者将患肢扶平保定,靠于自己的膝盖之下,并使稍斜向前方。如此准备已妥,术者用铁锤向摧板露出部分,连连颠闪平打,另一人同时检摸患肩上部(即凹陷处),以打至恢复原位为止。手术即告结束。随后将摧板取掉,把病畜头部抬高,助其起立,级缓牵行片刻,这时即可看到患肩的凹陷消失,而恢复原来状态。

图　扎火针部位

【处方】

(1)方一

当归二两　川芎一两　续断一两　川乌(炒)一两

草乌(炒)一两　桂枝五钱

牛膝二两　木瓜一两　杜仲一两　补骨脂一两　甘草五钱　加皮一两
菟丝子一两　石南藤一两　大活血(大血藤)一两
共研细末，水酒(甜酒)四两为引，温开水冲服。

(2)方二

归尾一两　赤芍八钱　泽兰七钱　红花五钱　白芷七钱　川芎五钱
牛膝五钱　羌活七钱　桂枝五钱　土鳖四钱　细辛三钱
共研末，水酒冲服。

(3)海马定痛散

海马三钱　毛姜五钱　土鳖三钱　断续五钱　川牛膝五钱　自然铜(淬)五钱
川芎四钱　三七三钱　全当归一两　五加皮五钱　红花三钱　没药八钱
乳香八钱　防风五钱　杜仲五钱　蟹虫一两　白芍三钱　血竭花五钱
共为末，开水冲，候温入黄酒四两灌之，如无黄酒可改用童便。

注：本方具有散瘀止痛，续筋整骨等功能，凡因跌打损伤，死血瘀滞经络者，服之有效。

【调理】 另槽喂养，防止挤伤踢伤，每日徐徐牵行一至二小时，停止使役。

(五)脱臼

家畜骨节脱臼，多见于前肢抢风骨节和后肢的掠草骨节，其他骨节脱臼较为少见。一般以脱出的骨节而命名，如抢风骨上端脱出肩胛骨下端骨窝，就叫抢风骨脱臼。

【病因】 主要是由于外界暴力的作用而引起的。如跳跃沟渠、滑倒、扑跃、踏空、卧地猛起等，都会发生脱臼。

【症状】 站立时靠三肢担负体重，患肢微弯无力，与健肢比较，一般显长，行走时患肢拖地，脱臼处有凹陷，久则肿胀疼痛，拒绝按摩，食欲减退，精神萎靡。

脱臼的关节发生变形，同时可见到脱臼处发生异常凸起或凹陷；由于各类关节的构造不一及脱臼的程度不同，其变形也不一样。肩关节脱臼时，则患侧肩部下垂，局部塌陷。髋关节脱臼时，则患侧胯骨头塌陷，臀部歪斜，两胯不均等，牵行患肢划弧而行。膝关节脱臼时，拖脚而行，腿直如竿。久则都出现肿胀症状。

【诊断】 以拖地行走、骨节脱位、外表凹陷或隆起为主症。应与骨折区别：骨折虽拖脚行走，但患部多系四肢骨骼折断，且在骨折处有碎骨的哔啵音。

【治疗】 以及时整复关节为主。应及早进行整复，以免时间过久，患部肿胀，使骨关节不易恢复到原来的位置。对大家畜应侧卧保定，用针刺麻醉或药物局部麻醉，再进行整复。

(1)一般整复法　不论前肢抢风骨或后肢掠草骨脱臼，其整复手法与内服药剂均为相同。首先应进行牵引，使脱臼骨端向远方拉开，然后按脱臼关节的构造及脱臼的状态，试用屈曲或伸展、外展或内转等动作，探找原来的部位。如脱臼时间不久，正确整复而使关节头已纳入关节窝内时，可听到一种“咔吧”的响声。脱臼整复后，将牛扶起，整复后仍有肿胀、疼痛的现象，当时不能强迫行走，任其自由站立或走动，并用烧酒半斤、樟脑六钱混合溶化后，分数次涂患部。必要时可内服红花逐瘀散或方二、方三、方四。

(2)肩关节脱臼整复法　先将病畜侧卧保定,使患肢向上,两人保定脱出关节,防止弯曲,另一人用一拉一推的方法(大家畜可用绳拴住患肢系部,二人用力拉绳),反复进行,以骨关节恰入关节窝内为准。或用脚踏在抢风穴处,轻揉片刻,再用脚向上适当用力猛蹬,以恢复原形为止。然后在健肢的乘重穴处,用细麻绳或绷带扎住,使其麻木,以便使患肢自动着地,一般一二日即可将绳或绷带解去。

(3)髋关节脱臼整复法　可用绳捆住患肢系部,由二三人向后牵拉,然后一人摇鞭赶打,一人牵头前行,最好走上坡路,此时将缰绳拉紧,在赶病畜前行向后牵拉绳索的同时,由一人用木棍或较重的扁担往下敲打绳子,随着绳子的拉力和弹动,可使脱臼复位。

【处方】

(1)红花逐瘀散

红花八钱　制乳香八钱　制没药八钱　续断八钱　当归一两　赤芍七钱
血竭五钱　川芎八钱　丹参七钱　甘草五钱

共为末,开水冲,候温灌之。

(2)方二

五加皮二两　乳香五钱　没药五钱　当归一两　赤芍一两　红花五钱
牛膝七钱　木瓜一两

共研细末,加白酒四两,温水调灌。

(3)方三

桃仁一两　红花五钱　大黄一两　甘草五钱　山甲六钱　花粉八钱
赤芍一两　乳香七钱　没药六钱　白芍六钱

共研细末,加黄酒半斤,温水调灌。

(4)方四

归尾二两　红花八钱　桂枝二两　大血藤二两　没药一两　海马五钱
补骨脂一两　乳香一两　自然铜(火煅醋淬)一两　广三七四钱　土鳖一两
透骨草三两

煎汤,加白酒四两,合喂。

【调理】　将病畜放于地面平坦之处,加强喂养,卧地多垫软草,每日适当牵行运动,使患肢恢复正常。脱臼整复后,可保持患肢的绝对安静,并防止倒卧。根据恢复的程度,渐渐使其自行运动或牵行运动。如护理不当,往往还会脱臼,必须特别注意。

(六)骨折

骨骼因受外力作用而遭到破坏时,就叫骨折。骨折乃家畜骨骼部分的或完全的折断,多见于前肢的乘重骨和攒筋骨、后肢的辅骨和鹿节骨等。

【病因】　家畜狂奔蹴踢,跌扑猛闪,棍棒打击,或过桥时脚嵌入桥隙,以及跳沟跃涧等急剧的外力作用,均可发生本病。

【症状】　四肢骨折主要是疼痛、肿胀、跛行,患肢不敢踏地,站立时三脚负重,断端下部失去知觉,行走时自由摇摆,有的断骨尖端刺破肌肤,创口流血,四肢部骨折用手摇动时可听到摩擦音。若胸椎或腰椎折伤时,其疼痛更为剧烈,皮肤肌肉颤抖,常卧地不起。

【诊断】 用手摇动骨折部,可听到有骨折或碎骨的响声。

【治疗】 骨折的治疗原则,主要是整复与固定,以促进机能恢复,治疗越及时,愈合就越快越牢固。在手术前,应根据需要,准备必要的药械,以保证手术的迅速进行。

(1)骨折的整复　为了保证骨折有愈合的可能,将骨折端整复到原来位置,是一项关键性的措施。在整复前,须做好病畜的保定,为了减少病畜的疼痛和便于手术的顺利进行,应针刺麻醉或药物麻醉。

整复时,一方在肢体远端,沿肢体的纵轴进行牵引,而另一方在受伤的肢体近端进行牵引,然后慢慢地将骨折断端对正连接。一般的小家畜骨折,可以徒手进行整复,大家畜的骨折,则需用绳子拴定患肢远端,由二人用力牵引,才容易使骨折的断端对正。这就是"欲合先离,离而复合"的方法。

(2)骨折端的固定　用手慢慢将骨折部的上下对口捏平,如有碎骨的,细心捏平,无法捏平的碎骨,须切开取出,创口涂上补骨生肌散,并用接骨膏敷满患部皮肤。整复后,为了制止患部运动及骨折的转位,外用长短厚薄合适的三块鲜杉树皮或柳树皮、小竹片(两头要略捶细软),每隔一指的空隙放一块,再用绷带缠紧,勿使摆动。上夹板二三日后,断端下部肿胀不重者,不宜过早松夹板,一般要隔七至十日松夹板,但松时不宜解开内层,以防整复的骨变位。同时选服以下方。

【处方】

(1)补骨生肌散

飞龙骨三钱　制没药二钱　冰片一钱　白及二钱　血竭二钱　麝香二分
田三七二钱　煅象皮一钱

共研极细,以舌试无沙为好,瓶贮,用时取适量撒于创口。

(2)接骨膏

制乳香五钱　没药五钱　生石膏一斤　接骨丹叶(无叶用木)二两

共研细末,加鸡蛋清三个,糯米煮粥稠成泥状,敷外部再上夹。

(3)方三

五加皮一两　杜仲一两　骨碎补八钱　当归六钱　续断五钱　木香三钱
乳香四钱　没药四钱　川芎三钱　白芍五钱　红花五钱　自然铜(醋淬)四钱
牛膝五钱

共研细末,加黄酒四两,温水调灌。

(4)方四

当归八钱　川芎八钱　乳香八钱　没药八钱　茯苓八钱　自然铜(醋淬)八钱
陈皮四钱　炙半夏四钱　红花四钱　土鳖三钱　三七三钱　血竭三钱

共研细末,红糖为引,温水调服。

【调理】 放于较宽大、平坦之处,增喂较好的饲料,如麸皮、鸡蛋壳粉等。

【预防】 放牧时勿牵于蹊跷险处,或上山下坡,使牲畜缓行,不能催赶过急,以防跌扑。

(七)鞍伤

【病因】 主要是由于鞍具不适,构造不当,装卸失宜以及长途驮运,道路不平,摩擦脊背等原因所引起的。

【症状】 在鬐甲及背部有不同程度的肿胀、破溃、化脓和坏死。最初仅是磨去被毛,擦伤表皮,有少量浆液渗出。如不及时医治,在鬐甲部的伤日久可形成瘘管。

【治疗】 首先修理鞍具。

(1)仅擦破皮肤的,可涂擦2%龙胆紫。也可用红白散。

红白散

血竭二钱　白矾三钱　松香一两　生半夏三钱

用新砖两块,在火内烧极热,砖的上下都多垫粗纸,将松香放在砖的中间压2～3次,则松香油尽如白霜,冷后与其他药混合研成极细末,装瓶备用。用时撒在伤面上。

(2)对破溃、坏死、化脓的,首先剪去鞍伤周围的被毛,用0.1%高锰酸钾冲洗,用酒精棉球蘸擦,然后用黄丹五份、枯矾十份、诃子三份,共为细末,撒在创面。流脓不止的,可内服化脓生肌散。

化脓生肌散

土茯苓一两　牛蒡子八钱　黄芩五钱　大黄五钱　柴胡五钱　地骨皮五钱
当归一两　黄芪一两　金银花一两　川芎五钱　木香四钱　甘草节五钱
桔梗五钱　山甲珠五钱　没药五钱

共为末,开水冲,候温灌之。

(3)如形成瘘管的,可按瘘管治疗。

(八)毒蛇咬伤

本病是我国南部温湿地带常见的一种疾患。由于南方各省气候温暖,雨水较多,适合毒蛇的生存,它常被伏于野草丛中,牲畜在放牧时,容易触犯被咬。咬伤的部位,多见于口唇及四肢等部。

【症状】 初咬伤时,患部剧烈疼痛,迅速肿胀。如咬伤足部,则患肢肿痛,走路呈跛行;咬伤口唇,则口唇肿高,不能采食,张口伸舌流涎,甚至毒随血脉流行。食欲、反刍停止,烦躁不安,或精神恍惚,严重的在半日至一日内死亡。

【诊断】 病发后迅速肿胀、患部疼痛等为本病主症。

【治疗】 初期发现蛇咬伤,急速找出伤口,用瓷片锋尖或刀片切开咬痕,可以挖去一小块皮肉,以免毒气内攻。若伤口肿胀找不出牙痕时,可在肿部刺数穴,针后边用手挤、边用泉水或井水冲洗,尽可能挤出肿部毒水,然后酌情选用下列方剂。

【处方】

(1)方一

蜈蚣二条　山豆根五钱　吴茱萸五钱　雄黄三钱　白芷五钱　川芎五钱

共研细末,加白酒四两调,涂患部。

(2)方二

雄黄一两　白矾一两　冰片五钱

共研末，加酒八两混合，擦患部。

(3)方三

半边莲三两　马齿苋半斤　蚤休(七叶一支花)七钱　青木香二两　徐长卿二两

雄黄粉一两(另包)

共煎水，和热酒混合冲雄黄末，灌之，服三剂。

(4)方四

玄参一两　桔梗一两　连翘五钱　二花五钱　防风五钱　白芷五钱

雄黄五钱　川芎五钱　蜈蚣(去足)二条　甘草三钱

共研细末，温水调灌。

(5)银花败毒散

金银花八钱　甘草五钱　白矾五钱　连翘五钱　归尾二两　赤芍七钱

玄参七钱　桔梗五钱　雄黄二钱

共研细末，蒲公英七钱煎汤冲药，候温灌之。

【调理】 拴于清净地方休息，加强饲养，并用半边莲、忍冬藤共煎水给以自饮。

(九)冻伤

【病因】 冻伤是皮肤和肌肉受到强度的寒冷刺激所引起的外伤。在寒冷地区较为多见。当家畜静止不动或长途运输之时，因久汗未干，遇到寒风侵袭，或营养不良，全身抵抗力降低时，可在薄毛处发生冻伤。

【症状】 冻伤多发生在外肾、袖口、阴茎、四肢下部内侧、耳尖、牛的乳头以及家禽的冠与趾等处。冻伤的局部症状大致可分为三种类型。

(1)轻症　局部淤血肿胀，轻的经过数日就可消散。如寒冷刺激过久或反复刺激，则可变为冻疮。在临床上表现局部发热、发痒，遇暖发痒加剧。

(2)重症　局部皮肤黑红或带青色，发生水泡或带血色浆液。时久则水泡破溃，皮肤溃烂。

(3)最重症　局部青黑，气血瘀滞，知觉丧失，形成腐烂，患处坏死。

【治疗】 按冻伤的程度分别医治。

(1)轻症　肌肉破肿，麻木不知痛痒时，可先进行揉搓，使气血活动，再用冷水洗之，以患部恢复知觉，血脉通活为度。若日久冻僵，肿硬不散，即用冰块布包置于患处，以僵硬消失为止。这是“甚者从之”的治疗法则，也叫“从治”法。

(2)重症　用茄子根煎水微温罨洗，洗后用骨髓油涂敷或用大黄末冷水调涂患处。

(3)最重症　用微温开水，把患部皮肤洗软擦干，再用松香二两，黄蜡一两熬匀涂擦。如冻伤已溃时，可用下方调涂。

煅石膏一两　黄丹三钱　制乳香三钱　制没药三钱　赤石脂一两　煅龙骨一钱

轻粉一钱　血竭三钱　儿茶三钱

共为细末，用消毒水清洗患处后干撒之。

或用10%樟脑软膏涂擦。

【调理】 先将病畜拴在圈内，使其慢慢温暖，最忌忽然遇热，或用火烤，以免冻伤部皮肉溃烂坏死，致使病势恶化。

(十)金刃伤

【病因】 主要是刀、枪、斧等金刃器械所伤。

【症状】 有切伤和刺伤的区别。

(1)切伤 根据肌纤维的走向不同,伤口呈不同程度的裂开,创面平滑整齐,多伴有大量出血。

(2)刺伤 穿透深,刺入口及创腔窄,在损伤大血管时,伴有大量出血;如在软组织深部,可形成血肿。

【治疗】

(1)如有出血,应先止血,可用结扎血管或用消毒纱布按压出血处,或用烧红烙铁烧烙出血处。如在四肢用线绳在出血的上方结扎等方法进行止血。

(2)用消毒纱布盖住伤口,然后剪去创口周围被毛,并用温肥皂水或2%来苏儿液刷洗创口周围以免污物进入创口内,再涂5%碘酒于周围皮肤。然后取掉盖伤口的纱布,检查伤口及创腔,如见到内有被毛及其他异物,用镊子轻轻夹除,再用生理盐水或其他适当的防腐消毒液反复冲洗,以洗净为止。

(3)对于较大的切伤,经上述处理后,可进行缝合;伤口较小,裂开不大的,一般不必缝合。

(4)为了预防感染,可应用抗生素和注射破伤风类毒素。

【调理】 搞好畜体卫生,防止创口污染,加强饲养,经常注意伤口的变化,及时冲洗和换药。

二、四肢病

四肢病是家畜四肢运动机能发生障碍的总称,主要表现为跛行,但跛行只是各种四肢病的一种外观症状。因此对四肢病必须抓住主要症状,分析其发病原因、性质和程度,才能得到正确的治疗。兹介绍在临床常见的四肢病于下:

(一)蹄伤

蹄伤是蹄部因受外伤而引起点痛的一种疾病。蹄为四肢负重之主,如受损伤,应及时予以治疗,若拖延日久,则气血瘀滞,可使蹄甲焦枯,往往经久不愈,甚者形成残废而影响使役。

【病因】 多因使役不当,跌扑损伤,或蹄冠、蹄叉被金属物质如刀、钉等所刺伤或碰伤等,造成蹄伤之症。此外由于畜舍不洁、粪便蓄积过多,以及砂石磨损、泥途跋涉等亦能引起本病。

【症状】 如泥途跋涉所致者,病初毛边肿胀,日久破溃,甚则蹄甲脱落;若被砂石磨损者,多系一侧蹄胎半面的蹄底不平,甚则溃破,不敢负重着地;如被金属物刺伤者,疼痛较剧,并且当刺伤时患蹄不敢落地,行时多用蹄尖或蹄的半侧着地,亦有悬蹄而跳行者,日久则溃疡,多流脓血。

【诊断】 本病的主症是患蹄不敢着地,蹄甲多见发热而痛,蹄冠肿溃,蹄叉腐烂,蹄甲焦枯。

【治疗】 本病一般病畜不用内服药,首先用温水洗净患蹄,除去腐败污物,然后用白酒冲洗,拭干后再用下列方剂。若病势重者,除用上法外,同时还应按病畜具体症状论治。

【处方】

(1)方一

清油四两　乳香五钱　没药五钱　花椒五钱

共合一处煎熬,熬后去渣,放温润蹄。

(2)方二

毛发烧灰,混桐油抹之。桐子烧灰加桐油抹患部亦可。

【调理】 停止使役,放于清洁干燥之厩舍内,并防止蹄伤部被污染腐烂。

(二)夹气痛

里夹气为前肢上部肩胛内侧疾患。

【病因】 常因跳跃蹬空,或奔走时失脚,闪伤肩膊部;也有因奔跑时急转弯等引起发病。

【症状】 站立时患肢伸出稍前方,减负体重。行走时抬举前进困难,向外划弧,前方短步,呈悬混跛。随运动而跛行加剧,休息后减轻,经久肩部外侧肌肉萎缩。在抢风穴上方有压痛。

【治疗】 针里夹气穴,配合小宽针急刺抢风穴。

【处方】

血竭散

血竭八钱　当归八钱　川芎八钱　制乳香一两　制没药一两　桔梗八钱

续断一两　自然铜(醋煅)八钱　赤芍八钱　骨碎补八钱　元胡七钱

青皮七钱　枳壳八钱　元参七钱　五灵脂七钱　甘草五钱

共为末,开水冲,候温灌之。

(三)滚蹄

【病因】 多因损伤所致。由于管理不善,大役伤筋,或碰伤腕筋,日久蹄面筋松,后腕筋缩,致成本病。

【症状】 寸腕大筋缩短,牵行蹄面后翻,行走时前部蹄壁拖地,点头跛行。

【治疗】

(1)修蹄法　先取蹄铁,用铲修方法,矫正蹄形,铲成蹄尖高蹄柱低(在铲修时,须看蹄面被摩擦的痕迹,若能铲完最好),以铲至蹄底见血迹为度。如铲时出血过多,把烙铁烧热轻烙止血,然后用热清油涂擦,继续将患蹄用下方进行药浴。

(2)药浴法

乳香五钱　没药五钱　当归二钱　红花二钱　川芎五钱　地骨皮一两

共为细末,加麸皮半斤,水四升煎沸,候温(药液温度以40℃为宜),再加白酒四两,盛入小桶(帆布桶最好)内,将患蹄放入桶内浸浴半小时左右取出。术者双手握患蹄,用力沿左右前后来回活动。最后再用以下方法进行施针。

(3)针治　火针天臼、劳堂诸穴。针时,针尖向上针其大筋,入针三分深。

针完后即用酒精棉球两个,先后放在天臼穴处燃烧,约十分钟。烧毕立即将病畜牵到软地上来往奔跑半小时,再继续拉车两小时,以助患肢的屈伸活动。

【调理】 干土垫圈,防止污湿泥土侵入。两周后,即可给病畜穿掌,掌要薄,并将掌的前缘露出蹄甲一至二分为宜。

(四)漏蹄

漏蹄是蹄底或蹄边角质腐败分解,腐烂而引起点痛的一种疾病。可分为干漏、湿漏、毛边漏三种。是马常见的疾病。

【病因】 由于蹄部的气血瘀滞,日久成毒,蹄胎受毒害而致病。又因棚圈粪尿积集,蹄胎受湿毒的刺激以及外物损伤等,也能造成本病。干漏多因使役时蹄被砂石或硬物磨损,或久失修削,蹄甲焦枯所致。久立湿圈,被粪水浸渍或久行泥泞之路,湿毒侵入,亦可引起湿漏或毛边漏。或长期营养不良,饲料中缺少矿物质、维生素等也可引起本病发生。

【症状】 初期蹄甲发热,迈步虚行下地(常用蹄尖着地),尤其在硬地上行走,跛行显著。后期患蹄不敢着地,跛行加剧。牵行不动,起步摇身,因疼痛剧烈,行走时全身出汗,鼻咋喘粗。挖蹄检查时(要深挖),干漏则蹄心干枯而臭,蹄底角质干燥,削蹄时则出现腐朽残物,如香灰样腐败物存在;湿漏则蹄胎有大小不同的空洞,洞内有黑色或黄色而臭的血水流出;若是毛边漏,则见毛边腐烂并流黄褐色脓汁,味兼腥臭。

【诊断】 本病一般脉色如常,根据上述症状就可辨别出干漏、湿漏及毛边漏。一般说来,三种漏蹄中,干漏易治,湿漏较难医,若拖延日久,有时形成蹄甲内侧溃疡,甚至引起蹄甲脱落等现象。

【治疗】 以外治为主,宜修蹄、防腐、生肌。

(1)干漏　先用温水浸润蹄部,然后削蹄,除去残存污物,用酒精冲洗,以滚油放温涂润蹄底患部。

(2)湿漏　在削蹄时将腐烂坏死的脓汁去净,用2%来苏儿冲洗患部,再涂如圣膏(炮姜二两、胡桃仁炭两半、煅炉甘石一两、马齿苋八钱、熟猪油四两,共为末,混入猪油内,同调熬成膏状备用,用时涂在患处)每日涂三次。

【调理】 厩舍宜用干土垫圈,经常清除粪便,保持清洁,切忌拴于阴雨泥泞之处。涂药后或手术后一周内,切忌蹄下受湿,每日用干土垫平棚圈。可适当牵遛,平时忌用石灰及草木灰垫圈,并应勤修蹄和钉掌。

(五)五攒痛

五攒痛是四个腿都疼痛,腰屈头低,攒集难行的一种疼痛性跛行。

【病因】 致病原因是走伤和料伤两种。

(1)走伤　是由于饱后行走太急,负重过量,卒至卒拴,失于牵散,影响气血运行所致。

(2)料伤　是由于喂料多,使役少,外强中虚,脾运不健,以致料毒积滞于体内,使气血不得畅通,骨关节和诸筋受料毒所伤失于滋养所致。

【症状】 前肢强拘,后肢缩于腹下,腰弓头低,把前把后,四腿疼痛。行走呼吸迫促。脉见沉细,唇舌发红,水草减少。料伤者,不喜吃料是其特征。

【治则】 走伤五攒痛宜调和气血,清热利尿,用茵陈散;料伤五攒痛宜活血解毒,宽胸消导,用红花散。针胸堂、肾堂、蹄头血,再放玉堂血,放后用食盐末擦之。

(1)茵陈散

茵陈一两	当归一两	制没药六钱	桔梗五钱	柴胡五钱	红花五钱
丹参五钱	青皮五钱	陈皮八钱	木通五钱	黄药子五钱	白药子五钱

甘草五钱

共为末，开水冲，童便一杯，候温灌之。

(2)红花散

红花六钱　制没药八钱　桔梗六钱　山楂一两　神曲一两　麦芽一两
炒枳壳七钱　当归一两　厚朴五钱　陈皮八钱　黄药子五钱　白药子五钱
甘草五钱

共为末，开水冲，童便一杯，候温灌之。

【调理】 用沙土铺地，不要拴住，任其自由起卧，忌喂一切生料。

(六)牛蹄叉腐烂

蹄叉腐烂，也叫腐蹄病，一般叫烂蹄子。如并发口腔炎时，可能是口蹄疫，应速消毒、隔离、封锁和上报。这里只介绍蹄叉腐烂病。

【病因】 主要是棚圈过于潮湿，蹄部长期受浸渍，角质软化，感染污物，也有外伤而致病的。

【症状】 初期跛行，蹄温增高，压迫或震动有疼痛，随着两趾间或蹄后部出现坏死处，在坏死组织中有灰白或黄褐色脓液，气味极臭。有的蹄甲干裂，有的蹄底角质坏死呈粉状。当接触石块或人为的剥离，坏死角质严重脱落，脱落后蹄底变薄，难以负重。

【治疗】 先彻底清除坏死组织，用2%来苏儿，或1%高锰酸钾溶液冲洗，然后选用下列方法医治。

(1)在坏死处的创面上撒布土霉素粉，外面加以包扎。或将浸有松馏油的棉花填入坏死口内，外面加以包扎。

(2)密陀僧1份，清油2份

密陀僧研末，清油加热，边加热边加入密陀僧，制成膏状，趁热灌入坏死空洞内。或用龙骨二两、硼砂一两、清油四两，调匀后加热，趁热灌入患孔内。

(3)患部先用烧热烙铁烫烙，然后将牛毛填塞坏死孔内压紧，外部用黄蜡或火漆封口。

【调理】 保持棚圈干燥，注意环境卫生。

(七)球节肿痛

【病因】 球节肿痛，多因蹄掌不适或扭伤、碰伤所致。由于穿掌未按蹄形而铲钉，致使步态不稳；兼之道路不平，或负重失步损伤，则血液循环受阻，积而不散，肿出于外，而成本病。

【症状】 走动跛行，球节肿胀，站时患蹄前踏，按之疼痛或发烧，行走时蹄敢抬不敢踏地，严重时则悬蹄而行。

【治则】 消肿止痛、活血散瘀、舒筋活络。

(1)急性针缠腕或蹄头血；对慢性硬肿的，宜行烧烙术。

(2)当归五钱　乳香五钱　没药五钱　血竭三钱　红花三钱　儿茶一钱
冰片一钱　骨碎补三钱　土鳖虫三钱　大黄三钱

共为极细末，过箩用酒精调和，外敷患处，加绷带，每日二次，浇酒精。

【调理】 摩擦患部，使表皮血液流通，促使肿胀消散。在治疗期间停止使役，放于棚圈，令其自由活动。

(八)虫子入耳

此病多见于夏秋两季,特别是夏季放牧时,草中虫子较多,往往窜入牛耳内。

【症状】 当虫入耳后,则病牛表现躁动不安,摇头摆耳,或刨蹄吼叫、旋转。

【诊断】 病畜突然发生摇头摆耳、站立不安,为本病的主症。

【治疗】 本病易于治疗,可选用下方治之,入耳之虫即死或爬出。

【处方】

米醋(或清油、或羊奶、或童便)一酒盅灌入耳内。

【调理】 在灌入醋、清油、奶或尿之后,如病牛安定,即可用清水一大杯灌入耳内,使牛自动的摇头摆耳,把耳内物质、虫体等摇动出来。

附　录

家畜骨骼及部分解剖部位古今名称对照表

部位	古称	今称
	鬃中骨	枕骨
	眼箱骨	眶骨
	耳门骨、额角骨	颞骨
	垂睛骨	下眼眶骨
	天顶骨	顶间骨
	寿骨	顶骨
	眉棱骨	额骨眶上突
	松子骨	筛骨
	易骨	泪骨
	嗣骨	颧骨
	闪骨	第三眼睑（瞬膜）
	鼻梁骨	鼻骨
	鼻素骨	鼻甲骨
	鼻隔骨	鼻中隔
	松骨	上颌骨
	门齿骨	切齿骨
	咽门骨	腭骨、翼骨
	颊骨	下颌骨
	颊腮骨	下颌骨骨支
头	下颌骨节	下颌关节
部	牙箱骨	齿槽
	上排齿骨	颌前骨
	下排齿骨	下颌骨前段
	颏	下颌骨骨体
	连舌骨	舌骨
	喉骨	喉头
	耳洞骨	耳廓软骨
	姜牙骨、鼻筒骨	鼻翼软骨
	槽口	下颌间隙
	黑睛、风轮	角膜
	白睛、气轮	巩膜
	瞳人、水轮	瞳孔
	眼胞	眼睑
	内眦、大眦	内眼角
	外眦、小眦、锐眦	外眼角
	准头	鼻头部
	排齿	齿龈
	金关、玉户	舌下左右肉阜
	舌胎	舌体
	嚼眼	鼻腭管开口

续表

部位	古称	今称
躯干及尾	脊梁骨	胸椎、腰椎
	合聚骨	脊柱
	项锁骨	颈椎
	伏兔骨	寰椎(第一颈椎)
	罨颡骨	气管环
	脊背骨	胸椎
	鬓甲骨	3～4 胸椎棘突
	臆骨	胸骨柄
	臆车骨	胸骨体
	坎子骨	剑状软骨
	腰脊骨	腰椎
	边骨	腰椎横突
	接(节)脊骨	荐椎
	尾巴骨	尾椎
	尾挺骨	1～4 尾椎
	棚子骨	真肋
	肋扇骨、肋边骨	假肋、肋软骨
	肚骨	肋骨
	梁头	髻甲
	尻	荐部
	膺	胸下
	饿眼(牛)	左肷窝
	水眼(牛)	右肷窝
	大肚	胃
	板肠	盲肠、结肠
	盘肠、蟠肠	牛羊结肠、小结肠
	谷道	直肠
	广肠	直肠壶腹
	玉女关	直肠狭窄部
	魄门、后阴、下窍	肛门
	肠弦	肠系膜
	连贴	脾脏
	内肾、腰子	肾脏
	袖口	阴茎包皮
	宗筋、鞭子	阴茎
	外肾、肾子	睾丸
	走肾	隐睾
	肾囊	阴囊
	花子、蕊	卵巢
	子肠、胞宫、儿肠	子宫
	阴户、水门、前阴	阴门

续表

部位	古称	今称
前肢	掀板骨、杴子骨	肩胛骨
	膊尖骨	肩胛骨前角
	膊龙骨	肩胛冈
	弓子骨、梳子骨	肩胛软骨
	抢风骨、膊骨	肱骨（臂骨）
	抢风骨节	肩关节
	同筋骨	前臂骨
	内乘重骨	桡骨
	外乘重骨	尺骨
	外乘重骨尖	桡骨外侧结节
	肘骨	尺骨头
	膝盖骨、砚子骨	腕骨
	夹膝骨	上、下列腕骨
	膝角骨	副腕骨
	攒筋骨	掌骨
	柱膝骨	主掌骨
	附骨	内、外小掌骨
	腕骨节、寸腕	球节、系关节
	三寸骨（前间骨）	系骨
	天臼骨、柱蹄骨	系骨
	蹄胎骨	冠骨
	弹子头	蹄球
	子骨	下籽骨
	蹄骨、掌骨	蹄骨
	距骨、越骨	上籽骨
	罨蹄骨	蹄匣
	露水爪	悬蹄
	雀舌	蹄叉
	攒筋	掌部屈腱
	夜眼	附蝉
后肢	三山骨	髋骨
	雁骨、三叉骨	髂骨
	瓦骨	坐骨
	肾堂骨	耻骨
	雁翅骨	髋结节
	胯瓦骨	耻骨和坐骨
	大胯骨、胡骨	股骨
	大胯尖	股骨中转子
	大胯下尖	股骨第三转子
	掠草骨	髌骨
	辅骨	小腿骨
	内辅骨	胫骨

续表

部位	古称	今称
后肢	外辅骨	腓骨
	曲池骨节	跗关节
	揭骨	跗骨
	合子骨	第二跗骨
	乌筋骨	第四跗骨
	鹿节骨	蹠骨
	鹅鼻骨	跟骨
	板筋	跟腱

资料来源：中兽医针灸学等

参 考 文 献

[1] 甘肃省畜牧厅中兽医学校.中兽医入门.北京:农垦出版社,1959.
[2] 中国农业科学院中兽医研究所.元亨疗马集选释.北京:农业出版社,1984.
[3] 安徽农学院.中兽医诊疗.合肥:安徽人民出版社,1971.
[4] 甘肃省畜牧厅.甘肃中兽医诊疗经验.兰州:甘肃人民出版社,1964.
[5] 张克家.中兽医方剂大全.2 版.北京:中国农业出版社,2009.
[6] 胡元亮,等.中兽医学.北京:中国农业出版社,2006.
[7] 汤德元,陶玉顺.实用中兽医学.3 版.北京:中国农业出版社,2005.
[8] 胡元亮.中兽医学.北京:中国农业大学出版社,2006.
[9] 钟秀会,汪德刚.兽医中药学.北京:中国科学文化出版社,2003.
[10] 汪德刚.中兽医基础与临床.北京:中国农业大学出版社,2006.
[11] 韦旭斌.中兽医学.长春:吉林科学技术出版社,1998.